城市雨水收集利用
适用性技术

刘德明　鄢　斌　主编
傅振东　王立东　万明磊　许正宏　柯泽伟　参编

中国建筑工业出版社

图书在版编目（CIP）数据

城市雨水收集利用适用性技术/刘德明，鄢斌主编. —北京：
中国建筑工业出版社，2020.5
ISBN 978-7-112-25002-8

Ⅰ.①城… Ⅱ.①刘…②鄢… Ⅲ.①城市-雨水资源-资源
利用 Ⅳ.①P426.62②TU984

中国版本图书馆 CIP 数据核字 (2020) 第 051874 号

责任编辑：张　磊
责任校对：李欣慰

城市雨水收集利用适用性技术

刘德明　鄢　斌　主编

傅振东　王立东　万明磊　许正宏　柯泽伟　参编

*

中国建筑工业出版社出版、发行（北京海淀三里河路 9 号）
各地新华书店、建筑书店经销
北京科地亚盟排版公司制版
北京建筑工业印刷厂印刷

*

开本：787×1092 毫米　1/16　印张：13½　字数：334 千字
2020 年 7 月第一版　　2020 年 7 月第一次印刷
定价：**49.00** 元
ISBN 978-7-112-25002-8
（35738）

第一作者简介

刘德明，男，1963年生，福建福州人。现任福州大学土木工程学院教授、硕士生导师，兼任福建福大建筑设计有限公司总工程师、教授级高级工程师，曾任福建省建筑工程施工图审查中心审查师（2005.11~2014.12）。主要技术资格：国家公用设备工程师、国家咨询工程师、国家注册监理工程师、闽江科学传播学者、福建省安全生产专家组成员、福建省政府投资项目评审（咨询）专家库专家、福建省工程建设标准化专家库专家、福建省职业院校技能大赛专家。主要学术兼职：中国建筑学会建筑给水排水研究分会理事、中国工程建筑标准化协会建筑给水排水专业委员会委员、福建省土木建筑学会理事、福建省工程建设科学技术标准化协会理事。主要科研与工程项目业绩：主持与参与各类课题30多项，在各类刊物发表论文100多篇，主编专业书籍8部、参编专业书籍7部，主（参）编国家与行业标准10多项、地方标准20多项、团体标准10多项，授权国家专利21项，主持建筑与市政工程设计500多项，参加建筑与市政工程施工图审查500多项。

前　言

水是人类赖以生存和发展、不可替代、不可或缺，又是有限的、宝贵的自然资源。绿色建筑、海绵城市建设和节水型社会建设目标为雨水与城市和谐共生提出了很高的要求。城市雨水收集利用可以为人类提供较为清洁的自然资源，为城市节水提供了一条有效的途径，对缓解城市水资源短缺，减少城市内涝灾害，降低城市雨水径流污染，减轻城市热岛效应，改善城市人居环境，促进城市可持续发展正发挥着日益重要的作用。

国务院关于加强城市基础设施建设的意见（国发〔2013〕36号）、国务院关于印发水污染防治行动计划的通知（国发〔2015〕17号）、国务院办公厅关于推进海绵城市建设的指导意见（国办发〔2015〕75号）、住房城乡建设部办公厅关于印发海绵城市建设绩效评价与考核办法（试行）的通知（建办城函〔2015〕635号）、九部委关于印发《全民节水行动计划》的通知（发改环资〔2016〕2259号）、住房城乡建设部和国家发展改革委关于印发《国家节水型城市申报与考核办法》和《国家节水型城市考核标准》的通知（建城〔2018〕25号）、国家发展改革委和水利部关于印发《国家节水行动方案》的通知（发改环资规〔2019〕695号）等文件中都提出了雨水资源利用，推广城市雨水收集利用适用技术的要求。

本书由纵向课题福建省建设科学技术项目《城市雨水综合利用工程技术规程》（2013年）、《下穿道路雨水控制与管理关键技术研究》（2015～2017年）与福建省科学技术协会课题《基于海绵城市的防涝、储水、浇灌一体化雨水排水收集系统科普活动》（2016年），横向课题《福州市雨水收集利用适用性技术研究》（2019～2020年），福建省大学生创新创业训练计划项目《城市桥梁排水BIM建模与水文模拟》（201610386069）与《透水性路面砖及其铺装系统对径流污染的逐层除污效应研究》（201810386063），福州大学本科生科研训练计划项目《福州大学城周边特殊路段排水方式研究》（20102）、《雨水渗透技术实验研究与数值模拟》（23076）与《透水路面砖中生物相研究》（23077）等内容为基础。共有6章，具体内容有：绪论、城市雨水资源收集利用与生态城市、城市雨水径流污染因素分析、城市雨水收集利用设施与适用性、城市雨水水质处理和城市雨水收集利用典型案例等。

本书可供从事城市雨水和城市节水的规划、设计和管理人员阅读使用，也可供高等院校等相关专业师生阅读使用。

全书由刘德明、鄢斌负责校对与统稿，在读硕士研究生傅振东、王立东、万明磊、许正宏、柯泽伟参与本书部分章节的编写。限于作者的学识、时间和精力，本书中难免存在疏漏、缺点乃至错误，恳请读者批评指正。

目　　录

第 1 章 绪 论

1.1 国内城市雨水资源现状

我国地处季风气候区，降雨的时间与空间分布不均，夏季雨量多，冬季降雨量少，南方降雨量多于北方。我国东南部洪涝灾害严重，而在西北部却极度缺水。与世界上其他国家降雨相比，我国的年均降雨量不大。

随着城市水资源短缺问题日益突出，包括雨水资源在内的非常规水资源研究与利用逐渐受到关注。多国研究和实践表明，城市雨水资源利用能够产生显著的环境效益、社会效益与经济效益，能有效减轻用水需求负担、缓解城市内涝、控制面源污染等。

我国雨水收集利用在城市层面的发展比较晚，起步于西北等缺水区域的小型工程。南方的城市由于传统的排水理念，并未将雨水当做一种资源进行利用，而是遵循"快排"原则。20 世纪 90 年代之前我国城市雨水利用和雨洪管理的相关理论研究和实践推广一直处于劣势，在最近几年，雨水问题日益严峻，在经济发展比较好的城市已经开始对雨水管理进行了相关研究。

1.2 国内城市雨水资源面临的主要问题

随着城市化建设的快速发展和城市人口的不断增加，一方面使得城市用水量需求增加，另一方面城市不透水面扩大，导致雨水资源流失增加和水循环系统的平衡遭到破坏，城市雨水问题就愈发严重。当前我国城市雨水问题主要表现为雨水资源大量流失，城市内涝灾害频繁发生，雨水径流污染显著等。全国 600 多个城市中 400 多个存在资源性或水质性缺水问题，城市雨水问题不仅是制约国民经济发展的重要因素，而且是危害和威胁人民健康的严重社会问题。

1.2.1 城市水资源短缺

我国水资源总量为 2.81×10^4 亿 m^3，占世界第 6 位，而人均占有量却居世界第 108 位，是世界上 21 个贫水和最缺水的国家之一，人均淡水占有量仅为世界人均的 1/4。基本状况是人多水少、水资源时空分布不均匀，南多北少，沿海多内地少，山地多平原少，耕地面积占全国 64.6% 的长江以北地区仅为 20%，近 31% 的国土是干旱区（年降雨量在 250mm 以下），生产力布局和水土资源不相匹配，供需矛盾尖锐，缺口很大。600 多座城市中有 400 多个供水不足，严重缺水城市有 110 个。随着人口增长、区域经济发展、工业化和城市化进程加快，城市用水需求不断增长，必然将使水资源供应不足、用水短缺问题，成为制约经济社会发展的主要阻力和障碍。

当前，日益增长的用水需求，水社会循环过程中的浪费和污水的超量排放，以及水利工程的建设与管理滞后等原因导致我国水资源短缺同时存在着资源型短缺、工程型短缺和水质型短缺三种形式。资源型短缺主要指当地水资源总量少，不能适应经济发展的需求，形成供水紧张的状况；工程型缺水主要指其所在流域范围内水资源并不短缺，但是由于自身所处的地理位置和地质环境不易储存水，同时，由于水利工程建设的滞后，难以有效地开发利用水资源，造成供水不足；水质型缺水是指其所在流域内有可以利用开发的水资源，但是这些水资源由于各种原因被污染，导致其水质恶化，无法被利用。

资源型缺水主要分布在我国华北地区、西北地区、辽河流域、辽东半岛、胶东半岛等。我国的资源型缺水地市中：极度缺水的地市（人均水资源量＜500m³），主要分布在华北、华东、西北地区；重度缺水的地市（人均资源量＜1000m³），主要分布在华东、中南、西北地区。工程型缺水主要分布在长江、珠江、松花江流域、西南诸河流域以及南方沿海地区。水质型缺水的形成与污废水的排放管理、污水的处理水平有一定联系。在对2009年我国缺水区域特点进行分析的基础上，水质型缺水区域主要分布在珠三角的广东，长三角的苏州、上海、南京、扬州、绍兴、宁波、杭州、无锡、常州、嘉兴、湖州等地。由于水质型缺水的发生和消亡具有很大的随机性和时间不确定性，因此，污水在得到治理后，水质型缺水的情况也会得到很大程度的改善。

1.2.2 城市内涝灾害频发

随着社会经济的发展，我国的城镇化水平不断提高，由此带来许多问题，其中最为公众热议的问题是"城市看海"现象。造成"城市看海"的原因是多方面的，其中邓培德认为主要原因在于城市热岛效应显著、短时暴雨强度大、历史原因导致雨水设计标准不合理、河道湖泊破坏严重、城市化硬化面积增多、径流系数增大等。丁燕燕等人认为城市内涝主要的原因在于城市排水系统日常维护不到位、城镇化进度过快、短时集中强降雨天气增加以及原排水管网设计标准偏低。城镇化的进程使得大量具有渗透、调蓄功能的地区如农田、河湖等地被破坏，取而代之的是城市硬化垫面的增加，但是城市硬化垫面阻碍了自然水文进程，增加了雨水径流量。由于历史原因新中国建国初期城市排水设计经验为主借鉴苏联的设计经验，但苏联大部分地区都是严寒之地而我国南北部地域差别大，借鉴苏联经验必然会导致一系列城市病。早期我国规范在很长一段时间采用的最小设计重现期为0.33a，现今显然已不适应我国的经济发展状况。

城市化改变了地貌情况和流域排水性能，使雨水径流的特性也发生了变化。城市化的进程增加了城市的不透水面积，如屋面、街道、停车场等，使相当部分流域为不透水表面所覆盖，致使雨（雪）水无法直接渗入地下，洼地蓄水大量减少。城市土地利用情况的改变造成从降雨到产流的时间大大缩短，产流速度和径流量大大增加，使城市原有管线的排洪能力不堪重负。

根据相关部门的统计全国有62%以上的城市在2008～2010年间发生过内涝，并且有多达137个城市内涝灾害发生次数超过3次以上。根据相关资料统计显示，2010年广西桂林发生暴雨，导致市区多处发生内涝，河水暴涨，市区下穿道路多处积水严重；2011年江苏扬州突降暴雨，5小时内降水达到101mm，一些低洼地段积水严重，市区下穿道路交通甚至瘫痪；2011 年 1～5 月我国多地发生大暴雨，北京、武汉、长沙、成都、南昌等地相继进入"看海模式"；2012 年"7·21"北京遭遇了 61 年的特大暴雨，全市因洪涝灾害死亡 37 人，受灾人口甚至达到了 190 万；而在台风重灾区福州，"逢雨必涝"几乎是福飞路下穿道路的代名词，2014 年 7 月因为台风影响，福飞路下穿道路积水深度甚至达到了 1.5m；2017 年 9 月 9 日福州遭遇短时强降雨，闽侯 3 小时暴雨量达到 100mm 以上，导致大部分路段积水严重，交通一度瘫痪；海峡对岸的台湾省也是台风重灾区，经历台风时同样损失惨重。2014 年 6 月台湾云林县、嘉义县、台南县等地遭遇强降雨，导致下穿道路像"大瀑布"，最深处积水达到 30cm 以上；2016 年 6 月桃园机场下穿道路因为短时强降雨，导致积水 3m 以上；同样是 2016 年 6 月台湾竹南镇下穿道路淹水灾情超过 3 小时未消退，并且由于短时降雨过大，导致泵房被淹，积水达到 30cm 以上。图 1-1 为城市内涝情形、图 1-2 为福州城市道路内涝情形、图 1-3 为合肥城市道路内涝情形。

图 1-1　城市内涝情形（资料来源：网络）

图 1-2　福州城市道路内涝情形（资料来源：网络）

图 1-3 合肥城市道路内涝情形（资料来源：网络）

1.2.3 城市雨水径流污染突出

随着城市化进程的加速，城区面积不断扩大，不透水的硬化面积也持续增加，导致城市雨水径流总量也不断增加，随之而来的是城市非点源污染的不断加重，雨水径流在汇流的过程中冲刷、携带了来自大气、屋面、道路与绿地等城市不同下垫面的污染物，使其污染程度不断加剧。沥青油毡屋面、沥青混凝土道路、磨损的轮胎、融雪剂、农药、杀虫剂的使用、建筑工地上的淤泥和沉淀物、动植物的有机废弃物等均会使径流雨水中含有大量有机物、病原体、重金属、油剂、悬浮物固体等污染物。被污染的雨水径流最终通过排水管网汇集并排放到城市收纳水体中，造成城市河湖水系的严重污染，极大的破坏了城市的水生态环境，也严重影响了受纳水体周边居民的日常生活。

研究表明，目前雨水径流污染已成为国内外许多城市水体污染的主要原因之一。对北京城区 1998～2004 年不同月份屋面和路面径流水质的大量数据分析表明，城区屋面、道路雨水径流污染都非常严重，其初期雨水的污染程度甚至超过城市污水。在北京屋面和道路雨水初期径流的 COD 平均范围为 200～1200mg/L，粗略估算，一场雨的雨水径流污染物负荷总量平均可达 COD 为 3.80×10^5～6.30×10^5 kg，SS 为 4.40×10^5～6.70×10^5 kg，TP 近 8.00×10^5 kg。美国大约有 60% 的河流和 50% 的湖泊污染负荷与以雨水径流污染为主要载体的非点源污染有关，而在已经实现污水二级处理的城市中，受纳水体约 40%～80% 的年 BOD 负荷源于雨水径流。加拿大的研究则表明雨水径流污染相比点源污染向当地河流中贡献了更多的 TSS 和 TKN，其 COD 和 TP 的贡献也非常接近点源污染。由此可见，城市点源污染基本得到控制的今天，雨水径流污染日益成为城市受纳水体水质状况的重要和主要影响因素，必须引起足够的关注和重视。

朱彤等人对杭州市雨水径流污染与控制对策进行分析，杭州市区范围内地表河系水网密布、纵横交错，相对部分北方城市，其排水分区面积较小，并且受台风等因素的影响，时有暴雨发生，范围小且历时短，其降雨强度较大，往往会造成较为严重的局地径流污染。刘大喜等人对天津市径流污染状况进行研究，通过连续 3 年对不同区域（商业区、工业区、居民区和文教区）的路面、屋面与受纳水体水质进行监测。结果表明：天津市降雨径流中主要超标的指标为 TOD、SS、COD、BOD_5、NH_3-N、TN、TOC、Cd 和挥发酚等，工业区和商业区污染最为严重。汉京超发现城市雨水径流污染的影响有很多，主要可以分为两大类：一是降雨本身的基本参数和雨型；二是降雨区域的相关特征，其中降雨区域特征主要包括下垫面类型、功能区类型和排水体制等。城市下垫面主要包括屋面、路面、绿地等基本类型，车伍等人发现汇水面积性质对径流水质有着重要影响，屋面径流的污染主要取决于屋面材料，而市政道路路面的污染程度严重于小区路面的污染程度。城市雨水径流污染对城市水环境的危害程度与城市的排水体制有着密切的关系。对于合流制排水体制，排入水体的雨水径流污染主要体现为合流制溢流（Combined Sewer Overflow）污染；而对于分流制，雨水径流污染则主要体现为通过雨水管道排入受纳水体的径流污染，尤其是初期雨水径流污染。

1.3 国内城市雨水资源收集利用的意义

2013 年 12 月，中央城镇化工作会议要求建设自然积存、自然渗透、自然净化的"海绵城市"，节约水资源，保护和改善城市生态环境，促进生态文明建设，是党和国家建设生态文明、美丽中国的大力举措。党的"十八大"报告明确提出，为应对当前严峻的环境形势，应树立生态文明的理念，必须将生态文明建设放在突出地位。

当前，一方面是我国严峻的水资源形势，另一方面是我国城市每年有大量的雨水白白浪费。我国同时存在水资源短缺、用水效率不高、用水严重浪费的现象。与发达国家万元产值的用水量相比较，我国万元产值用水量是 $109m^3$，美国是 $9m^3$，日本仅为 $6m^3$。据调查统计，全国大部分城市用水器具和自来水管网的漏损率在 20% 以上。严峻的水资源形势已经严重影响社会、生态环境的可持续发展，因此做好水资源的开发、利用、治理、配置、节约和保护的相关工作非常重要。雨水作为非常重要的"水源"并没有得到充分利用，绝大部分雨水都是经过"快排"进入受纳水体，所以加强雨水资源的管理与利用意义重大。

在城市化进程中，我国城市的"城市病"非常严重，部分管理者只重视地上的"面子工程"，忽视地下的"良心"工程，造成了很多城市"逢雨必涝"。特别是大量的硬化面积影响了城市的水文环境，城市热岛效应、城市内涝问题一直考验着城市规划者的智慧。雨水资源收集利用，不仅可以对城市雨水资源进行合理滞蓄和有效利用，调控雨水径流污染，减轻城市防洪压力，实现不同程度的环境效益、社会效益和经济效益。

雨水资源收集利用的环境效益在于能够将城市降雨最大限度留在城市当中，将城市雨水转化为宝贵的水资源，一方面缓解水资源紧张的压力，另一方面减少城市内涝的威胁。雨水资源化可以增加城市"蓝"、"绿"空间，进而调节城市微气候，改善居住环境。通过对雨水径流的源头、中段、末端的雨水径流进行"渗"、"滞"、"蓄"等措施，可以减少雨水径流污染负荷，对城市生态的良性循环和改善有着积极作用，进而带来不可估量的生态环境效益。

雨水资源收集利用的社会效益在于如湿地公园、雨水花园、植草沟等雨水收集利用措施，丰富了城市公共开放空间，使得居住环境与水资源供需矛盾得到缓解，一定程度上还能够大大减轻城市市政排水设施的负担，结合传统规划的排水系统减少了内涝发生频率，居民的生命财产安全可以获得更多的保障，结合景观设计又具有美学效果，一定程度上提高公共活动空间的环境舒适性和提升城市品质与整体形象。

雨水资源收集利用的经济效益在于如植草沟、雨水花园、雨水塘等雨水收集利用措施，其措施可替代"灰色排水基础设施"，通过对雨水资源的利用进一步缓解城市径流污染和内涝风险，降低水环境污染的治理费用与城市内涝造成的生命财产安全。此外，雨水收集利用措施可以减少城市对自来水的需求，提高城市园林浇灌用水效率，达到节水的目的，产生巨大的经济效益。

1.4 国内城市雨水资源收集利用的相关政策与标准

过去几年，我国对于基于"低影响开发 LID（Low Impact Development）"与"绿色雨水基础设施 GSI（Green Stormwater Infrastructure）"理念的城市雨水系统开展了较为深入的研究和工程示范。《国务院关于印发水污染防治行动计划的通知》（国发〔2015〕17号）提出除干旱地区外，城镇新区建设均实行雨污分流，有条件的地区要推进初期雨水收集、处理和资源化利用，并且强调要提高用水效率，将再生水、雨水和微咸水等非常规水源纳入水资源统一配置，除此之外，还提到积极推行低影响开发建设模式，建设滞、渗、蓄、用、排相结合的雨水收集利用设施。《国务院办公厅关于推进海绵城市建设的指导意见》（国办发〔2015〕75号）提出编制城市总体规划、控制性详细规划以及道路、绿地、水等相关专项规划时，要将雨水年径流总量控制率作为其刚性控制指标，结合雨水利用、排水防涝等要求，科学布局建设雨水调蓄设施。《住房城乡建设部办公厅关于印发海绵城市建设绩效评价与考核办法（试行）的通知》（建办城函〔2015〕635号）提出落实城市节水各项基础管理制度，推进城镇节水改造，结合海绵城市建设，提高雨水资源利用水平。为了配合海绵城市的顺利实施，2014年10月住房和城乡建设部发布了《海绵城市建设技术指南——低影响开发雨水系统构建（试行）》。2016年出台的《全民节水行动计划》（发改环资〔2016〕2259号）提出城市园林绿化要加强公园绿地雨水、再生水等非常规水源利用设施建设，严格控制灌溉和景观用水，全面推进污水再生利用和雨水资源化利用。2019年出台的《国家节水行动方案》（发改环资规〔2019〕695号）提出要落实城市节水各项基础管理制度，推进城镇节水改造；结合海绵城市建设，提高雨水资源利用水平；加强再生水、海水、雨水、矿井水和苦咸水等非常规水多元、梯级和安全利用。

现阶段随着海绵城市建设、绿色建筑与节水型社会评价的进行，管理者与决策者对雨水资源化利用越来越重视。国家和行业先后出台了行业标准《雨水集蓄利用工程技术规范》SL 267-2001、国家标准《雨水集蓄利用工程技术规范》GB/T 50596—2010、国家标准图集《城市道路与开放空间低影响开发雨水设施》15MR105、国家标准《建筑与小区雨水控制及利用工程技术规范》GB 50400—2016、国家标准《城镇雨水调蓄工程技术规范》GB 51174—2017、国家标准图集《海绵型建筑与小区雨水控制及利用》17S705、国家标准《海绵城市建设评价标准》GB/T 51345—2018 等。全国各地也相应出台了大量城市雨水收集利用的地方标准。

1.5 国内城市雨水资源收集利用的策略与目标

20世纪70年代以来，德国、美国、日本、英国、新西兰等国家对城市雨水资源利用进行了大量研究和实践，国内学者钟春节等对其研究发现一些共性。

1）采取强制性的法律手段和鼓励性的经济手段保障雨水资源利用。德国以联邦水法等法律条文形式要求雨水利用，甚至对雨水排放进行收费。美国制定了联邦水污染控制法、水质法案、清洁水法和雨水利用条例等法律保障雨水的调蓄，要求以提高雨水天然入渗能力为宗旨，最为显著的特色是对城市雨水资源管理和雨水径流污染控制实施最佳管理措施 BMPs（Best Management Practices），通过工程和非工程措施相结合的方法，进行雨水的控制与处理，强调源头控制、强调自然与生态措施、强调非工程方法。日本推行雨水贮留渗透计划，强调以多功能调蓄设施为特色，通过屋面收集、沉淀和过滤技术进行雨水收集。英国对新建项目，尤其是径流系数很大的项目，颁布法规控制雨水排放、促进利用，强调收集局部地域雨水径流，采用人工方式贮存，提倡利用人工湿地处理系统。新西兰基于水资源管理战略和雨水资产管理规划，制定雨水基础设施建设、雨水排放和处置政策等。以色列制定水法、水井法等相关法律，促进雨水资源的收集和利用。

2）依靠成熟的技术手段促进雨水资源的充分利用。针对德国柏林地区路面雨水水质，ErwinNolde 提出了一套经济、有效地处理系统，处理后的雨水符合杂用水标准。以色列利用其精湛的滴管技术，让其雨水资源收集利用技术为农业服务。南非则开发了一种能评定地区雨水收集适用性的技术。

3）推行统一和长效的管理手段实现雨水资源的可持续利用。德国的洼地——渗渠系统很好地体现了"水的可持续利用"的理念。新西兰通过国会行使雨水资源管理的全部职能以实现雨水资源可持续管理。

虽然我国雨水资源利用起步较晚，但是发展迅猛，特别是随着我国海绵城市建设、绿色建筑与节水型社会评价的发展，对雨水资源收集利用越来越重视。

1.5.1 将雨水资源收集利用纳入水资源综合规划

我国大多数城市水资源供需矛盾日益突出，水资源综合规划是引领城市总体规划的水安全保障、水资源有序开发利用和科学治理的关键所在。现在很多城市在做水资源综合规划时，都会把雨水资源纳入水资源综合规划中，随着海绵城市建设的进行，海绵城市建设的专项规划中也会将雨水综合利用纳入其中。水资源综合规划是结合水资源分布、供水工程，围绕城市水资源目标，严格保护水源，制定再生水、雨水资源综合利用的技术方案和实施路径。雨水利用涉及雨水的渗透、储存、调节、转输与截污净化等，能有效地控制径流总量、径流峰值和径流污染。雨水利用规划是水资源规划的重要组成部分，将其纳入城市水资源规划论证和建设项目水资源论证中，合理确定区域雨水利用控制目标和指标，科学规划布局雨水利用设施（下凹式绿地、植草沟、雨水湿地、透水铺砖、调蓄池、滞留池、雨水花园等），从源头上引领总体规划、专业规划与后续工程建设，在规划、项目层面落实雨水利用措施。

1.5.2 在不同规划层面全面落实雨水利用措施

根据国家相关要求，在城市总体规划和分区规划中融入低影响开发理念，在控制性详细规划中落实雨水利用措施，保护河流、湿地、绿地等生态空间，明确相关开发控制措施，包括不透水地面比例、雨水径流水质等约束性指标；注重雨水渗透、存储、输送和过滤系统生态化设计等内容；完善雨水利用的规划、设计、实施和验收等关键环节要求，将其纳入城市规划的实施过程，使雨水利用在城市规划的不同层面得到体现，成为城市规划的硬性约束条件和项目实施的必要条件。同时，结合区域建设项目的水资源论证等，提出雨水利用的调控目标、调控措施、调控方案，形成总体规划引领、专业规划与后续工程建设实施的雨水综合利用模式。

1.5.3 开展雨水资源收集利用措施的适用性研究

虽然国内外有很多成熟的雨水资源收集利用措施，但并不是所有的措施都适用于每个城市，特别是我国大部分城市类型不同，气候条件、地理位置、地质条件等均不同。每个城市都要根据雨水开发潜力、雨水径流特征等因素，因地制宜的探索出不同的雨水资源收集利用措施，并制定相应的技术标准体系。近些年，很多城市都根据自身条件制定了海绵城市建设技术标准，如南宁、厦门、上海、广州、宁波等。

1.6 国内雨水资源利用现状与发展

相比国外发达国家成熟的雨水收集利用技术，我国雨水收集利用研究总体上起步较晚、发展相对滞后。我国雨水收集利用研究始于20世纪90年代，较有标志性的事件是1996年在兰州召开的第一届全国雨水利用学术讨论会，其间甘肃开展的"121"工程与"雨水集流节灌"工程、陕西省的"甘露"工程等都是雨水利用的代表和典型。城市雨水利用较早的典型范例有山东长岛县、大连獐子岛和浙江省舟山市葫芦岛等雨水集流利用工程。

多年来，经由我国学者的共同努力，在雨水收集利用与技术突破方面具有成效，特别是在"绿色奥运"、上海世博会等大型国际活动中，中国大陆地区不断探索出符合自己实际情况的雨水利用措施，如"水立方"场馆的雨水措施，平均每年可以回用 $10500m^3$，雨水利用率达到了 76%；国家体育广场的渗水材料使大部分雨水都能够渗透地下，并且能够将雨水回收后再利用，经处理后的雨水可做中水回用，用于冲厕、灌溉、冲洗道路等；上海世博园采用了屋面雨水利用系统等多项节能技术，将园区打造成"绿色生态建筑"，提高水资源利用效率。近年来，随着经济技术的发展，更是发展出许多具有中国特色的雨水利用措施。但与发达国家相比，还有众多需改进之处，不仅体现在技术方面，还体现在管理理念与公众意识方面。

今后我国雨水资源收集利用应重视以下5点：

1) 出台国家或地区政策法规。配套的政策与法规是保障雨水资源有效利用和科学管理的基础。我国缺乏国家层面的雨水管理政策与法规，尽管部分城市相继出台雨水管理相关鼓励与引导性措施，但是没有上升到法律层面。可以借鉴德国和日本的经验，着手出台雨水资源综合利用政策法规；

2) 重视雨水资源规划。雨水资源化不仅关系到水资源和水环境，还涉及城市建设、排水规划、建筑设计、环境保护等多部门、多领域，需要协调各方进行综合评价，研究制定雨水资源化规划；

3) 利用经济手段激励。我国城市雨水利用处于发展初期，由于雨水利用项目前期投入大，短期内很难盈利，甚至很难收回成本，因此用户参与的积极性不高，现有的雨水利用工程均属政府行为。可借鉴国外成熟经验，利用经济手段进行激励。对雨水积蓄工程与渗透路面铺装工程，从技术和资金等方面进行适当资助；把雨水利用列入重要环保项目，提供相应的政策优惠；对从事雨水利用相关事业的社会单位，从资金和税收等方面进行支持；

4）完善技术标准和产品。雨水资源化的正确实施和雨水利用的效益实现，需要有相应技术标准和产品体系作支撑，如因地制宜的雨水收集与调蓄、处理和净化、水质安全和环境保障等一系列综合利用的技术标准体系和技术集成产品，以便于雨水资源化的推广和雨水利用工程的管理；

5）加强宣传和提高认识。通过宣传进一步提高公众的节水理念和雨水资源意识，增强全社会对非传统水资源的认知和接受程度，同时，建立监督机制，制止引起雨水污染的违规行为，使雨水资源的保护和利用成为利民惠民的自觉意识和社会行为。

1.7 国外雨水资源利用现状与发展

1.7.1 美国低影响开发（LID）体系

低影响开发（LID）模式于 1990 年在美国马里兰州乔治王子县（Prince George's County，Maryland）提出，LID 是从基于微观尺度景观控制的最佳管理措施（BMPs）发展而来，其核心是通过合理的场地开发方式，模拟自然水循环，达到降低运行费用、提高效率、减小对现有自然环境破坏的目的。与传统的雨水径流管理模式不同，低影响开发模式是通过一系列多样化、小型化、本地化、经济合算的景观设施来控制城市雨水径流的源头污染。它的基本特点是从整个城市系统出发，采取接近自然系统的技术措施，以尽量减少城市发展对环境的影响为目的来进行城市径流污染的控制和管理。

LID 模式是一种新型的将雨水利用与城市景观进行有机结合的理论，它的特点是规模比较小，成本相对比较低，同时本土化程度比较高。它的主要目的是减少对径流的污染，使用的方式则是通过模拟自然的水文循环过程。LID 技术在应用过程中，尤其是对场地径流的处理上，需要运用到多种技术，如过滤、径流的输送和渗透，保护性技术和径流的调蓄，还有低影响景观和保护性技术等。图 1-4 为波特兰雨水花园外景。

图 1-4　波特兰雨水花园外景

1.7.2　英国可持续排水系统（SUDS）体系

英国为解决传统的排水体制产生的洪涝多发、污染严重以及对环境破坏等问题，将长期的环境和社会因素纳入到排水体制与系统中，建立了可持续城市排水系统 SUDS（Sustainable Urban Drainage Systems）。可持续城市排水系统可以分为源头控制、中途控制和末端控制三种途径。可持续城市排水系统综合考虑在城市水环境中水质、水量和地表水舒适宜人的娱乐游憩价值。可持续城市排水系统由传统的以"排放"为核心的排水系统上升到维持良性水循环高度的可持续排水系统，综合考虑径流的水质、水量、景观潜力、生态价值等。由原来只对城市排水设施的优化上升到对整个区域水系统优化，不但考虑雨水、而且也考虑城市污水与再生水，通过综合措施来改善城市整体水循环。

1.7.3　澳大利亚水敏感性城市设计（WSUD）体系

水敏感性城市设计 WSUD（Water Sensitive Urban Design）是澳大利亚对传统的开发措施的改进。通过城市规划和设计的整体分析方法来减少对自然水循环的负面影响并保护水生态系统的健康，将城市水循环归为一个整体，将雨洪管理、供水和污水管理一体化。

1）水敏感性城市设计理念

水敏感性城市设计体系是以水循环为核心，主要是把雨水、给水、污水（中水）管理做为水循环的各个环节，这些环节都相互联系、相互影响，统筹考虑，打破传统的单一模式，同时兼顾景观、生态。雨水系统是水敏感性城市设计中最重要的子系统，必须具备一个良性的雨水子系统才有可能维持城市的良性水循环。

2）水敏感性城市设计原则

水敏感性城市设计认为城市的基础设施和建筑形式应与场地的自然特征相一致，并将雨、污水作为一种资源加以利用。其关键性的原则包括：（1）保护现有的自然和生态特征；（2）维持汇水区内自然水文条件；（3）保护地表和地下水水质；（4）采取节水措施，减少给水管网系统的供水负荷；（5）提高污水循环利用率，减少污水排放；（6）将雨、污水与景观结合来提高视觉、社会、文化和生态的价值。

1.7.4　新加坡

新加坡作为一个面积狭小的东南亚岛国，随着其城市发展和人口密度的增加，城市住房短缺和不卫生的生活条件在城市中心区随处可见，城市问题已经到了难以解决的地步。为了应对城市化进程中的环境问题，早从 20 世纪 50~60 年代开始，新加坡根据本国的自然和社会条件进行总体城市规划，并且逐步形成了一套集人文、自然、经济为一体的城市良性发展模式。

2006 年，由新加坡政府和德国戴水道设计公司共同参与设计的中央地区水环境总体规划和"活力（Active）、美观（Beautiful）、洁净（Clean Water）"的城市导则——ABC 城市设计导则正式开始推行。ABC 城市设计导则作为城市长期发展策略的环境指导，其旨在转换新加坡的水体结构，使其超越防洪保护、排水和供水的功能。综合环境（绿色）、水体（蓝色）和社区（橙色）创造充满活力、能够增强社会凝聚力的可持续城市发展空间。到 2030 年，将有 100 多个地点被确认阶段性实施，与已经完成的 20 个项目一起，成为新加坡未来发展的基础。

从 2014 年 1 月 1 日起，新加坡公共事务局 PUB（Public Utilities Board）发出强制性指标，所有的新建和重建地区必须通过计算，设立就地调蓄和滞留设施削减雨水径流量，并规定排入市政管网的雨水流量不得超过该地区峰值流量的 65%～75%。调蓄设施的计算需要考虑构筑物、地表高程和地下空间，并兼顾宜居和景观效果。图 1-5 为新加坡超过 80% 的降雨将被变成饮用水源。

图 1-5　新加坡超过 80% 的降雨将被变成饮用水源

1.7.5 德国

德国在雨洪管理方面位居世界前列，在 20 世纪 80 年代以来陆续建立与完善雨洪管理利用措施。1989 年德国出版了第一版雨洪利用标准《雨水利用设施标准》。1996 年德国联邦水法新增条款中甚至补充"避免雨水径流增加"、"雨水零排放"等规定。德国的雨水利用技术已经进入标准化、产业化阶段，并且不断走向集成化、综合化方向。城市雨水兼具有资源化、减量化、缓解洪涝灾害、补充灌溉地下水以及使雨水利用措施与公园绿地相结合的综合性目标。

德国城市雨水利用目标的实施不仅依赖技术上的保障，还要与当地政府政策法规配合。德国是一个水资源充沛的国家，年均降雨量达到 800mm 以上。不仅如此，其降雨在时间与空间上的分配较为均匀，不存在较大的缺水问题，能够成为世界上雨水利用技术最为先进的国家，究其原因，一方面是通过经济手段，以价制量，征收高额的雨水排放费用，让用户与开发商在进行经济开发时必须考虑雨水利用措施；另一方面由于国家层面的法律规定，大型公用建筑、居住小区、商业区等地新建或改建的时候，必须采用雨水利用措施，否则不予立项。除此之外，德国还鼓励雨水相关市场的发展，积极推广雨水技术的普及。在德国，国家根据雨水利用程度减免用户的雨水排放费，其雨水排放费用与污水排放费用一样昂贵，通常为自来水费的 1.5 倍。由于德国年均降雨量较大，所以对于独门独户的德国家庭来说，少交和免交雨水排放费可以节省一笔相当可观的费用。从开发商的角度来说，一方面只有具有雨水利用措施的开发方案才可以获得政府批准，项目才可获得立项；另一方面如果其开发方案中包含有雨水利用措施也会成为客户重点考虑的对象，产品会更受住户青睐。总而言之，通过技术手段作为保障，并且利用经济与法律手段鼓励开发商与业主共同推广雨洪利用技术，可以达到雨水利用的良性循环。图 1-6 为德国波茨坦广场雨水利用。

图 1-6　德国波茨坦广场雨水利用

1.7.6　日本

日本也是较早开始实施雨水利用的发达国家。日本首都东京及其周边年平均降雨量可以达到 1400mm 以上，降雨充沛，但是充沛的降雨并没有给城市居民带来不便，雨后湿润的路面上很难找到积水的洼地。这一切源于 100 多年来东京地下排水设施的发展。这些地下排水设施包括蓄水设施，准确来说，应该是蓄水"宫殿"。从 20 世纪 80 年代开始就应用地下储水设施来集中应对公园、小区、街道的降雨。遇到超重现期的暴雨时，如果下水道的水位急剧上升，雨水将会自动溢流进入蓄水"宫殿"，以此来缓解城市内涝；待降雨减少或者干旱之时，下水道水位下降，蓄水池内积存的雨水又自动回流到下水道。

除此之外，日本东京外围排水系统更加著名。日本东京外围排水系统是迄今为止世界上规模最大的排水系统，其深埋地下 50 多米、全长 6.3km。该系统由 5 个巨大的圆形蓄水坑、管径达 10m 的输水管道和巨大的"调压水槽"构成。图 1-7 为日本外围排水系统"宫殿"。

图 1-7　日本外围排水系统"宫殿"

1.7.7 法国

法国是现代城市建设的起源国之一，城镇化进程起步早、水平高。由于境内河流纵横、地势多元，面临较为严峻的内涝威胁，历史上曾发生过巴黎被淹的严重事件。对此，法国在城镇化建设中，始终注重增强城市的海绵功能，逐步形成了一系列成熟做法。总体看，法国城市建设因地制宜、各有侧重，通过"渗、滞、蓄、排、净、用"等多种功能匹配，对降水进行全程管控，缓解了内涝风险，有效提升了水资源循环利用率。图 1-8 为巴黎城市排水系统内景。

图 1-8 巴黎城市排水系统内景

1.7.8 韩国

在过去 60 年间，韩国首都首尔市经历了急速的城市化进程，在跨入国际一流大都市行列的同时，也染上了区域性水循环恶化等都市病。在这一时期，首尔地区的地表不透水率增长了 6 倍，降水排水越来越多地依赖人工排水设施，削弱了自然水循环能力。为改变这种局面，首尔市政府制定了《建设健康的水循环城市综合发展规划》，从提高地表的渗透性入手，提升土地自身的蓄水能力，将首尔市打造成"让水可以呼吸的绿色城市"。图 1-9 为韩国人行道透水性改造示范工程现场。

图 1-9 韩国人行道透水性改造示范工程现场

第 2 章 城市雨水资源收集利用与生态城市

2.1 雨水资源收集利用与绿色建筑

2.1.1 概况

绿色建筑已经逐渐成为都市环境恶化的解决方案，而绿色建筑中雨水相关的项目更是与雨水资源化利用息息相关。我国的绿色建筑经过多年发展，现已经建立健全专属于绿色建筑的评价体系，该体系在实际工程中运用甚广，并且取得不错成效。雨水资源化是绿色建筑评价体系组成的重要部分，也是衡量建筑节水的重要标准。

何为绿色建筑？绿色建筑是指在建筑的全生命周期内，最大限度地节约资源包括节约能源、节约用地、节约水资源、节约材料、保护环境减少污染，保障国民健康安全，提供舒适高效的使用空间，与自然达到和谐共生的建筑。利用生命周期评价 LCA（Life Cycle Assessment）手段，达到人、自然与建筑和谐共处。

绿色建筑在日本称为环境共生建筑，在一些欧美国家则称为生态建筑、永续建筑，在美洲、澳洲、东亚国家与北美国家则多称为绿色建筑，在台湾省称为绿建筑。自 1992 年巴西的地球高峰会议以来，随着地球环保的兴起，在建筑业也开始一片绿色建筑运动。1990 年英国建筑研究院（British Building Research Establishment）首先提出了全球第一部绿色建筑评估系统 BREEAM（Building Research Establishment Environmental Assessment Method），英国的评估方法后来影响了 1996 年美国的 LEED（Leadership in Energy and Environmental Design）、1998 年加拿大的 GBTool［GBTool 是由国际组织绿色建筑挑战（Green Building Challenge）开发的一种建筑物环境性能评价软件］等评估法。建立于 1992 年的中国台湾的绿建筑评估系统 EEWH，是全球第四个绿色建筑评估系统。此后，日本也发布了《建筑物综合环境性能评估系统 CASBEE》，澳洲则于 2002 年发布了 Green Star。进入 21 世纪以后，全球的绿色建筑评估系统发展到巅峰，陆续出现德国的 LNB、挪威的 EcoProfile、法国的 CECALE、韩国的 KGBC、新加坡的 Green Mark。中国于 2006 年也公布了《绿色建筑评价标准》。

20 世纪 90 年代初，"联合国环境与发展大会"之后，我国开始推崇"可持续发展"理念，并推动绿色建筑成长，虽起步不及发达国家，但发展快速，到目前为止，全国绿色建筑标识项目累计超过 4500 个，累计面积超过 5 亿 m^2。自 2000 年以来，我国有关部门已经组织实施了"绿色建筑关键技术研究"等一批重点项目，在建筑内的节能节水等方面做出巨大的突破，取得了一大批研究成果，为我国绿色建筑发展奠定了技术基础，并逐步推广应用。

绿色建筑关注水环境改善与水资源利用，雨水资源化利用也因此在绿色建筑中得到更多深层次的关注。国家标准《绿色建筑评价标准》GB/T 50378—2019 基于低影响开发的理念，在"节水与水资源利用"、"场地生态与景观"两个章节对雨水控制利用提出了系统性的评价指标以及相应的技术措施，通过该评价指标的设置，有助于更好地实现绿色建筑在雨水资源化方面的经济效益、社会效益和环境效益。

绿色建筑理念之一是要求最大限度地实现节水、保护环境、减少污染，其中就包含了雨水控制利用的要求，与雨水资源化利用的目标一致。国家标准《绿色建筑评价标准》GB/T 50378—2019，在 2006、2014 年版标准的基础上引入了低影响开发与雨水径流污染防治理念，在节水与水资源利用章节更多的进行了定量的补充，对非传统水源愈加重视。表 2-1 为《绿色建筑评价标准》GB/T 50378—2014 中雨水资源化利用相关条款，表 2-2 为《绿色建筑评价标准》GB/T 50378—2019 中雨水资源化利用相关条款。

《绿色建筑评价标准》GB/T 50378—2014 中雨水资源化利用相关条款　　　　表 2-1

评价章节	相关条款
节地与室外环境	4.2.13 款充分利用场地空间合理设置绿色雨水基础设施，对于大于 10hm² 的场地进行雨水专项规划设计
	4.2.14 款合理规划地表与屋面雨水径流，对场地雨水实施外排总量控制，评价总分值为 6 分
节水与水资源利用	6.2.10 款合理使用非传统水源，评价总分值为 15 分
	6.2.12 款结合雨水利用设施进行景观水体设计，景观水体利用雨水补水量大于其水体蒸发量的 60%，且采用生态水处理技术保障水体水质，评价总分值为 7 分

《绿色建筑评价标准》GB/T 50378—2019 中雨水资源化利用相关条款　　　　表 2-2

评价章节	相关条款
节水与水资源利用	7.2.12 款结合雨水综合利用设施营造室外景观水体，室外景观水体利用雨水的补水量大于水体蒸发量的 60%，且采用保障水体水质的生态水处理技术，评分总分值为 8 分，其中利用生态设施削减径流污染得 4 分，利用水生动、植物保障室外景观水体水质得 4 分
	7.2.13 款使用非传统水源，评价总分值为 6 分
场地生态与景观	8.2.2 款规划场地地表和屋面雨水径流，对场地雨水实施外排总量控制，评价总分值为 10 分。场地年径流总量控制率达到 55%，得 5 分；达到 70%，得 10 分
	8.2.5 款利用场地空间设置绿色雨水基础设施，评价总分值为 15 分

2.1.2　案例分享

1）LEED 雨水管理标准及其在上海世博中心设计中的应用

上海世博中心作为 2010 年世博会最重要的场馆之一，为了更好地体现"城市，让生活更美好"的主题，在其设计过程中以美国绿色建筑认证评分体系 LEED 标准作为指导，以贯彻"绿色、节能、环保"的设计理念，将上海世博中心建成真正意义上的"绿色建筑"。

上海世博中心采用了 LEED 标准体系中针对新建和重大改建建筑的 LEED-NC2.2 标准。雨水管理属于其中可持续场地设计的第 6 条款，包括两个得分点：（1）可持续场地设计，得分点 6.1（SS Credit 6.1）：雨水设计的水量控制；（2）可持续场地设计，得分点 6.2（SS Credit 6.2）：雨水设计的水质控制。

　　LEED 雨水设计的水量控制标准的目标：通过减少不透水覆盖面积、提高场地的渗透性、减少或消除径流污染，以控制雨水径流增加所造成的自然水体水文特性破坏。

　　LEED 雨水设计的水量控制标准的要求：(1) 现有场地不透水面积≤50%：执行雨水径流管理方案以使得项目开发后，对于 1～2 年一遇的 24h 设计降雨的最大排放速率和最大排放量不超过开发前的值；(2) 现有不透水面积>50%：执行雨水径流管理方案以达到削减 2 年一遇、24h 设计降雨流量体积 25% 的目标。

　　为达到 LEED 雨水设计的水量控制目标所采用的工艺和策略：进行项目场地设计时，通过提高渗透性以保证雨水径流接近天然状态；采用绿色屋面、渗透性铺面等方法以减少不透水覆盖面积；将雨水作为杂用水再利用于绿地灌溉、冲厕等。

　　LEED 雨水设计的水质控制标准的目标：管理雨水径流，防止天然水体被破坏或污染。

　　LEED 雨水设计的水质控制标准的要求：执行雨水管理方案以减少不透水覆盖面积，促进渗透，运用可行的最佳管理措施（BMPs）截留并处理平均年降雨量 90% 的雨水径流，去除项目开发后 90% 的年平均径流量中 80% 的总悬浮固体（TSS）。

　　为达到 LEED 雨水设计的水质控制目标所采用的工艺和策略：通过改变铺面类型（如绿色屋面、渗透性铺面等）和使用雨水花园、植草洼地等方法减少不透水地面和促进入渗，从而减轻污染负荷。运用可持续性设计策略，如低影响开发（LID）、环境敏感性设计（Environmentally Sensitive Design），形成融合天然和人工于一体的处理系统（如人工湿地、植草沟等）以净化雨水径流。

　　2）雨水资源收集利用在二星级绿色办公建筑中的应用

　　本办公建筑已获得二星级绿色建筑设计标识。办公建筑位于 WH 市 ZN 路，总建筑面积为 6.8 万 m^2，地下 3 层，地上 22 层，总高度约为 99.3m，用地面积 8824m^2，建筑占地面积 2700m^2，绿地面积 3400m^2，建筑密度为 30.6%，绿地率为 38.5%。由于建筑地处闹市，用地面积紧张，室外无景观水体且绿地和屋面面积有限，设计了雨水收集、处理、回用系统，达到合理利用水资源的目的。

　　受结构形式、室外环境和室内用水条件限制，并综合考虑投资成本，对照国家标准《绿色建筑评价标准》GB/T 50378—2019，设计非传统水源利用——雨水收集回用系统。WH 市多年平均年降雨量 1256mm，降雨多集中在 4～8 月。1 年一遇日降雨量为 61.3mm。根据以上降雨量资料可见，WH 市降雨量充沛，且全年都有降雨，3～10 月降雨量都在 70mm 以上，分布较为均匀，降雨量最大的月份集中在每年 4～6、8 月，这与建筑用水量分布正好吻合。此外，国家标准《民用建筑节水设计标准》GB 50555—2010 第 5.2.2 条规定：雨水收集回用系统宜用于年降雨量大于 400mm 的地区，常年降雨量超过 800mm 的城市应优先采用屋面雨水收集回用方式。根据 WH 市年降雨条件，本工程设计雨水收集回用系统，收集对象为屋面雨水，将可以实现较高的利用效率。

　　3）雨水资源收集利用在三星级绿色建筑中的应用

　　由中国建筑西南设计研究院有限公司设计的都江堰大熊猫疾控中心，获得住建部颁发的三星级绿色建筑设计标识，也是西南地区第一个获评最高等级绿色建筑标识的项目。本项目位于青城山镇石桥村，距成都市区约 40km，作为卧龙自然保护区汶川大地震灾后恢复项目，是公益性的大熊猫科研保护、救护与疾病防控基地。项目占地约 51hm²，总建筑面积 12428.06m²，最高建筑高度 11.48m。包括大熊猫救护与检疫区、大熊猫疾病防控与研究区、大熊猫康复与训练饲养区、公众接待与科普教育区、自然植被区和办公与后勤服务区等。本项目的给水排水设计达到了绿色建筑设计三星标准的要求，成为四川省节水和水资源利用的示范工程之一。

节水与水资源利用是节约资源和环境保护的重要内容，在绿色建筑评价中占有较大比重。本项目是 2012 年前设计的，因此设计是依据国家标准《绿色建筑评价标准》GB/T 50378—2006 进行的，该标准中关于公共建筑节水与水资源利用的规定共有控制项 5 条，一般项 6 条，优选项 1 条。控制项为参评绿色建筑项目所必须遵守的，在大力推广节水设计的背景下，在一般项目设计中也应达标。本项目地广人稀，可供收集的再生水原水不足，周边也无再生水厂。但当地降雨量充沛，植被完好，并有山涧小溪等天然水体，收集利用雨水的条件优越。针对一般项和优选项，制定达标策略：设置雨水利用系统，将收集处理后的雨水作为非传统水源，用于绿化浇洒、冲厕、道路广场和熊猫圈舍地面冲洗等，非传统水源利用率应达到 40% 以上。按照国家标准《绿色建筑评价标准》GB/T 50378—2006，一般项除"5.3.9 设置再生水"不适用外，其余均达标。同时也满足优选项，符合绿色建筑三星级的达标项数要求。

2.2 雨水资源收集利用与海绵城市建设

2.2.1 概况

水之患利是一把双刃剑，一方面水是城市形成与发展的基础，具有给水、景观、航运发展等功能，城市与水相依相存。另一方面，洪涝和干旱在城市中普遍存在，城市水资源缺乏是制约城市发展最为重要的因素。海绵城市概念的提出是我国水资源开发利用进程中的里程碑，其所提出的低影响开发雨水系统是我国城市雨水资源利用的关键钥匙。缺水、洪涝灾害的并存很大程度上与城市雨水资源利用程度有关，而这正是海绵城市研究的重点。

我国传统的雨水管理系统是以"排"为主，造成了水资源的浪费，此外，我国排水管道还远未达到发达国家的水平，面对特大暴雨与持续降雨等突发事件，会造成城市内涝。同时，雨水中氮、磷等有机物与有毒物质直接排放将对环境造成污染。海绵城市改变了传统的排水系统，将管道排水变为生态治水，其建设内容是运用低影响开发的措施建设城市生态环境，对被破坏的水体等自然环境予以修复和保护。海绵城市涵盖理念、功能、技术、管理等 4 方面。城市水功能协调，主要体现在城市生活、工业、农业、灌溉、环境等用水能够得以满足；城市水节约高效，主要体现在城市用水重视雨水收集、净化、利用等技术的应用，有效提高节水效率；城市水环境优美，主要体现在城市水资源管理遵循人水和谐理念；城市水管理完善，主要体现在健全的水资源管理制度等。

仇保兴认为海绵城市的内涵之一是改变传统的市政模式。传统的市政模式以"排"为主，并未考虑到雨水的循环利用。海绵城市遵循"渗、滞、蓄、净、用、排"的六字方针，把雨水的渗透、滞留、集蓄、净化、循环使用和排水密切结合，统筹考虑内涝防治、径流污染控制、雨水资源化利用和水生态修复等多个目标。具体技术方面，有很多成熟的工艺手段，可通过城市基础设施规划、设计及其空间布局来实现。总之，只要能够把上述六字方针落到实处，城市地表水的年径流量就会大幅下降。经验表明：在正常的气候条件下，典型海绵城市至少可以截流 70%～80% 的雨水。

海绵城市是指城市能够像海绵一样，在适应环境变化和应对自然灾害等方面具有良好的"弹性"，下雨时吸水、蓄水、渗水、净水，需要时将蓄存的水"释放"并加以利用。海绵城市建设应遵循生态优先等原则，将自然途径与人工措施相结合，在确保城市排水防涝安全的前提下，最大限度地实现雨水在城市区域的积存、渗透和净化，促进雨水资源的利用和生态环境保护。海绵城市建设讲究的是要基于"径流总量控制——径流峰值控制——径流污染控制——雨水资源化利用"多目标的城市雨洪管理系统构建，作为海绵城市建设子目标之一的雨水资源化利用在缓解城市水资源压力方面扮演着越来越重要的角色。

《海绵城市建设技术指南——低影响开发雨水系统构建（试行）》中提出有条件的城市在编制雨水控制与利用专项规划时，应兼顾径流总量控制、径流峰值控制、径流污染控制、雨水资源化利用等不同的控制目标，构建从源头到末端的全过程控制雨水系统。因此，雨水资源化目标是海绵城市建设的子目标之一。在城市排水防涝综合规划中提到应明确雨水资源化利用目标与方式，各地应根据当地水资源条件与雨水回用需求，确定雨水资源化利用的总量、用途、方式和设施。雨水资源化所涉及的雨水收集利用技术与《海绵城市建设技术指南——低影响开发雨水系统构建（试行）》中的六字方针"渗、滞、蓄、净、用、排"一脉相承。《海绵城市建设技术指南——低影响开发雨水系统构建（试行）》中的提到建筑小区宜采取雨落管断接或设置集水井等方式将屋面雨水断接并引入周边绿地内小型、分散的低影响开发设施，或者通过植草沟、雨水管渠将雨水引入场地内的集中调蓄设施。在水资源紧缺地区可考虑优先将屋面雨水进行集蓄回用，净化工艺应根据回用水水质要求和径流雨水水质确定。雨水储存设施可结合现场情况选用雨水罐等设施。

福建省拥有国家第一批海绵城市建设试点城市厦门、国家第二批海绵城市建设试点城市福州。《福建省海绵城市建设技术导则》（闽建城〔2017〕23 号）中提到海绵城市规划和建设的控制目标应以地区排水防涝、水污染防治和水环境改善为主要目标，逐步推进雨水资源化利用，促进城市资源的综合利用。海绵城市建设应鼓励开展雨水资源利用，区域规划控制指标中雨水资源利用率不宜低于 5%，建筑与小区系统中，宜对屋面雨水进行收集回用，新建住宅、公建和改建公建项目的雨水资源利用率不宜低于 5%，规划用地面积 2hm² 以上的新建公建应配套建设雨水收集利用设施。绿地系统中，新建绿地项目的雨水资源利用率不宜低于 10%，改建绿地项目的雨水资源利用率不宜低于 5%。此外，在海绵城市专项规划中涵养水资源方案中，规定雨水综合利用设施的用地、规模应结合绿色建筑建设，提升雨水资源的就地利用水平。《厦门市海绵城市建设技术规范》（2018 年 8 月版）第 3.5 节雨水资源利用中要求：（3.5.1 款）海绵城市建设应鼓励开展雨水资源利用，区域规划控制指标中雨水资源利用率不宜低于 3%；（3.5.2 款）建筑与小区中，宜对屋面雨水进行收集回用，新建住宅、公建和改建公建项目的雨水资源利用率不宜低于 3%，规划用地面积 2hm² 以上的新建公建配套建设雨水收集利用设施；（3.5.3 款）绿地系统中，新建绿地项目的雨水资源利用率不宜低于 10%，改建绿地项目的雨水资源利用率不宜低于 3%。《福州市海绵城市建设专项规划》中水资源利用系统规划提到要将雨水作为浇洒道路、绿化用水，并从水资源可持续利用的角度，在水质可以满足标准时，将雨水用于补充城市景观水系，体现城市水生态系统的自然修复、恢复与循环流动，改善缺水城市的水源涵养条件，达到改善自然气候条件以及水生态循环的目的。

《福建省水污染防治行动计划工作方案》（闽政〔2015〕26号）指出："有条件的地区要推进初期雨水收集、处理和资源化利用。""建立用水效率评估体系。将再生水、雨水和微咸水等非常规水源纳入水资源统一配置。到2020年，全省非传统水源利用率要达到10％以上，水资源紧缺的厦门、泉州市和平潭综合实验区、东山等地非传统水源利用率要达到15％以上；全省万元国内生产总值用水量、万元工业增加值用水量比2013年分别下降35％、30％以上。""积极推进海绵城市建设，推行低影响开发建设模式，建设滞、渗、蓄、用、排相结合的雨水收集利用设施，新建城区硬化地面，可渗透面积要达到40％以上。自2018年起，单体建筑面积超过2万㎡的新建公共建筑，应安装雨水利用设施。积极推动其他新建住房安装雨水利用设施。""加快技术成果推广应用，重点推广饮用水净化、节水、水污染治理与循环利用、城市雨水收集利用、再生水安全回用、水和海洋生态修复、湖库富营养化治理、畜禽养殖污染防治、病害动物产品无害化处理、污泥处置、海水健康养殖等适用技术。"《福州市水污染防治行动计划工作方案》（榕政综〔2015〕390号）指出："有条件的地区要推进初期雨水收集、处理和资源化利用。""建立用水效率评估体系。将再生水、雨水和微咸水等非常规水源纳入水资源统一配置。到2020年，全市非传统水源利用率要达到10％以上，全市万元国内生产总值用水量、万元工业增加值用水量比2013年分别下降35％、30％以上。""积极推海绵城市建设，推行低影响开发建设模式，建设滞、渗、蓄、用、排相结合的雨水收集利用设施。新建城区硬化地面，可渗透面积要达到40％以上。自2018年起，单体建筑面积超过2万㎡的新建公共建筑，应安装雨水利用设施。积极推动其他新建住房安装雨水利用设施。到2020年，福州市要创建全国节水型城市。""加快技术成果推广应用，重点推广饮用水净化、节水、水污染治理与循环利用、城市雨水收集利用、再生水安全回用、水和海洋生态修复、湖库富营养化治理、畜禽养殖污染防治、病害动物产品无害化处理、污泥处置、海水健康养殖等适用技术。"

2.2.2　海绵城市建设"五水"

海绵城市规划主要是为了解决水社会循环中的突出问题，明确目标，因此规划可以按照水资源、水环境、水生态、水安全和水文化等5个方面来深入细化，再汇总优化。每个目标都与雨水资源化利用有联系。

1）水资源利用系统规划

结合城市水资源分布、供水工程，围绕城市水资源目标，严格水源保护，制定再生水、雨水资源综合利用的技术方案和实施路径，提高本地水资源开发利用水平，增强供水安全保障度。明确水源保护区、再生水厂、小水库山塘雨水综合利用设施等可能独立占地的市政重大设施布局、用地、功能、规模。复核水资源利用目标的可行性。

2）水环境综合整治规划

对城市水环境现状进行综合分析评估，确认属于黑臭水体的，要根据《国务院关于印发水污染防治行动计划的通知》（国发〔2015〕17号）的规定，结合《住房城乡建设部、环境保护部关于印发城市黑臭水体整治工作指南的通知》（建城〔2015〕130号）的要求，明确治理的时序，黑臭水体治理以控源截污为本，统筹考虑近期与远期，治标与治本，生态与安全，景观与功能等多重关系，因地制宜地提出黑臭水体的治理措施。

结合城市水环境现状、容量与功能分区，围绕城市水环境总量控制目标，明确达标路径，制定包括点源监管与控制，面源污染控制（源头、中间、末端），水自净能力提升的水环境治理系统技术方案，并明确各类技术设施实施路径。要坚决反对以恢复水动力为理由的各类调水冲污、河湖连通等措施。

对城市现状排水体制进行梳理，在充分分析论证的基础上，识别出近期需要改造的合流制系统。对于具备雨污分流改造条件的，要加大改造力度。对于近期不具备改造条件的，要做好截污，并结合海绵城市建设和调蓄设施建设，辅以管网修复等措施，综合控制合流制年均溢流污染次数和溢流污水总量。

明确并优化污水处理厂、污水（截污）调节、湿地等独立占地的重大设施布局、用地、功能、规模，充分考虑污水处理再生水用于生态补水，恢复河流水动力，并复核水环境目标的可达性。

有条件的城市和水环境问题较为突出的城市综合采用数学模型、监测、信息化等手段提高规划的科学性，加强实施管理。

3）水生态修复规划

结合城市产汇流特征和水系现状，围绕城市水生态目标，明确达标路径，制定年径流总量控制率的管控分解方案、生态岸线恢复和保护的布局方案，并兼顾水文化的需求。明确重要水系岸线的功能、形态和总体控制要求。

根据《国务院办公厅关于推进海绵城市建设的指导意见》（国办发〔2015〕75 号）中的要求，加强对城市坑塘、河湖、湿地等水体自然形态的保护和恢复，对全市裁弯取直、河道硬化等过去遭到破坏的水生态环境进行识别和分析，具备改造条件的，要提出生态修复的技术措施、进度安排，改造渠化河道，重塑健康自然的弯曲河岸线，恢复自然深潭浅滩和泛洪漫滩，实施生态修复，营造多样生境。通过重塑自然岸线，恢复水动力和生物多样，发挥河流的自然净化和修复功能。

4）水安全保障规划

充分分析现状，评估城市现状排水能力和内涝风险。结合城市易涝区治理、排水防涝工程现状与规划，围绕城市水安全目标，制定综合考虑渗、滞、蓄、净、用、排等多种措施组合的城市排水防涝系统技术方案，明确源头径流控制系统、管渠系统、内涝防治系统各自承担的径流控制目标、实施路径、标准、建设要求。

对于现状建成区，要以优先解决易涝点的治理为突破口，合理优化排水分区，逐步改造城市排水主干系统，提高建设标准，系统提升城市排水防涝能力。

明确调蓄池、滞洪区、泵站、超标径流通道等可能独立占地的市政重大设施布局、用地、功能、规模。明确对竖向、易涝区用地性质等的管控要求。复核水安全目标的可达性。

有条件的城市和水安全问题较为突出的城市综合采用数学模型、监测、信息化等手段提高规划的科学性，加强实施管理。

5）水文化建设规划

水生态文明的建设不仅是工程技术问题，也是一种文化和社会管理问题，涉及许多部门、涉及社会各方面。文明是社会进步的体现，水生态文明是水环境和水生态不断改善的体现，需要社会各界和全体民众参与才可能取得成效，所以除了建立必要的法律法规和技术体系外，更需要加强全民伦理、道德或者文化建设，使广大民众自觉参与社会实践活动。

具体措施包括：（1）从中小学教育开始，将水环境、水生态、人水和谐相关的科学知识添加进青少年学习教材中去；（2）开展全民水环境和水生态保护知识的宣传、教育和培训；（3）发挥包括非政府环保组织在内的各类组织或者机构的作用，鼓励更多志愿者参与水环境和水生态保护行动；（4）加强新闻媒体和网络生态环境监督、宣传和报道；（5）进一步完善水利风景区建设，开展生态旅游、水文化创造等活动，营造和创新水文化氛围等。

2.2.3　案例分享

1）CQ市GB中心海绵城市改造案例

YL新城位于CQ两江新区西部片区的中心位置，YL新城的核心和引领项目是CQ国际博览中心（GB中心）。GB中心是已经建成的大型国家级展览中心，位于YL新城会展城腹地，是两江新区的地标性建筑。

GB中心的设计目标：（1）以径流污染控制为核心—污染物（TSS）去除率达50%以上，以雨水排放口出水水质达Ⅳ类水为目标；（2）GB中心建设项目低影响开发应当在创造投资回报和社会环境效益方面具有示范性，源头控制措施和峰值控制措施在具有部分社会环境效益的同时起到展示作用；（3）雨水应具有多层次地回用功能；（4）年径流总量控制率达到80%以上。

针对以上设计目标，确定总体的设计策略：所有的建设项目应当切实遵从低影响开发的理念，追求实际效果，而不仅仅是形式主义；水质污染控制应放在源头进行；水资源回用是要有投资回报，收益的周期在20～30年；以年径流总量控制率作为控制指标之一，在改造工程中若排水水质达到目标、排水的峰值不对下游造成影响，年径流总量控制率可以作为从属指标；屋面、广场改造兼具展示性和功能性作用。

针对设计策略的具体工程包括：（1）采用多项LID措施进行源头分散控制，如展厅雨水立管下端设置雨水花台、道路雨水口改造为截污式雨水口、透水展场绿化带和停车场绿化带改为下沉式雨水花园、中心广场设置下凹式绿地等，以期达到对国博片区展厅屋面、室外停车场、展场、中心广场等所有下垫面初期雨水径流污染的源头控制，体现海绵城市建设的核心理念和价值；（2）设置蓄水池和小型雨水收集模块，在控制和处理源头雨水污染的同时，充分收集和储存雨水，并对收集的雨水进行回用；（3）利用自然高差和绿地，在酒店前方建设2个雨水塘，并结合景观提升，提供公众休闲、观赏区域，提高正面空间的美观和空间利用价值；（4）雨水回用类型包括道路冲洗、绿地浇洒和空调冷却水补给，体现雨水多层次回用功能，为大型公共建筑雨水回用提供示范。

经测算，GB片区雨水回用全年替代市政用水量为 $25.04 \times 10^4 \text{m}^3$。市政自来水补水工况下，按CQ现行水价（$4.0$ 元/m^3），若全部采用市政自来水则耗资100万元。雨水回用补水工况下，雨水回用处理（处理＋提升）成本约为 1.0 元/m^3，则全年雨水回用部分的处理费用为25万元。综上，回用雨水替代市政自来水一年可节约费用75万/元，具有巨大的经济效益。GB片区通过雨水径流控制措施可实现SS去除率为59.7%，在环境方面产生显著效益。通过屋面绿化、打造雨水花园、生态蓄水池等低影响开发措施不仅能够减少内涝，保护城市安全，还能净化雨水，美化城市环境，实现景观和生态的多样性，给居民一个身心愉悦的休憩场所。

2）TJ 生态城雨水综合利用案例

TJ 生态城建设之初总体规划中明确了充分利用城市雨水资源，控制雨水径流污染，用生态化的"源头控制"技术代替传统的"终端处理"技术，尽量缩小和降低不透水面积，以维持自然的水文状态；提高城市雨水综合利用效率，从而减轻雨水引起的面源污染并缓解洪涝灾害，实现城市水环境健康循环；结合城市特点合理规划，协调好雨水综合利用与城市建设之间的关系，强化生态化的、综合性的雨水处理与利用工程措施，从而实现生态城经济、社会与环境效益的和谐发展。

为满足生态城区域用水，生态城在建设之初就确立了地表水、地下水等常规水源与再生水、雨水、海水淡化水等非常规水源相结合的水资源供应体系，其中地表水由 HG 水厂、JB 水厂和 KFQ 水厂提供；地下水由 YL 地下水源地提供；再生水由区内 YC 再生水厂和 LY 区再生水厂提供；雨水由区内雨水集蓄利用系统提供；海水淡化水由 BJ 海水淡化厂提供。雨水被定为继地表水、地下水、再生水之后的城市第四水源。

TJ 生态城雨水综合利用包括雨水的收集、储存、控制并高效利用等过程。雨水资源的合理利用，可以改善区域的生态环境，并且可以带来非常显著的经济效益和社会效益。TJ 生态城利用区域全部道路、广场、绿地、屋面等场地收集雨水，在这些场地中集成应用下凹式绿地、植草沟、透水铺装、雨水花园等技术，实现对雨水的综合处理与利用，并兼顾调峰和蓄滞功能。

路面雨水收集利用。生态城道路采用铺设渗透路面、草坪砖、生态砂基透水砖等，达到将雨水入渗地下的目的。部分雨水通过透水路面渗透到地下，可以对地下水起到补给作用。另外，具有一定吸附性的土石料可以对雨水中所含的污染物等杂质起到一定的吸附作用。庭院、停车场、广场等集雨区主要采用嵌草铺装的地面材料，增加雨水下渗量，减小雨水径流系数，保证城市排水安全，便利出行。

绿地雨水收集利用。生态城利用地势起伏变化，在小区与公园绿地设计上形成下凹绿地，以利于滞留、调蓄，达到市政雨水汇流的洪峰交错，降低终点泵站的过流量，延长雨水径流时间，达到了储存雨水的目的；同时在这些区域适当建设地下储水池，且每个储水池都配套建有一套雨水净化设施，通过简单的处理即可就近回用作城市绿化用水。

屋面雨水收集利用。屋面雨水污染较少、水质较好，经简单处理即可用于灌溉、保洁或补充景观用水。屋面雨水的利用以单体建筑物为单位，采取就地收集、就地处理、就地利用的原则，屋面雨水经过收集系统后进行初期弃流、沉淀、过滤，然后进入储水罐，最终回用于小区的市政杂用。生态城内产业综合示范园建设综合性、全覆盖的雨水收集系统，雨水全部汇入园区内部公园沉淀和净化，既可补充景观用水，也可用于绿化灌溉，园区雨水回收率达 80%。

3）HH 岛雨水回收利用案例

HH 岛位于 DZ 市西部海岸，由 3 座人工海岛组成，犹如 3 朵盛开的花朵，规划总面积为 785 万 m²，是目前 HN 省最大的人工填海岛。HH 岛规划定位为最美丽、最深海、最环保、配套设施最完善、规模最大的人工岛，世界级国际旅游度假胜地。HH 岛市政设计中大量采用低影响开发技术控制初期雨水污染。通过设置雨水调蓄池，提高绿地覆盖率，增大透水路面比例，建设雨水回用设施等措施，让 HH 岛实现"海绵化"。

HH 岛的再生水源为雨水，由于其降雨不均匀，且具有来势猛和历时短的特点，因此必须建造雨水蓄水池，将降雨进行收集储存，调蓄峰值雨量，并供日常雨水处理站取用。雨水蓄水池储水容积的确定应经济合理，一方面应尽量多的收集雨水，另一方面由于蓄水池造价较高，考虑到经济性，又不宜建设过大。雨水蓄水池设计采用全地下式，池顶覆土3~4m 以满足绿化种植的需要。该形式一方面可以使雨水重力自流接入雨水蓄水池，避免设置大功率的雨水提升设施；另一方面可以充分利用地下空间，提高土地利用率。

经处理后的雨水回用于绿化，水质应达到国家标准《城市污水再生利用 城市杂用水水质》GB/T 18920—2002 中的城市绿化标准。雨水收集后考虑将初期雨水弃流，再对雨水进行过滤、加药、消毒，再二次提升到再生水管网进行回用。雨水处理设置絮凝池+沉淀池+滤池+消毒池，滤池进水前端设置絮凝池，在絮凝池内投加混凝剂，并设置快速混合反应搅拌机，絮凝后的水重力流入斜管沉淀池进行沉淀，沉淀池出水进入滤池进行过滤。再经过加氯消毒后进入清水池，最后经过二次提升进入再生水管网。

2.3 雨水资源收集利用与城市水系

2.3.1 概况

雨水资源收集利用与城市水系关系密切，特别是城市水系的水资源、水环境、水安全。雨水作为再生水的一种，一直是城市水资源水量的有效补充，同时雨水径流也是城市水系面源污染之一，而过量雨水"无序"的排放造成的城市内涝又是城市水系水安全的威胁之一。

随着我国城市建设对水域与滨水空间的利用，城市水系在平面形态、水文水质条件等方面不断发生改变。过度与不合理的开发逐渐暴露出许多问题，正在逐步影响城市的健康、有序发展。首先，水系空间被侵占，滨水景观减弱。在"重开发、轻保护"的城市规划中缺少对自然水系的理解与尊重，新增的建设用地侵占河湖水面，导致城市水面率下降。许多城市优美的明河变成了暗渠，昔日流连忘返的独特环境变得平庸，原来流动互通的水系变成了支离破碎的污水沟。其次，城市洪涝灾害频发。根据《防洪标准》GB 50201—2014 与《室外排水设计规范》GB 50014—2006（2016 版）等要求，我国现有城市防洪排涝标准与城市等级相关，而城市等级与城市非农人口数量相关，随着我国城镇化进程的加快，大量人口向城市聚集，城市防洪排涝标准不断提高。由于城市水面率下降，雨洪调蓄空间减小，导致城市防洪排涝手段单一，对河流更加依赖，虽然河道的建设标准越来越高，但洪涝灾害依旧频繁出现。再者，水污染严重，生态功能逐步丧失。我国城市水系受到初期雨水与部分生活污水的双重污染，90%的河道受到了不同程度的污染，其中50%以上的河道存在严重污染，60%的湖泊已经超越了生态自我修复的临界点；此外由于城市水资源紧缺，水系生态用水得不到保障，导致城市水生态环境不断恶化。由于缺乏合理的利用与有力的保护，我国很多城市水系功能逐渐弱化和单一化，为了提高城市品质和完善城市功能，越来越多的城市重新重视水系，通过城市水系规划指导建设，恢复城市水系统功能的多样化。

城市总体规划中水系规划的主要内容是结合城市规划目标，从水资源、生态环境、景观格局、城市安全等角度进行系统分析，提出城市水系的战略定位与建设要求；结合城市规模与用地规划，划定城市蓝线和滨水地区的绿线，使城市用地布局规划更加科学合理。城市水系是雨洪排泄的天然通道，是城市排水防涝系统的重要组成部分。水系规划应与城市排水（雨水）防涝综合规划保持一致，以城市排水、内涝防治标准为依据，明确城市雨水受纳水体，综合治理城市水系（河道清淤与拓宽、建设生态缓坡和雨洪蓄滞空间等）并制定水位调控方案，确保设计重现期内水系排水通畅，不造成对城市排水管网的顶托，同时具备一定的调蓄容量，减轻城市排水压力。城市水系应基于水环境功能区划，提出明确的水质保护目标，遵循因地制宜原则，以减少污染物输入、促进水体自净为基本措施，必要时进行水生态修复。随着经济社会发展水平的提高，水系规划的内涵不断丰富，以防洪排涝为主的水系规划已不能满足需要，充分挖掘城市水系特色、提升城市水文化品质、构建城市完整水循环系统成为城市水系规划的新内容。

2.3.2　黑臭水体

1）概述

黑臭水体是城市水系面临的一大挑战，也与雨水资源收集利用息息相关，雨水径流水质，特别是初期雨水水质是导致黑臭水体的原因之一。作为近年来行业的热点，黑臭水体问题越来越受人重视。

城市水体黑臭是当今我国最突出的环境问题之一。2015 年 4 月，《国务院关于印发水污染防治行动计划的通知》（国发〔2015〕17 号）的发布，将城市黑臭水体治理作为一项重要任务，要求到 2020 年，全国地级及以上城市建成区黑臭水体控制在 10% 以内，到 2030 年，城市建成区黑臭水体总体得到消除。2018 年 5 月，生态环境保护大会把消灭城市黑臭水体作为实施水污染防治行动计划的重要内容。2018 年 6 月，《中共中央 国务院关于全面加强生态环境保护，坚决打好污染防治攻坚战的意见》发布，对城市黑臭水体治理等"五大水相关战役"作出详细规定。

城市黑臭水体治理是一项长期的系统性工程。与城市规划不合理、基础设施不匹配、监督管理不完善等复杂因素密切相关，导致黑臭水体治理面临巨大的挑战。2016 年 2 月起，住房和城乡建设部、生态环境部正式发布黑臭水体清单，全国 220 多个地级以上城市黑臭水体高达 2100 个，64% 集中在东南沿海地区，因此，我国城市黑臭水体治理存在巨大的市场机遇。治理是否见到成效，不仅取决于技术支撑，也需要强大的社会资本投入，同时，政府的管理体系也亟需完善。

2）黑臭水体成因

水体黑臭现象的产生是一个复杂的物理、化学和生物过程，涉及因素较多，主要包括水体有机物污染、氮磷污染、底泥与底质再悬浮、微生物代谢以及热污染等。水体溶解氧的不足是导致水体黑臭的直接原因。水体中需氧生物的生命活动以及大量还原物质的氧化消耗水体中富含的氧，降低了水体中的氧含量。在水体底部（下覆水和底泥）缺氧层中，SO_2^{4-} 作为电子受体，被硫酸盐还原菌逐步还原为 S^{2-}。同时，铁、锰等金属离子亦被其他微生物还原为 Fe^{2+}、Mn^{2+} 等还原态离子，底部的 S^{2-} 与 Fe^{2+}、Mn^{2+} 等金属离子结合生成的金属硫化物随着水体扰动被释放并悬浮于上覆水体，导致水体变黑。与此同时，含硫蛋白质厌氧分解生成的硫醇、硫醚类物质，被以放线菌为主的微生物代谢而产生 2-甲基异莰醇与土味素。此外，藻类裂解释放的 β-紫罗兰酮（醛）等致味物质逸散出水体，引起水体变臭。

3）黑臭水体与城市雨水径流

我国城市排水系统雨污混接现象普遍存在。雨污管道的错接、混接不但打乱了正常的排水秩序，增加日常监管的难度，还会给城市水体和城市卫生带来负面影响。当污水管道错接入雨水管道时，收集的污水将直接从雨水排放口排入受纳水体，危害水体水质。同时，当雨水管道服务区域全面积参与汇流时，雨水管道的设计流量最大，相应地以此流量确定的雨水管道管径也很大。晴天时，错接的污水在雨水管道中充满度小、流速低，污水中的悬浮物和漂浮物逐渐在雨水管道底部沉淀淤积；雨天时，管道沉积物在雨水冲刷作用下，排入水体，将造成瞬时污染。当雨水管道错接入污水管道时，降雨过程中，大量的雨水进入污水管道，造成污水管道排水能力不堪重负，污水从地势较低的检查井溢流出地面，引起路面积水和水体污染。

我国的排水管网经历了"直排式合流制——截流式合流制——分流制"的发展历程。目前，我国城市老城区多采用截流式合流制的排水体制，新建城区基本为分流制的排水体制。分流制和截流式合流制管网可以对点源污染进行有效的收集，但在雨天，分流制排水系统收集的雨水直排天然水体，截流式合流制排水系统当雨污混合水量超出截流干管输送能力时也溢流进入天然水体，因此两种排水体制对于防治雨水冲刷引起的城市面源污染问题均有不足。

据调查，我国城市雨水径流已呈现污染物种类多样、瞬时污染物浓度高、污染贡献大等特征。北京市的初期雨水径流中监测到了化学需氧量、固体悬浮物、合成洗涤剂、铅、锌、酚、石油类、总氮、总磷等众多污染物，路面初期雨水径流中的化学需氧量、固体悬浮物、石油类的平均值分别达到了 1220mg/L、1934mg/L、65.3mg/L 的高值。天津市路面雨水径流中铬、镉浓度是美国、法国等发达国家城市测定值的 1.6～9 倍。上海市在制定污水综合排放标准时测算，全市水体中化学需氧量和总磷的主要贡献源是城镇地表径流，其对化学需氧量的贡献率近 2/3，对总磷的贡献率近 1/2。1988～2014 年，在滇池流域开展的城市面源污染研究发现，城市面源污染排放呈逐年上升趋势，2014 年滇池流域城市面源化学需氧量、总氮和总磷污染负荷入湖量比 1988 年增加了近两倍，城市面源化学需氧量入湖量占流域化学需氧量入湖总量的 45%。

2.3.3 案例分享

1）TJ 市 DG 区城市生态水系规划

TJ 市 DG 区 HG 河主要有 4 条河流，即 SM 河、BM 河、BQ 排水河、CQ 河。4 条河道没有贯通，未能有效发挥排涝和景观功能。城区湖泊主要有 LC 湖、GG 湖、XG 公园湖，3 座湖泊没有生态用水保证，并且各自孤立，形成一潭死水。目前 DG 城区排涝标准只有 5～10 年一遇，低于《TJ 市城市防洪规划报告》和《TJ 市 DG 区城市总体规划（1997～2010）》中 20 年一遇的排涝标准，并且北部 GJ 区和 KF 区缺少骨干排涝河道，满足不了 DG 区城市发展的需要。同时现有水工建筑物大部分已不能满足负荷区内排水功能的要求。

HG 河来水量没有保证，水质污染和河道淤积严重，直接影响其功能性和景观性的发挥。除 SM 河外，其他 3 条均未治理，河道两岸杂草丛生，河道之间互不贯通，不利于水体交换，影响城市景观。一方面 HG 河和 LC 湖、GG 湖、XG 公园湖水资源严重匮乏、水环境持续恶化，另一方面本地区的绝大部分雨水和中水没有利用，直接排放入海。DG 区城南以前芦草丛生，遍布水洼和碱丘，是典型的退海地貌。从 2007 年 4 月开始，根据区政府的规划，园林部门利用原有地势，高处堆土丘，洼处修河湖，兴建一座东西长 5km，占地 310 万 m^2 的湿地公园，但该湿地公园水源没有保障。

为解决上述问题，做出的规划包括：水源规划、水调规划、水质规划等。水源主要有中水、雨水、地表水。中水主要是 DG 污水处理厂年产 800 万 m^3 的再生水，雨水主要指 DG 城区包括 GG 地区的雨水和沥水，地表水主要指 DLJ 河的河水。雨水作为景观、绿化用水，就水质而言，应考虑初期雨水污染较严重、汛期水量较大、枯水期水量较少、自然流动困难等因素。当 HG 河收集的雨水水质污染较严重时，可排入 DLJ 河、HD 排水河、BQ 排水河，经河流自净后入海；当 HG 河收集的雨水水质满足绿化与景观用水水质要求时，可蓄存留用。

2）SZ 市 BH 河黑臭水体综合治理技术

根据 SZ 市治水提质办排查资料，BH 河黑臭长度为 4.81km，黑臭级别为轻度黑臭，为 2017 年住房城乡建设部、生态环境部重点挂牌督办黑臭水体之一，计划 2017 年年底要全面完成黑臭水体治理任务。

BH 河现状污染严重，其污水由生活污水、工业废水、合流制管道溢流等组成。流域内主要是厂房和城中村小区，排水系统大部分是合流制，合流制污水沿 BH 河两岸排口直排河道。虽然 BH 河河道综合整治工程已开始实施，且在河道内新建了截污管道，但是截污工程不完善、不彻底，仍有部分排污口存在旱季污水直接入河问题。且 BH 河支流 DSK 河目前截污管道还未实施，大部分污水通过 DSK 河直接排入 BH 河。

BH 河黑臭水体治理"问题在水里、根源在岸上；核心是管网、排口是关键"，结合当地特点，BH 河治理方案采用了控源截污、旁路治理、垃圾清理、底泥清淤、就地补水等工程措施，实现水环境质量改善，恢复城市良性生态系统。目前，BH 河未治理的排污口有 58 处，治理方案针对排口的不同性质、不同口径，分类进行截污处理。由于沿河道已经建有 D400~D800 截污管道，故近期将污水就近接入沿河截污管道，远期结合流域内雨污分流管网工程，将合流制管道雨、污水分离，污水接入市政污水管道，入河雨水口通过截流井截流初期雨水后接入沿河截污管。

2.4　雨水资源收集利用与城市节水

2019 年世界水日和中国水周，强调水是万物之母，生存之本，文明之源。我国人多水少、水资源时空分布严重不均、水安全问题事关我国经济社会发展稳定和人民健康福祉。水安全中的老问题仍有待解决，新问题越来越突出、越来越紧迫，我国明确提出了"节水优先、空间均衡、系统治理、两手发力"的治水方针、突出强调要从改变自然、征服自然转向调整人的行为、纠正人的错误行为。节水已经到了刻不容缓的时刻，水资源短缺已经成为经济社会可持续发展的突出瓶颈制约，高效合理利用水资源成为我国经济社会可持续发展和生态文明建设的重要内容。雨水资源收集利用作为城市节水的一个重要手段，越来越受到管理者的重视。国家发改委、水利部共同发布《国家节水行动方案》（发改环资规〔2019〕695 号）中提到要统筹利用好再生水、雨水等用于农业灌溉和生态景观。新建小区、城市道路、公共绿地等因地制宜配套建设雨水集蓄利用设施。全面推进节水型城市建设，结合海绵城市建设，提高雨水资源利用水平。

2.4.1 节水政策

2016 年 10 月 28 日，国家发展改革委等 9 部门印发《全民节水行动计划》（发改环资〔2016〕2259 号）。该计划分农业节水增产行动、工业节水增效行动、城镇节水降损行动、缺水地区节水率先行动、产业园区节水减污行动、节水产品推广普及行动、节水产业培育行动、公共机构节水行动、节水监管提升行动、全民节水宣传行动 10 部分。2016 年 11 月 10 日水利部、国家发展改革委印发了《"十三五"水资源消耗总量和强度双控行动方案》（水资源司〔2016〕379 号）文件，该文件旨在加快生态文明建设，推动形成绿色发展方式和生活方式，进一步控制水资源消耗，实施水资源消耗总量和强度双控行动。2018 年 2 月 13 日，住房城乡建设部与国家发展改革委共同印发《国家节水型城市申报与考核办法》与《国家节水型城市考核标准》（建城〔2018〕25 号）。2019 年 4 月 15 日，国家发改委、水利部共同发布《国家节水行动方案》（发改环资规〔2019〕695 号），该方案确定了节水的重大意义、节水总体要求、节水重点行动。

1）全民节水行动计划

我国水资源时空分布不均，人均水资源量较低，供需矛盾突出，加之受经济结构、发展阶段和全球气候变化影响，水资源短缺已经成为经济社会可持续发展的突出瓶颈制约，高效合理利用水资源成为我国经济社会可持续发展和生态文明建设的重要内容。《国民经济和社会发展第十三个五年规划纲要》提出要实施全民节水行动计划，在农业、工业、服务业等各领域，城镇、乡村、社区、家庭等各层面，生产、生活、消费等各环节，通过加强顶层设计，创新体制机制，凝聚社会共识，动员全社会深入、持久、自觉的行动，以高效的水资源利用支撑经济社会可持续发展。

《全民节水行动计划》（发改环资〔2016〕2259 号）提到要积极利用非常规水源。应在城市绿化、道路清扫、车辆冲洗、建筑施工、生态景观等领域优先使用再生水。到 2020 年缺水城市再生水利用率达到 20% 以上，京津冀区域达到 30% 以上。沿海缺水城市和海岛，要将海水淡化作为水资源的重要补充和战略储备。在有条件的城市，加快推进海水淡化水作为生活用水补充水源，鼓励地方支持主要为市政供水的海水淡化项目，实施海岛海水淡化示范工程。推进海绵城市建设，降低硬覆盖率，提升地面蓄水、渗水和涵养水源能力。到 2020 年，全国城市建成区 20% 以上的面积达到海绵城市建设目标要求。

2）"十三五"水资源消耗总量和强度双控行动方案

（1）指导思想

紧紧围绕统筹推进"五位一体"总体布局和协调推进"四个全面"战略布局，牢固树立创新、协调、绿色、开放、共享的发展理念，认真落实党中央、国务院决策部署，坚持节水优先、空间均衡、系统治理、两手发力，切实落实最严格水资源管理制度，控制水资源消耗总量，强化水资源承载能力刚性约束，促进经济发展方式和用水方式转变；控制水资源消耗强度，全面推进节水型社会建设，把节约用水贯穿于经济社会发展和生态文明建设全过程，为全面建成小康社会提供水安全保障。

（2）主要目标

到 2020 年，水资源消耗总量和强度双控管理制度基本完善，双控措施有效落实，双控目标全面完成，初步实现城镇发展规模、人口规模、产业结构和布局等经济社会发展要素与水资源协调发展。各流域、各区域用水总量得到有效控制，地下水开发利用得到有效管控，严重超采区超采量得到有效退减，全国年用水总量控制在 6700 亿立方米以内。万元国内生产总值用水量、万元工业增加值用水量分别比 2015 年降低 23％和 20％；农业亩均灌溉用水量显著下降，农田灌溉水有效利用系数提高到 0.55 以上。

（3）部分重点任务

合理有序使用地表水、控制使用地下水、积极利用非常规水，进一步做好流域和区域水资源统筹调配，减少水资源消耗，逐步降低过度开发河流和地区的开发利用强度，退减被挤占的生态用水。加快完善流域和重点区域水资源配置，强化水资源统一调度，统筹协调生活、生产、生态用水。大力推进非常规水源利用，将非常规水源纳入区域水资源统一配置。

实施国家重点研发计划水资源高效开发利用专项，大力推进综合节水、非常规水源开发利用、水资源信息监测、水资源计量器具在线校准等关键技术攻关，加快研发水资源高效利用成套技术设备。建设节水技术推广服务平台，加强先进实用技术示范和应用，支持节水产品设备制造企业做大做强，尽快形成一批实用高效、有应用前景的科技成果。

开展水效领跑者引领行动，定期公布用水产品、用水企业、灌区等领域的水效领跑者名单和指标，带动全社会提高用水效率。培育一批专业化节水服务企业，加大节水技术集成推广，推动开展合同节水示范应用，通过第三方服务模式重点推进农业高效节水灌溉和公共机构、高耗水行业等领域的节水技术改造。

3）国家节水型城市

国家节水型城市申报考核工作每两年进行一次，其中对城市非常规水资源利用提出了具体要求。京津冀区域，再生水利用率≥30％；缺水城市，再生水利用率≥20％；其他地区，城市非常规水资源替代率≥20％或年增长率≥5％。所谓非常规水资源替代率是指再生水、海水、雨水、矿井水、苦咸水等非常规水资源利用总量与城市用水总量（新水量）的比值。城市雨水利用量是指经过工程化收集与处理后达到相应水质标准的回用雨水量，包括回用于工业生产、生态景观、市政杂用、绿化、车辆冲洗、建筑施工等方面的水量。

4）国家节水行动方案

水是事关国计民生的基础性自然资源和战略性经济资源，是生态环境的控制性要素。我国人多水少，水资源时空分布不均，供需矛盾突出，全社会节水意识不强、用水粗放、浪费严重，水资源利用效率与国际先进水平存在较大差距，水资源短缺已经成为生态文明建设和经济社会可持续发展的瓶颈制约。要从实现中华民族永续发展和加快生态文明建设的战略高度认识节水的重要性，大力推进农业、工业、城镇等领域节水，深入推动缺水地区节水，提高水资源利用效率，形成全社会节水的良好风尚，以水资源的可持续利用支撑经济社会持续健康发展。

（1）主要目标

到 2020 年，节水政策法规、市场机制、标准体系趋于完善，技术支撑能力不断增强，管理机制逐步健全，节水效果初步显现。万元国内生产总值用水量、万元工业增加值用水量较 2015 年分别降低 23％和 20％，规模以上工业用水重复利用率达到 91％以上，农田灌溉水有效利用系数提高到 0.55 以上，全国公共供水管网漏损率控制在 10％以内。

到 2022 年，节水型生产和生活方式初步建立，节水产业初具规模，非常规水利用占比进一步增大，用水效率和效益显著提高，全社会节水意识明显增强。万元国内生产总值用水量、万元工业增加值用水量较 2015 年分别降低 30％和 28％，农田灌溉水有效利用系数提高到 0.56 以上，全国用水总量控制在 6700 亿 m^3 以内。

到 2035 年，形成健全的节水政策法规体系和标准体系、完善的市场调节机制、先进的技术支撑体系，节水护水惜水成为全社会自觉行动，全国用水总量控制在 7000 亿 m^3 以内，水资源节约和循环利用达到世界先进水平，形成水资源利用与发展规模、产业结构和空间布局等协调发展的现代化新格局。

（2）与雨水资源利用相关的重点行动

加强再生水、海水、雨水、矿井水和苦咸水等非常规水多元、梯级和安全利用。强制推动非常规水纳入水资源统一配置，逐年提高非常规水利用比例，并严格考核。统筹利用好再生水、雨水、微咸水等用于农业灌溉和生态景观。新建小区、城市道路、公共绿地等因地制宜配套建设雨水集蓄利用设施。严禁盲目扩大景观、娱乐水域面积，生态用水优先使用非常规水，具备使用非常规水条件但未充分利用的建设项目不得批准其新增取水许可。到 2020 年，缺水城市再生水利用率达到 20％以上。到 2022 年，缺水城市非常规水利用占比平均提高 2 个百分点。

（3）科技创新引领

推动节水技术与工艺创新，瞄准世界先进技术，加大节水产品和技术研发，加强大数据、人工智能、区块链等新一代信息技术与节水技术、管理与产品的深度融合。重点支持用水精准计量、水资源高效循环利用、精准节水灌溉控制、管网漏损监测智能化、非常规水利用等先进技术与适用设备研发。

建立"政产学研用"深度融合的节水技术创新体系，加快节水科技成果转化，推进节水技术、产品、设备使用示范基地、国家海水利用创新示范基地和节水型社会创新试点建设。鼓励通过信息化手段推广节水产品和技术，拓展节水科技成果与先进节水技术工艺推广渠道，逐步推动节水技术成果市场化。

鼓励企业加大节水装备与产品研发、设计和生产投入，降低节水技术工艺与装备产品成本，提高节水装备与产品质量，提升中高端品牌的差异化竞争力，构建节水装备与产品的多元化供给体系。发展具有竞争力的第三方节水服务企业，提供社会化、专业化、规范化节水服务，培育节水产业。到 2022 年，培育一批技术水平高、带动能力强的节水服务企业。

2.4.2 水生态文明

1）水资源节约是水生态文明建设的基础

厉行水资源节约，构建节约型社会是水生态文明建设的重要目标。我国水资源短缺问题日益突出，水资源面临的形势非常严峻。水资源节约是解决水资源短缺的重要举措，是构建人水和谐的水生态文明建设的重要内容。通过全面促进水资源节约，节约集约利用水资源，推动水资源利用方式根本转变。通过加强全过程节约管理，降低水资源消耗强度，提高利用效率和效益。通过推动水能源生产和消费革命，支持节能低碳产业和新能源、可再生能源发展，保障国家能源安全。加强水源地保护和用水总量管理，建设节水型社会。

2）水环境保护是水生态文明建设的条件

良好的生态环境是人类社会经济可持续发展的前提条件。建设生态文明的直接目标是保护好人类赖以生存的生态环境。我国长达 30 多年的经济快速发展，使诸多水域产生了污染，水生态系统退化趋势未能得到根本扭转，水环境保护的任务仍然艰巨。水生态文明是人类能够自觉地把一切经济社会活动都纳入"人与自然和谐相处"的体系中，是包含人口、资源和环境的可持续发展，是包容经济、社会与自然协调的和谐发展，是覆盖优化生态、安居乐业、幸福生活的科学发展，是体现新型工业文明转型的绿色经济发展。

3）水安全维护是水生态文明建设的根本

生态文明依赖于健康的流域。没有安全的生态系统，生态文明就会失去载体。水安全是在一定流域或区域内，以可预见的技术、经济和社会发展水平为依据，以可持续发展为原则，水资源和水环境能够持续支撑经济社会发展规模、能够维护生态系统良性发展的状态。一段时间，我国水灾害集中频发，洪涝、溃坝、水量短缺、水质污染等水安全问题给人类社会造成损害。通过水利工程对水资源进行合理开发、优化配置、节约利用、有效保护和科学管理，实现用水安全，增强水利对经济社会可持续发展的保障能力，实现人水和谐，是践行生态文明建设的根本。

4）水文化弘扬是水生态文明建设的灵魂

水生态文明建设既是一项工程技术建设，也是一项社会文化建设。文明是人类与社会进步的体现。水生态文明是水环境和水生态不断改善的体现，需要社会各界和广大民众共同参与才能取得实效，需要加强全民社会伦理、道德与文化建设，使人民群众自觉参与生态文明建设实践，开展全民水生态环境知识宣传、教育与培训，营造和创新水文化氛围，传播和弘扬水文化。水文化建设包括社会和公民科学的自然伦理观的培养，水利史、水利遗产、水利工程、治水与水利历史人物，以及水利风景区、水生态文明城市与生态旅游地的建设与管理等宣传活动。通过生态文明宣传教育，增强全民节约意识、环保意识、生态意识，形成合理消费的社会风尚，营造爱护生态环境的良好风气。

5）水制度保障是水生态文明建设的保证

保护生态环境必须依靠制度。制度文明是制度建设的结果，主要通过制度建设及其过程加以体现。制度文明建设是一个国家政治、经济、文化建设的重要内容，其进程有赖于社会现有的物质文明和精神文明整体水平的提高。水制度建设包括完善涉水相关法律法规、技术标准体系、监督监控体系、规划体系、体制机制、能力建设、考核管理等内容。通过把资源消耗、环境损害、生态效益纳入经济社会发展评价体系，建立体现生态文明要求的目标体系、考核办法、奖惩机制，形成适应水生态文明理念要求的制度体系，保障水生态文明建设的顺利进行。

2.4.3　雨水利用率与自来水"替代率"

1）概述

由于水资源匮乏，开发雨水资源已成为各地区热门研究的课题，而雨水资源利用的首要问题是确定雨水蓄水池容积大小。雨水蓄水池容积与自来水替代率、雨水利用率是密切关联的。

雨水蓄水池容积可以利用降雨量估算法确定。此方法的关键是如何确定一场雨的设计降雨量，多以1~2年重现期作为计算依据。但这仅是关注了一场雨，而忽略了全年的降雨频率与降雨量。例如广州与北京1年一遇日降雨量分别是45mm与51.8mm，差别不大；在同样的径流系数和雨水收集面积条件下，这样会计算得出相近的雨水蓄水池容积（蓄水池容积＝径流系数×雨水收集面积×1年一遇降雨量）。但是，由于两城市的年降雨量（广州、北京分别是1657.2mm与596mm）、降雨频率都不相同，两个地方的雨水利用量、自来水替代率相差较大。

雨水蓄水池容积优化设计的目标是能达到高的自来水替代率与低的造价成本相结合的目标。目前，一部分工程人员在计算雨水利用量或自来水替代率的过程中利用当地多年平均月降雨量来计算，这是由于其他资料一般只提供当地多年平均月降雨量数据。照这样计算，结果会与实际产生一定的偏差甚至错误。这是由于以平均月的数据来计算，就是假设月内每天的降雨量是相等的；以月为单位的计算，只要收集面积足够大，计算得出的月收集雨水量就足够多，并且大于月用水量，最后得出自来水替代率可以是100%，这是偏离实际的。

潘志辉等人认为，当具备多年的逐日降雨资料时，应以每年的逐日降雨量计算出一个自来水替代率（在同样的条件下），然后再求取多年的自来水替代率平均值。例如有2002~2011年10年的逐日降雨量，在一定的雨水收集面积、一定的径流系数与蓄水池容积下，可分别计算出各年的自来水替代率 a_{2002}、a_{2003}…a_{2011}，然后求出平均值，即是多年平均自来水替代率，然后通过经济性评价确定蓄水池容积。

2) 深圳市实例

深圳市雨水逐日降雨量数据（2002~2011年）来源于国家气象信息中心。设计实例数据来源于深圳市某一建筑区域：本项目建设用地面积（雨水收集面积）为33330.77m²，场地综合径流系数为0.597，非降雨天时用水量（包括绿化浇洒、道路与地下车库地面冲洗用水量）为43.8m³；降雨天时用水量（只需要地下车库地面冲洗用水量）为21m³。将蓄水池的有效容积作为参变量：50m³、100m³、150m³、200m³、250m³、300m³。蓄水池作封闭、防渗处理，不考虑蒸发量、渗漏量。通过程序软件模拟可以得到在一定蓄水池容积下，建筑区域内2002~2011年雨水利用率与自来替代率的变化情况。图2-1为2002~2011年雨水利用率变化情况、图2-2为2002~2011年自来水替代率变化情况。

从图2-1可以得知，雨水利用率随着蓄水池容积的增大而增加。当蓄水池容积为100m³（储存容积约2.5倍用水量）时，雨水利用率多年平均值约为12.8%；而当蓄水池容积为200m³（储存容积约5倍用水量）时，雨水利用率多年平均值约为17.8%，这说明80%以上可收集的雨水通过溢流方式损失而没有被利用。2002~2011年各年的雨水利用率相差2%~8%，这应与降雨量年际变化较大有关。

从图2-2得出，自来水替代率也随着蓄水池容积的增大而增加。当蓄水池为100m³时，自来水替代率多年平均值达到34.2%。但是，从图2-2分析得出有效容积增大1倍（从100m³增加至200m³），自来水替代率多年平均值仅增加10%左右（达到47%）。受各年降雨量与年内降雨的时间分布不均匀性影响，虽然各年内用水量相近，但各年的自来水替代率出现 2%～10%的差异。

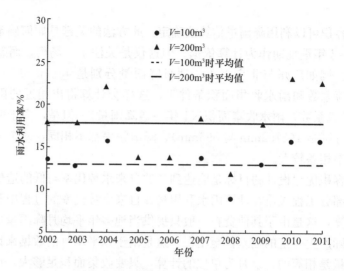

图 2-1　2002～2011 年雨水利用率变化情况（资料来源：潘志辉等，2012）

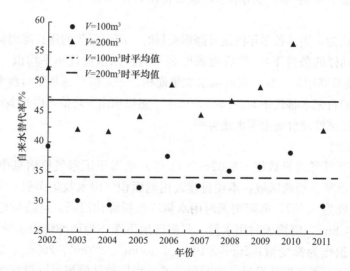

图 2-2　2002～2011 年自来水替代率变化情况（资料来源：潘志辉等，2012）

3）中国香港—截留蓄洪工程

香港市区截流蓄洪工程，是香港历来最大的排洪计划。工程包括建造三条共长 20km，设计总排水量达 460m³/s 的雨水排放隧道与两个位于市区地下，总蓄水量 10.9 万 m³ 的蓄水池。雨水排放隧道的设计雨量重现期为 200 年一遇，而隧道建成后下游市区可抵 50 年一遇的暴雨。

截流蓄洪工程主要包括港岛西雨水排放隧道、荔枝角雨水排放隧道、荃湾雨水排放隧道、大坑东蓄洪池与上环蓄洪池组成，港岛西雨水排放隧道横跨香港岛，沿半山兴建，主隧道长 10.5km，直径 7.25m。荔枝角雨水排放隧道位于九龙西北部，隧道全长 3.7km，由一段 2.5km 长沿半山兴建的分支隧道与一段 1.2km 长贯通荔枝角市区地底的主隧道组成，直径为 4.9m。荃湾雨水排放隧道穿越新界大帽山南面，长 5.1km，直径 6.5m。大坑东蓄洪池位于九龙北部，蓄水量 10 万 m^3。上环蓄洪池位处香港岛上环低洼地区，容量为 9000m^3。三条雨水排放隧道与两个地下蓄洪池相互配合，为香港市区多个沿岸地方，包括主要商业中心与稠密商住区，提供长远有效的防洪保障。截流蓄洪成效显著，大大提高了香港地区的防洪能力和标准，有效地减轻了城市的洪涝灾害，在近年的多次暴雨中均未出现内涝现象。图 2-3 为截流与蓄洪概念，图 2-4 为荔枝角雨水排放隧道排水口，图 2-5 为大坑东地下蓄洪池内景。

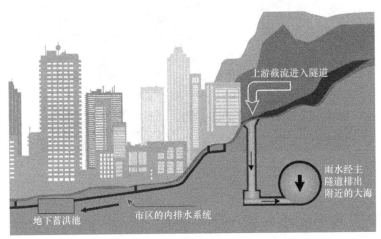

图 2-3　截流与蓄洪概念（资料来源：香港渠务署）

图 2-4　荔枝角雨水排放隧道排水口（资料来源：香港渠务署）

4）中国台湾实例

近十年来，中国台湾地区因为人口增长、气候变迁、用水设施需求的增加以及城市化不断发展导致用水结构发生极大变化，因而引发水源的问题日益严重。不仅如此，中国台湾地区每年夏季更是直面来自太平洋台风的肆虐，台风带来充沛雨量的同时也会导致洪涝灾害的发生，因此如何进行合理的雨洪调控也成为台湾亟需解决的问题。

纵观中国台湾地区，其每年降雨量与用水量为世界平均值的 2.6 倍，若仅论雨量，实际台湾并不缺水，但是因为降雨的时间与空间上的分布不均，且台湾地形多是山地，无法有效截留雨水径流并进行合理利用。因此台湾提出了《建筑物雨水贮留利用设计技术规范》，该规范为促进水资源有效利用，在不妨碍居住环境的安全、健康与舒适条件下，提供了建筑物雨水回收再利用的设计标准。中国台湾地区对于建筑物雨水贮留利用设施计算有详细的表格，不同的建筑物要求不同，并且规定必须对雨水利用措施进行合理估算。

图 2-5　大坑东地下蓄洪池内景（资料来源：香港渠务署）

2.5　雨水资源收集利用与城市雨洪管理

2.5.1　概述

我国处在季风气候区，降雨的时间与空间分布不均，如何在我国特殊的地理位置做到雨水调控，使其既不发生洪涝，又能使雨水资源化，变得极为重要。据相关资料显示我国的洪涝灾害具有频率高、范围广与损失严重的特点，特别是东南沿海城市，一旦遇到台风季节，必定逢雨必涝，造成重大损失。目前，我国城市防涝存在的主要问题：1）城市防洪标准过低，过分的重视防洪，忽视内涝，只认识到防洪的重要性，没有意识到排涝也同样重要；2）在排涝的过程中过于依赖强排措施，一旦遇到内涝问题就提高泵站的标准，治标不治本，没有真正解决城市内涝存在的问题。在调研 FZ 城区内涝问题的过程中，发现 FZ 城区 2016～2018 年内涝防治重点项目改造中，有 70% 以上的项目是通过提高泵站的标准来提高城市防涝的标准。目前 FZ 城区内涝改造的费用预算大概在 356 亿元左右，其中用于提高泵站标准的费用至少占到四成以上，可以说利用泵站强排不仅不能达到治本的效果，而且费用昂贵。仅依靠提高泵站排水标准来改善城市内涝情况的做法，体现了人们还未从传统的治涝思路改变过来，没有将以"排"为主的思路，转变为"排"、"蓄"结合的思路；3）城市防洪排涝应急管理体系不完善，未建立健全相应的补偿机制，当遭遇超重现期标准时，缺乏洪水保险、城市居民紧急疏散、内涝提前预警的措施。目前我国正在如火如荼地进行海绵城市建设，实施海绵城市建设措施最重要的是要对雨水进行调控，不仅需要控制雨水径流总量，还要将雨水"变废为宝"，真正达到雨水的减量化、无害化与资源化的目标。随着我国城市建设对水域与滨水空间的利用，城市水系在平面形态、水文水质条件等方面不断发生改变。过度与不合理的开发逐渐暴露出许多问题，正在逐步影响城市的健康、有序发展。

2.5.2 国内雨洪调控的现状

中国大陆地区雨水利用虽然有悠久的历史，但是真正意义上将雨洪调控管理纳入城市防涝管理还是从 20 世纪 80 年代开始，进入新世纪后才逐渐发展起来，2000 年水利部编制了《全国雨水集蓄利用"十五"计划及 2010 年发展规划》，2001 年水利部发布了行业标准《雨水集蓄利用工程技术规范》SL 267—2001，为我国农村雨水利用的发展积累了丰富的经验。不仅如此，2006 年 9 月，随着国家标准《建筑与小区雨水利用工程技术规范》GB 50400—2006 的发布实施，为城市雨水利用技术的推广利用提供了技术工程标准。近年来，国家标准《城市排水防涝设施数据采集与维护技术规范》GB/T 51187—2016、《城镇雨水调蓄工程技术规范》GB 51174—2017 和《城镇内涝防治技术规范》GB 51222—2017 等一系列配套技术规范陆续发布。从总体上看，我国虽然雨水利用技术起步较晚，但是后续发展步伐快，更有一系列技术规范在不断完善。特别是在"绿色奥运"、举办上海世博园等大型国际活动中，我国不断探索出符合自己实际情况的雨水利用措施，如"水立方"场馆的雨水利用措施，平均每年可以回用 $10500m^3$，雨水利用率达到了 76%；国家体育广场的渗水材料使大部分雨水都能够渗透地下，并且能够将雨水回收后再利用，经处理后的雨水可做中水回用，用于冲厕、灌溉、冲洗道路等；上海世博园的屋面雨水利用系统等多项节能技术，将园区打造成"绿色生态建筑"，提高水资源利用效率。近年来，随着经济技术的发展，更是发展出许多具有中国特色的雨水利用措施，但与发达国家相比，还有众多需改进之处，不仅体现在技术方面，还体现在管理理念与公民意识方面。

2.5.3 世界各国雨洪调蓄措施案例

1）美国——深隧排水系统

美国是世界上第一个修建深隧用于解决城市雨污和雨洪困境的国家。迄今为止，仍是世界上修建蓄水深隧最多的国家。经 40 多年的实践，美国在深隧修建、运行、维护、管理领域积累了大量的经验。美国芝加哥市的深隧水库工程 TARP（Tunnel and Reservoir Plan）是世界上第一个在地下岩石层修建的大型蓄水工程。1950~1960 年芝加哥市平均每年发生近 100 次雨污溢流，为解决水污染和内涝问题，芝加哥政府与各界机构、团体共提出 23 项改进方案，除深隧之外，还包括修建屋面蓄水设施，将街道巷道改建成水道，利用公园绿地空间，修建大型地表蓄水建筑，在密歇根湖内设置临时橡胶蓄水围场等。

20 世纪 70 年代末，芝加哥市政府成立了雨洪控制协调委员会 FCCC（Flood Control Coordination Committee），专门研究比选各种方案。随后 2 年间，FCCC 在 8 个方面对方案进行了详细评估，即：（1）工程造价；（2）运行管理维修费用；（3）项目效益；（4）征地面积；（5）所需地下通道面积；（6）需搬迁的住户和商业企业；（7）施工影响；（8）运行影响。经过几轮筛选和修改，FCCC 提出将深隧和其他 3 个方案中的精华部分结合，形成 TARP 方案。经过重新组合设计，TARP 方案包括修建深隧和露天深坑水库、扩大城市污水处理能力、增建截污管网。FCCC 将修改后的 TARP 方案和其他 5 个备选方案进行了比较研究，最终结论为 TARP 是解决芝加哥城市洪涝和水污染最合适、工程投资最低、环境影响最小的方案。基于 FCCC 的建议，芝加哥水管局于 1972 年底正式决定启动

TARP 工程。TARP 工程也引起美国国家环保局 USEPA（U.S. Environmental Protection Agency）的浓厚兴趣。其规模之宏伟，可以说开拓 21 世纪美国污染控制之路。此外，USEPA 认为，如果芝加哥地区的水污染能得到有效解决，其控制措施几乎可以复制于其他任何地方，在 USEPA 的大力支持下，经过 3 年前期工作，TARP 于 1975 年正式开工。

一期工程包括 4 段深隧，开挖于地下 60～105m 的岩石层，总长 176km，直径为 3～10m；3 个排水泵站；250 多个入流竖井，600 多个浅层连接和管控结构。根据初始工程预算，一期工程应于 1985 年完工，工程造价约为 19 亿美元（1975 年价值）。二期工程包括 3 个由采沙后留下的地表深坑水库，其主要目的着重解决城市洪涝，但其巨大的储存空间仍可减少城市雨污溢流。TARP 系统的运行包括降雨期间的入流阶段和无雨期间的排水阶段。入流阶段的运行目标为：（1）充分利用深隧空间；（2）最大限度蓄存污水；（3）避免瞬变流和间歇喷涌现象。为减少污水漫溢，雨污分流的污水管网排入深隧的水量不受闸门控制。雨污合流管网和地面溢流排入深隧的水量由进水口的闸门系统控制。通常，当深隧充满度达到 60% 时，进水闸门可能被关小或关闭，限制雨污合流管网和地面溢流的入流量，以保证不受闸门控制的污水能排入深隧。深隧系统的入流过程是一个复杂的流体动力学过程，有时入流过快，深隧中的气体不能及时排除，会产生间歇喷涌现象，大量水体从竖井中喷出，危害附近行人与车辆。为避免间歇喷涌现象发生，在短历时的强降雨来临时，一些进水闸门要保持关闭，以减缓深隧入流速度，使深隧中空气能及时排出。排水阶段的运行目标为：（1）最大限度利用深隧蓄滞空间；（2）最大限度处理所收集的雨污水；（3）保证一定流速，将深隧中的沉积物降至最低；（4）将耗电费用减至最低。为满足上述目标，雨污抽排量依深隧蓄水量、污水处理能力和气象预报而定。图 2-6 为 TARP 的工程措施。

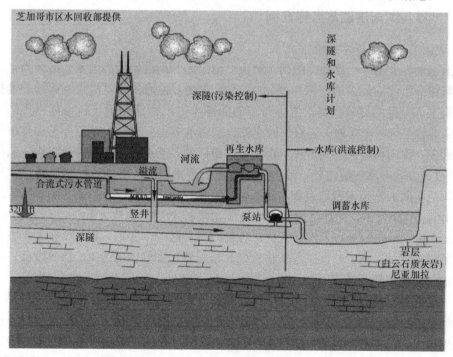

图 2-6　TARP 的工程措施

（资料来源：http://vtchl.illinois.edu/tunnel-and-reservoir-plan/）

2）伦敦——深隧排水系统

伦敦是英国的首都，同时也是欧洲最大的城市。伦敦跨泰晤士河下游两岸，面积 1605km²，属温带海洋性气候，年降水量约 594mm，人口密度为 5285 人/km²。伦敦的下水道系统始建于 150 多年前，但由于城市人口和面积的增加，原有的排水系统已不足以支持城市发展需要，甚至导致泰晤士河污染问题严重，溢流频发，2007 年伦敦政府确定了伦敦泰晤士深层隧道工程方案。该工程投资 36 亿英镑，计划 2023 年建成。深层隧道长度 22km，两端高度差为 20m，隧道直径 7.22m，调蓄容量 $85 \times 10^5 km^3$，隧道埋深 35～75m。工程建成后泰晤士河的溢流次数将由目前每年 60 次减少到 4 次，大幅提高污水收集能力，有效减少合流制溢流带来的污染，有效地改善泰晤士河水体环境。图 2-7 为泰晤士河的深隧系统设计示意。

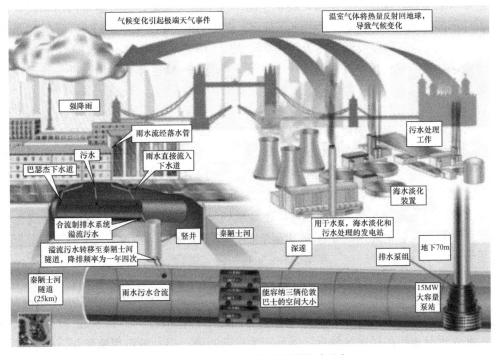

图 2-7　泰晤士河的深隧系统设计示意

（资料来源：刘家宏等，2017）

3）墨西哥——深层隧道排水系统

墨西哥城是墨西哥合众国的首都，位于墨西哥中南部高原的山谷中，海拔为 2240m。墨西哥城面积为 1500km²，人口达 1800 多万人，平均降雨量为 748mm。墨西哥城始建于公元前 500 年，是美洲较古老的城市之一，由于地处中央高原墨西哥谷地，四面环山，特别容易遭受"水患"。该城市最早的排水系统是按雨污合流制形式建成于 20 世纪初，管道总长度达 1.4 万 km。由于收集的雨水、污水最终通过大排水渠（Gran Canal）利用重力流将城市雨水和污水收集排出城外，为早期城市防洪排涝发挥了重要作用。但由于墨西哥城大量抽取地下水而造成严重地表沉降（年平均沉降 0～300mm），使得修建于地表浅层的 Gran Canal 严重错位，无法维持建设时的坡降，到 1950 年，其中有 20km 长的管道已经完全失去了原有的坡度，使得 Gran Canal 的过流能力由原来的 90m³/s 锐减至 12m³/s。

当局不得不对 Gran Canal 系统进行改造，通过增设抽水系统来改变因不均匀沉降形成的逆坡现状。随着对当地的地表沉降问题作进一步的深入分析，认为墨西哥城要彻底解决这个问题，必须要重新建立一套免受地表沉降影响的"深层排水系统"。1967 年启动了名为"深层隧道排水系统"的总体规划，一期于 1975 年建成并投入运行。"深层隧道排水系统"由中央隧道和截水隧道两部分组成，全部敷设在地表 30m 以下，采用泥水盾构施工方法。中央隧道直径为 6.5m，长为 50km，设计过流能力为 220m³/s，是将墨西哥城雨水和污水排出城外的主要通道，承担了整个城市排洪纳污功能。截水隧道由呈支状分布的 9 条总长约 154km，直径为 3.1～5.0m 的隧道组成，主要负责及时将区域内的雨洪与污水收集并排入中央隧道。但由于人口增长（由 1960 年的 512.5 万人增长到 2000 年的 1794.6 万人）和服务范围的扩展（由 1970 年的 683km² 扩大到 1990 年的 1295km²），1975 年建成的"深层隧道排水系统"已满足不了需求，特别是雨季过流能力不足，导致城市内涝频发，为此提出了"东部隧道"工程。该工程由长 63km，直径 7m，埋设深度超过 200m 的"东部隧道（East Tunnel）"和埋设深度在 150～200m 的 24 条进水道组成，排水能力为 150m³/s，是目前全球在建的最大城市深层隧道排水系统，将与中央隧道互为备用，进一步提高城市排水能力。

4）日本——深层隧道排水系统

日本的隧道排水系统到现在为止已建成 4 条深隧，分别为首都圈外围排水深隧（江户川）、东京都环状七号地下深隧（和田弥生干线）、寝室川南部地下深隧以及今井川地下深隧，其长度共计约 23.9km，调蓄量达 2180 万 m³。其中江户川排水深隧工程始建于 1992 年，总投资约 200 亿人民币，由地下隧道、5 座竖井、调压水槽、排水泵房和中控室组成，最大排洪流量可达 200m³/s。除此之外，还有规划与正在施工中的 3 条深隧，分别为矢上川地下深隧调节池、鹤见川地下深隧和东京都古川地下深隧调节池，总长度为 11.26km，调蓄量约 64×10⁵m³。

5）新加坡——深层隧道排水系统

新加坡地处热带，多年平均降水量为 2355mm，降水充沛，其地势低洼且四面环海，因此经常遭受水淹威胁困扰。新加坡现存在的问题主要包括：（1）污水处理厂小而分散；（2）污水处理设施距离居民区较近，容易产生臭味污染；（3）城市用地紧张，限制了污水处理设施的扩建等。针对现有问题，新加坡政府采取措施拟建设一条 48km、直径 6m、埋深 20～55m 的污水隧道，以及 50km 长的污水连接管，将所有污水收集输送到一座 80×10⁵m³/d 的污水厂处理。工程建成后有助于置换原有分散的污水厂和泵站用地，从而用于城市建设，同步提升周围物业的土地价值。

2.6 雨水资源收集利用与城市生态环境保护

雨水资源收集利用与城市的生态环境保护密切相关，像城市里面的非点源污染、初期雨水径流污染与控制、城市热岛效应等。

2.6.1 非点源污染

非点源污染（Non-point Source Pollution）与点源污染相对应，是指溶解的或固体污染物从非特定的地点，在降水和径流冲刷作用下，通过径流过程而汇入受纳水体（如河流、湖泊，水库、海湾等），引起的水体污染。其污染物类型主要有盐分、重金属和有机物。由于非点源污染起源于分散、多样的土地区，其地理边界和位置难以识别和确定。和点源污染相比，非点源污染危害规模大，防治困难。在美国，非点源污染已经成为环境污染的第一因素，60％的水资源污染起源于非点源污染。在北美和西欧，非点源污染的研究和防治受到高度重视，为此已进行了多年的研究工作。而在我国，对非点源污染的研究起步于 20 世纪 80 年代中期，在水资源和生态环境质量方面的研究和管理相对比较落后。

非点源污染是危害城市生态环境的一个最重要因素，非点源污染主要起源于区域的水土流失、农田中农药和化肥的使用、农村家畜粪便和垃圾的堆放、城镇地表径流、矿区地表径流、林区地表径流和大气干湿沉降。特别是城镇地表径流与雨水资源收集利用关系密切，雨水收集措施中常常将硬化路面转化成透水路面，把屋面雨水、路面雨水、草地雨水进行相应的收集利用，自然会减少城镇地表径流污染，对城市生态环境的保护起到非常重要的作用。

1）非点源污染的类型

（1）土壤侵蚀

土壤侵蚀是规模最大、危害程度最严重的一种非点源污染，从表面上看，土壤侵蚀损失了土壤表层的有机质层，同时随着土壤侵蚀，有许多污染物进入水体，形成非点源污染。据估计，自人类开展农业生产活动以来，全球有 4.3 亿 hm² 土地因遭受严重的土壤侵蚀而遗弃。现在全世界每年遭受土壤侵蚀而弃耕的土地仍达 500 万 hm²。美国大陆每年因土壤侵蚀进入河流的泥砂量达 10 亿 t，造成的直接经济损失达 60 亿美元。

（2）农田化肥、农药施用

农药、化肥、家畜粪便和垃圾堆放是另外一个重要的污染源。许多研究表明，农药和化肥的使用是造成水体污染和富营养化的最主要来源。美国每年生产约 5 亿 t 的农药，其中 70％用于农田，由此引起的地下水和地表水污染的事例不胜枚举。USEPA 把农业列为全美河流和湖泊污染的第一污染源。此外，农村家畜粪便和垃圾的随意堆放，在降雨季节，随着地表径流也会进入水体形成大面积的污染。

（3）农田污水灌溉

污水灌溉是利用土壤对污染物的自然净化作用和农作物对营养元素的吸收作用，净化污水，虽然污水中的营养元素可以为农作物吸收，但如果施用量过大或时间不恰当，许多污水未经过农作物和土壤的自然净化而直接进入水体，同样会导致土壤和地表水与地下水体污染。目前美国有 1％～5％的地表水污染起源于农田污水灌溉。

（4）城镇地表径流污染

主要指在降雨过程中，雨水与所形成的径流，流经城镇地面，如商业区、街道、停车场等，聚集一系列污染物，如原油、盐分、氮、磷、有毒物质与杂物，随之进入河流或湖泊，污染地表水或地下水体。USEPA 把城市地表径流列为导致全美河流和湖泊污染的第三大污染源。

（5）矿区、建筑工地地表径流污染

主要是由于人类活动引起的，一方面由于不合理的人为活动，破坏了原来的土壤结构和植被面貌，使得土壤表层裸露，导致水土流失增加；另一方面，在降雨条件下，散落在矿区地表的泥砂、盐类、酸类物质和残留矿渣等污染物，会随着地表径流进入水体，形成非点源污染。美国有 5％的地表水污染是由建筑工地的地表径流引起的。

（6）林区地表径流污染

主要指在降雨过程中所发生的地表侵蚀，使地表的植物残枝、落叶以及形成的腐殖物随地表径流进入水体，在一定程度上也可以形成非点源污染。由于林区人为活动强度相对较低，地表植被覆盖率较高，与其他非点源污染相比，林区地表径流形成的非点源污染负荷一般较低。但在森林采伐区，由于对地表植被的破坏，可以增加地表径流和土壤侵蚀，因而增加区域的非点源污染。

（7）大气干沉降与湿沉降

大气中的有毒物质直接降落在土壤或水面，或随同降雨或降雪降落在土壤或水体表面。酸雨形成的污染已经成为世界上公认的环境灾害之一，不仅对建筑物和植被造成直接的破坏，还会对土壤和水体形成污染。美国著名的五大湖第一大污染源就是大气污染。

2）非点源污染的危害

非点源污染对农业生产、水资源、水生生物栖息地和流域水文特征均有着严重影响。

（1）淤积水体，降低水体的生态功能

由于水土流失，大量泥砂进入水体，一方面河床、湖泊水面升高，降低了水体的容纳水量。同时由于径流携带的大量泥砂及其有害物质，将会对水体的水质产生严重的影响，破坏水生生物的生存环境。在我国，由于水土流失导致湖泊面积缩小的例子不胜枚举，如洞庭湖、太湖、白洋淀和青海湖等，由于水体面积和体积的减小，大大降低了水体防洪、抗旱的能力，改变了水生生物的生存环境。

（2）引起水体的富营养化，破坏水生生物生存环境

由于过量施用化肥和农药，大量的氮磷元素进入地下和地表水体，将导致水体的污染，甚至会形成水体的富营养化，破坏了水生生物的生存环境。由此，将会阻碍水生生物的呼吸和觅食，甚至引起水生生物的猝死，从而导致局域水生生态系统的失调。

（3）污染饮用水源，影响人体健康

USEPA 曾调查显示，全美农村 1％公用供水井显示出 NO_3-N 的存在，53％的家庭用水井显示 NO_3-N 的存在，2％饮用水井的 NO_3-N 含量超过安全用水标准规定的 NO_3-N 含量。氮、磷等营养元素是污染河流和湖泊的 3 大污染物之一。由于家畜粪便中常常包含大量细菌，尤其含有大量的大肠杆菌；随着径流进入水体会形成大面积的非点源污染，并会造成疾病的广泛传播。美国曾发生 2000 多个海滩因水体细菌含量过高而关闭。

（4）造成建筑物和财产的直接损失

随着近代工业的高速发展，大气中的 CO_2 和 SO_2 的含量迅速增加，由此导致的酸雨在全球范围内愈演愈烈。酸雨的形成，不仅对地表植被会形成直接的影响，破坏生态环境，而且降落在建筑物和衣物表面，还会对建筑物和衣物造成腐蚀，形成直接的经济损失。

2.6.2　初期雨水径流污染与控制

近年来，雨水径流初期雨水的污染问题在国内外受到了广泛关注，初期雨水是指在不同的汇水面和管渠中所形成径流初期的雨水。在降雨条件下，雨水和径流冲刷城市地面，使初期雨水中含有大量的污染物。若将这部分雨水直接排放，会加重地表水与受纳水体的

污染。当污染物浓度超出受纳水体的自净能力，极易引起富营养化和水华等环境问题，影响水资源的可持续利用。因此，对城市初期雨水进行处理是十分必要的。

国外对初期雨水与处理措施的研究比较成熟，制定了相应的政策法规，建立了比较完整的雨水处理和利用系统。美国要求雨污合流污水在进入受纳水体前必须处理。为了控制城市初期雨水的污染，修订了《水质法》，随后提出"低影响开发（LID）"和"最佳管理措施（BMPs）"，从法律和技术两方面完善了对城市初期雨水污染的控制。德国提出源头控制，过程削减的理念；澳大利亚提出"水敏感城市设计（WSUD）"；英国提出"可持续城市排水系统（SUDS）"。我国对初期雨水的控制和利用方面的研究起步较晚，始于20世纪90年代对城市非点源污染的研究。随后在广州、上海和天津等城市相继开展了城市初期雨水的控制研究。2014年，国家提出海绵城市建设理念，采用"渗、滞、蓄、净、用、排"等措施管理和利用雨水。

1）初期雨水水质特点

初期雨水污染程度随着下垫面的不同差别较大。下垫面一般分为草地、林地、屋面和道路，其中草地和林地初期雨水污染较轻，屋面和道路初期雨水污染较重。因此，主要介绍后两种下垫面的初期雨水水质。

国外对屋面初期雨水水质的研究较多。FRSTER的分析结果表明，Cu和Zn污染较重且有明显的冲刷效应。GROMAIR MERTZ等的研究结果表明，初期雨水中Zn、Pb、Cu、COD和SS的浓度均超出法国污水处理厂的进水浓度。初期雨水污染程度随屋面材料而异。在常见的屋面材料中，沥青屋面的污染物浓度最高，其次是混凝土屋面，最后是瓦屋面。总体而言，屋面初期雨水的污染程度差别很大，主要是所处大气环境与屋面材料不同所致。

美国最先开展对道路初期雨水的污染研究，其他发达国家也相继开展此类研究。LEGRET等在研究中表明，城市道路初期雨水中含有大量SS、碳氢化合物和重金属等，且COD浓度较高。ELLIS等研究道路对水体污染的贡献发现，受纳水体重金属的35%～75%（质量分数）来自道路径流。随着我国城市的发展，道路初期雨水的污染引起了越来越多的关注。在雨水监测中发现，北京沥青道路的COD、氨氮、TP质量浓度分别为643.0mg/L、18.4mg/L、6.5mg/L；上海交通区的SS、COD质量浓度分别为2607.0mg/L、835.6mg/L。影响道路径流污染物累积的因素主要包括气候条件、降雨特征和交通情况等。总之，道路初期雨水的污染物种类较多，浓度远高于屋面初期雨水。

2）城市初期雨水的处理措施

目前，研究比较成熟的初期雨水处理措施主要包括雨水弃流、绿色屋面、渗透铺装、植草沟、植被缓冲带、人工湿地和生物滞留池等。可将其分为源头治理、过程治理和末端治理3大类。

（1）源头治理

① 雨水弃流

雨水径流存在"初期冲刷"效益，初期雨水中的污染物浓度高于后期径流雨水。IQBAL等的研究表明，25%（体积分数）和30%的初期径流雨水污染负荷占整场雨的40%（质量分数）。因此，可将其弃流，排入市政污水管道，或收集后统一处理。目前，初期雨水弃流量尚无明确的规定。KNIFFEN在屋面初期雨水的研究中表明，当弃流量为

0.4~0.8mm 时，可以去除 50% 的径流污染物。KIM 等在研究中发现，当弃流量为 5mm 时，污染物的去除率为 80%。HATHAWAY 等认为弃流量与雨水汇水面积有关，当面积较大时，弃流量会增大。在实际运用中，可根据本地区的相关规定完成弃流，以达到降低后续雨水的处理、收集难度与减少运行成本的目的。当缺少资料时，屋面和道路弃流量一般分别为 2~3mm、3~5mm。主要适用于屋面雨水的雨落管、径流雨水的集中入口和其他处理设施的前端。表 2-3 为常见初期雨水弃流装置与特点。

常见初期雨水弃流装置与特点　　　　　　　　　　　　　　　　　表 2-3

弃流装置	安装位置	精确性	优点	缺点
容积式	埋地	中	结构简单、施工方便、效果好	面积较大时，造价较高
半容积式	埋地或雨水立管	中	面积较大可以节省土地	需手动排空初期雨水
切换式	雨水井	低	操作简单	弃流量难控制
流量式	雨水管道	高	建造费用低	容易堵塞测量部件，运行复杂，维护成本高
雨量式	雨水管道	高	建造费用低	造价高，维护成本高
旋流分离式	雨水立管	低	建造费用和维护费用低	精确度低，不利于后续雨水的收集

②　绿色屋面

绿色屋面是一种有效的屋面初期雨水污染处理措施，可起到改善雨水水质、滞留雨水和降低城市热岛效应等积极作用，在美国、德国和澳大利亚等国家已经被广泛应用。近几年，我国逐渐重视绿色屋面的建设，在很多办公大楼和商场开始推广。

绿色屋面对屋面初期雨水的处理主要依靠土壤层和植物，能有效去除大多数污染物，但去除营养物时效果不稳定。WHITTINGHILL 等在监测中发现，TN 的去除率仅为 8%，氨氮和 NO_3 的去除率甚至为负。HATHAWAY 等在研究中发现，TN、TP 的出水浓度比进水高。造成这种现象的可能原因是对绿色屋面中的植物施肥，但绿色屋面没有反硝化的条件。为了提高营养物的去除效果，BECK 等在土壤中添加生物炭作为改良剂，改良后的土壤增加了营养物的截留能力，NO_3、TN、TP 的去除率达到 79%~97%。MOLINEUX 等做了类似的研究，通过改善土壤微生物的多样性与结构来提高营养物的去除能力。影响绿色屋面水质的因素很多，比如当地污染水平、介质层类型、坡度和植物的种类等。如果设计和维护较好，绿色屋面能有效控制初期雨水的污染，减少污染物的释放。

③　渗透铺装

渗透铺装是一种典型的 LID 措施，可有效降低不透水面积，增加雨水的渗透量，同时对初期雨水有一定的处理能力。渗透铺装主要通过透水层的过滤、吸附和微生物降解实现初期雨水的净化。国外学者对渗透铺装的净化效果进行了大量研究。BRAT-TEBO 等对 6 年前修建的渗透铺装进行评估，发现其对 Cu 和 Zn 仍有明显的净化效果。BEAN 等发现，出水水质 SS、TP、TN 的浓度较低，但 NO_3 的浓度较高。RUSHTON 研究发现有机介质强化过滤可以替代常规的化学沉淀，可以去除 95% 的 Cu 和 Zn。同时，渗透铺装也是强大的生物反应器，可以去除 98.7% 的碳氢化合物。为了提升污染物的去除效果，PARK 等利用再生骨料、人造沸石、硅粉和玻璃纤维作为铺装材料的改良剂，发现随着再生骨料的添加，材料抗压度和抗折度分别增加了 50%、75%，改良后的材料对 TN 的去除效果也增加了 23.5%。

（2）过程治理

① 植草沟

植草沟是指种植植被的景观性地表沟渠排水系统。通过植草沟的持留、过滤和渗透作用，可以去除初期雨水中的颗粒和部分溶解态污染物。国外学者对植草沟的净化效果进行了大量研究，其影响因素较多，主要包括水力停留时间和植草沟的长度。水力停留时间主要影响颗粒污染物的去除，YU 等研究发现，停留 10min、18min 的 SS 去除率分别为 74.4%、97.2%。在实际运用中，标准传输植草沟和干植草沟的水力停留时间一般分别为 6~8min 和 24h。植草沟的长度对污染物的去除效果影响较大。有研究表明，30m、60m 的植草沟对 SS、碳氢化合物和重金属的去除率分别为 60%、50%、2%~16% 和 80%、75%、46%~67%。植草沟的去除能力随着长度的增加而增加，但也会增加建设成本。为了保证污染物的去除效率，植草沟的最小长度应为 30m。由于植草沟对初期雨水污染物的去除效果良好，已经在很多地区得到了广泛应用。LANDON 等对佛罗里达州的植草沟进行监测，发现污染物的去除率可以达到 99%。MAZER 等在对美国部分地区修建的植草沟监测中发现，SS、金属、TP 的去除率分别为 60%~99%、21%~91%、7%~80%。近几年，我国江珠高速公路、海榆东线、黄屯线和海口绕城高速公路等地区也采用了植草沟对道路初期雨水进行了处理。

② 植被缓冲带

植被缓冲带对污染物去除效果良好，建设灵活，在很多国家和地区得到了广泛应用。国外学者对植被缓冲带的去除机理进行了大量研究，其对污染物的去除机理包括植被过滤、SS 沉积和可溶物入渗等。DUCHEMIN 等研究发现，植被缓冲带对 SS、TN、TP 的去除率分别为 87%、33%、64%。PE-TERJOHN 等研究发现初期雨水在经过 19m 长的植被缓冲带后，TN、TP、可溶性 P 的去除率分别为 60.4%、73.7%、58.1%。植被缓冲带净化效果的影响因素主要包括植被、结构和污染物特征。与没有种植植被的缓冲带相比，植被缓冲带对 N、P 和其他污染物去除效果更好。植被密度增加，可以减缓水流速率，增加污染物的持留时间。JIN 等研究发现，缓冲带植被的密度从 2500 束/m² 增加到 10000 束/m² 时，SS 的去除率提高了 45%。结构的影响主要包括坡度和宽度。坡度越低，接触时间越长，污染物的去除效果越好，适宜的坡度为 2°~6°。SABATER 等发现，宽度增加，渗透量增大，去除效果提升，植被缓冲带单位长度（1m）污染物的去除率为 5%~30%，COLLINS 等认为较窄的缓冲带也能改善部分水质。BHATTARAI 等将植被缓冲带与排水系统相结合，在地下 1.2m 构建厌氧环境，发现可去除 85% 的磷酸盐。污染物特征也会影响初期雨水污染物的去除效果。JIN 等研究发现，植被缓冲带捕捉的 SS 粒径都大于 150μm。

（3）末端治理

① 人工湿地

人工湿地对保护生态多样性、保护和净化水源具有重要作用，其对污染物的去除主要包括物理、化学作用和生化反应。国外对人工湿地有较多的研究，ALIHAN 等在 2010~2015 年研究了其对校园初期雨水污染物的去除效果，发现 SS、TN、TP 重金属的去除率分别为 63%~79%、38%~54%、54%、32%~81%。GILL 等研究了其对重金属的去除效果，发现湿地每年每平方米积累 0.1g、15.6g、11.6g、88.3g 的 Cd、Cu、Pb、Zn。影响人工湿地处理效率的因素包括湿地植物、湿地基质和微生物种群等。HERNANDEZ

CRESPO 等考察了植被的影响，结果发现芦苇、香蒲和鸢尾对营养物质的最大吸附量分别为 $1.9kg/m^2$、$18.2kg/m^2$、$3.3kg/m^2$，其中分别包含 $2.1g/kg$、$1.2g/kg$、$1.7g/kg$ 的 P 和 $12.1g/kg$、$11.2g/kg$、$10.1g/kg$ 的 N。同时，植物也会影响水体中微生物的多样性。湿地基质主要由土壤、砂石和卵石等组成，不同基质中微生物的多样性和量不同。GUAN 等研究砂、沸石和砾石等基质对湿地微生物的影响，发现砂和沸石湿地中微生物多样性和量明显高于砾石。为了提升污染物的去除效果，SHEN 等将玉米和聚己内酯作为基质改良剂，为反硝化反应提供额外的碳源。对湿地进行曝气也可以提升污染物的去除效果，UGGETTI 等研究发现，间歇式曝气可以提升 COD、TN 的去除效果，TN 的去除率比未曝气的湿地提高了 20%。在人工湿地实际运用中，大多数是复合湿地系统或者与其他系统相结合。VYMAZAL 等研究发现，多级湿地系统中 BOD_5、COD、SS、氨氮的去除率分别为 92.5%、83.8%、96%、79.9%。CHOI 等做了类似的研究，发现复合系统对污染物的去除率可以达到 80%。

② 生物滞留池

生物滞留池在削减径流量、控制径流污染与景观等方面发挥了重要的作用。生物滞留池可稳定去除初期雨水中的大多数污染物。但对 N 的去除效果一直不稳定，可能跟 N 的形态有关。国外对生物滞留池有较多的研究，LI 等在出水的 N 形态研究中发现 46%（质量分数）的 NO_3 和 42%的溶解 N。KIM 等为了提高 NO_3 的去除效果，在填料中添加报纸屑作为有机碳源，NO_3 的去除率可以达到 80%。影响生物滞留池效果的因素主要包括植物、填料和结构。LEFEVRE 等探究了植物的影响，发现植物对 N、P 和 Cu 的去除效果影响较大，车前草和马唐的去除效果最好。填料主要通过吸附去除雨水中的污染物。SUN 等研究发现，88%～97%的金属被填料吸附，0.5%～3.3%被植物吸收。为了提高生物滞留池对污染物的去除效果，可在介质中加入有机物、水处理后残渣以及铝污泥等作为填料的改良剂。BRA-TIERES 等研究发现，在填料中加入有机物后，可以显著提升营养物质的去除效果。LIU 等在传统生物滞留池里加入水处理残渣，TP、颗粒 P 的出水浓度显著降低，溶解 P 的去除率提高了 60%。生物滞留池的结构对污染物的去除效果也会有影响，主要体现在有无淹没区。BLECKEN 等发现，有淹没区时，Cu 的去除效果显著提升。CHEN 等研究发现，有淹没区可以显著提升 N 的去除效果。BROWN 等研究发现，淹没区的存在可以提供厌氧环境，有利于反硝化基因的形成。

各初期雨水处理措施有相互兼容、融合的特点，其各自的优缺点与适宜的用地类型，应根据城市总体规划明确控制目标，结合汇水区的特点、措施的经济性和适用性选择相应的处理措施与组合系统。表 2-4 为不同初期雨水处理措施的优缺点与适宜区域。

不同初期雨水处理措施的优缺点与适宜区域　　　　　　　　　　　　表 2-4

措施	优点	缺点	适宜区域
雨水弃流	结构简单，无动力部件，只需定期进行维护	弃流量不易控制	建筑与小区、城市道路、绿地与广场
绿色屋面	可有效减少径流总量和径流污染负荷，具有节能减排的作用	对屋面的承受负荷能力、防水、坡度和所处空间条件要求较高，造价较高，后期的维护费用高	建筑与小区

续表

措施	优点	缺点	适宜区域
渗透铺装	适用区域广、施工方便，可补充地下水并具有一定的峰值流量削减和雨水净化作用	土壤结构较软时，可能发生坍塌、滑坡灾害；污染较严重时，可能对地下水造成再次污染；装置容易堵塞，受季节影响较大	建筑与小区、城市道路、绿地与广场
植草沟	建设与维护费用低，易与景观结合	设计、建设以及运行受现有城市建设的影响和场地的制约	建筑与小区、城市道路、绿地与广场
植被缓冲带	建设与维护费用低，易与景观结合	对场地空间大小、坡度等要求较高，污染物削减率有限	建筑与小区、城市道路、绿地与广场
人工湿地	投资少，能耗低，处理效果可靠	占地面积很大，处理效果受季节影响，建设和维护费用高	建筑与小区、城市道路、绿地与广场
生物滞留池	减少径流污染，形式多样，适应性强，可以与其他景观相结合，建设和维护费用较低	对土壤层结构要求严格，土壤渗透性能要求高	建筑与小区、城市道路、绿地与广场

2.6.3 缓解城市热岛——绿色屋面

城市热岛效应是指城市化地区的温度明显高于周围郊区的现象，这大多数是由于城市建成区的绿地面积减少、高密度建筑物形成的低风速，以及城市表面的低反照率造成的。与自然表面相比，建筑和沥青表面吸收更多的太阳辐射，这不仅造成夏季在建筑物内部对空调制冷需求的增加，也带来更高的环境温度。从城市的气温等值线也可观察出，由于热岛效应的影响，在城市中心地区的气温往往会比偏远的地区高。

雨水资源收集利用与缓解城市热岛效应的关键点在于其措施之一——绿色屋面。随着社会进步与发展，近年来我国生态环境面临着严峻考验，在人口密集、工业发达的城市地区尤为突出。绿色屋面是一种新兴的景观绿化形式，是生态建筑的有机组成部分，利用屋面的无限空间能补给城市有限土地绿化，有效缓解城市建设用地与绿化用地的矛盾，在生态修复与生态补偿城市环境中有其独特作用。

1）绿色屋面是重要的生态补偿线路

我国是人口大国，可利用土地资源相对贫乏。近年来，我国城市化快速发展，人们在享受着文明便利生活的同时，也深切感受到城市寸土寸金、车多、人多、楼多、资源紧张、绿化少、空气质量差、PM2.5严重超标、城市的温室效应等城市病的困扰。这些问题在建筑物密集、绿化少的地方更集中，其根本原因是城市的不断扩张，扰乱当地的生态系统，破坏了原有生态平衡。

节能、循环、完善的城市生态系统是城市可持续发展的基础。然而在高楼林立的城市中很难找到大面积的土壤进行绿化，而屋面绿化可以创造新型可利用空间，系统化的屋面绿化设施可以偿还大自然有效的生态面积，解决绿化与建筑争地的矛盾，通过绿地的多样化来实现城市生态系统的多样性，从根本上改善城市环境。虽然屋面绿化不能代替地面绿化，但对解决城市公共用地难的问题起到了很大的作用，可以作为地面绿化的一种有效的补充。

绿色屋面最早追溯到公元前六世纪的巴比伦空中花园，被称为古代世界七大奇观之一。德国是最早对屋面绿化进行深入研究的国家之一，其屋面绿化研究和推广工作走在了最前列，成为屋面绿化最先进的国家，德国城市建筑环境大面积植被化，提供了一个城市生态可实施性方面的重要例证。建筑物大面积植被化，能够通过植物的光合作用、蒸腾作用、植物叶片的吸尘能力、植物根系的蓄水和滤水功能等生态习性，利用植物对城市季风运动的影响和消减噪声等功能，改善城市生态环境，相关研究表明，夏季有屋面绿化的顶层室内温度比未绿化的要低 4～6℃，而冬季则能有效保温；绿色屋面能避免屋面出现极端温度并减少紫外线对屋面的损害，绿化后的屋面寿命比未绿化的长约 3 倍；经绿化的屋面能够吸收空气中 30％的粉尘，吸收并储蓄 6％雨水，因而对缓解城市洪涝、防风滞尘具有积极作用。因此，系统化的屋面绿化具有净化空气、保温隔热、节约能源，创造生物生息空间，完善生态系统，营造绿色健康环境，创造新型空间等生态功能，丰富城市物种，弱化城市的"钢筋混凝土"森林硬化覆盖面的形象，软化城市空间，增加城市亲和力与亲近感，回归城市自然本色，逐步修复城市自我循环、完善城市生态系统。

2）绿色屋面是重要的城市海绵体

根据国际生态和环境组织的调查：要使城市获得最佳环境，人均占有绿地需达到60m² 以上。1994 年 1 月 1 日执行的《城市绿化规划建设指标的规定》（城建〔1993〕784号）第四条规定："城市绿化覆盖率到 2000 年应不少于 30％，到 2010 年应不少于 35％"。第五条规定："城市绿地率到 2000 年应不少于 25％，到 2010 年应不少于 30％"。国家标准《城市绿地规划标准》GB/T 51346—2019 对各类规划用地的绿地率作了更详细的规定。到 2013 年全国城市建成区绿化覆盖率、绿地率分别为 39.59％和 35.72％。目前，中心城区建设用地稀缺和成本高，屋面绿化可增加城市植被覆盖率，同时在蓄水减排和水循环利用方面显示了独特的作用。屋面绿化前，坡屋面几乎全部的雨水流量和平屋面 90％的雨水流量通过檐沟和雨水管汇集到排水管道，再通过不透水路面，造成大雨或暴雨时城市路面排水不畅，出现城市内涝现象。屋面绿化后，由于植物对雨水的截流与种植土对雨水的吸纳作用，屋面雨水径流和汇集的雨水大大降低，同时将雨水部分储存起来以循环利用，减小了大雨或暴雨对城市造成的排水压力，逐步改善城市"逢雨看海"现象的发生，可见屋面绿化在减轻城市内涝、充分利用好雨水、化害为利方面起了重要作用。

3）绿色屋面是缓解雾霾的重要手段

雾霾是雾和霾的混合物，雾霾天气是一种大气污染状态，大气中含有大量对人体有害的细颗粒、有毒物质。近年来我国部分地区遭遇到前所未有的雾霾天气的侵扰，雾霾对人们生产生活和身体健康造成严重影响，而且出现雾霾天气时，视野能见度低，空气质量差，容易引起交通阻塞，发生交通事故。应对雾霾污染、改善空气质量的首要任务是控制PM2.5，车多、人多、楼多、绿化少的城市中心区，PM2.5 污染最为严重。

相关研究表明，绿色植物具有明显的生态效益，植物通过光合作用、蒸腾作用、减风滞尘作用、吸收作用与利用植物叶片表面结构的吸附作用，可吸收大量 CO_2，释放 O_2，涵养水源，吸收 SO_2 等有害物质，并有效减少空气中的灰尘，从而改善空气质量、降低空气污染。治理雾霾不仅要从压减燃煤、严格控车、调整产业等方面采取重大举措，严格指标考核，改善环境质量；同时也要重视城市森林公园、疏林广场、街头游园、屋面绿化、立体绿化等环境绿化美化形式对其防治的重要作用，屋面绿化不仅能提高城市绿化面积，扩大环境生态容量，而且通过降低风速、吸附灰尘和吸收和吸附空气中污染物，减小了污染负荷，缓解雾霾天气。

世界屋面绿化协会王仙民指出 PM2.5 最怕植物和水，城市中心区大面积实施屋面绿化，提高城市生态自净力，用植物和水吸纳降解 PM2.5 是治理雾霾天气的有效途径之一。目前，屋面绿化在国外如日本、新加坡 2000 年后的新建建筑已做到 100%，但在我国只有少数发达城市如上海、北京、深圳、合肥等地相继完善和出台相关政策，通过标准设计、财政补贴、立法支持等方式大力推广屋面绿化建设，扩大城市生态容量，缓解城市雾霾问题，缓解城市热岛效应。我国屋面绿化发展前景十分广阔，目前除少数发达大城市外，其余城市屋面绿化几乎为零，有效对城市屋面实施绿化，不仅可以延长屋面使用寿命，并可带来巨大的生态效益，对治理雾霾天气的作用不可忽视。屋面绿化节约土地，提高城市绿化覆盖率，开拓了城市空间，改善人居环境。对于大多数城市和建筑，屋面至今还是处于被忽略的境地，随着人民对城市居住环境要求的不断提高，屋面绿化将不断地被更多城市纳入城市规划内，屋面绿化将在改善城市生态环境中发挥重要作用。大力推动屋面绿化事业，使经济建设、民生改善与环境安全同向而行，实现社会经济可持续发展。

2.7 雨水资源收集利用与城市可持续发展

随着我国城市化进程的快速发展，农业用地向非生产性用地转移的力度与规模逐年加大，大量的植被遭到破坏。城市道路建设的大规模实施，使得不透水面积迅速增加。市政基础建设已不能维持城市与自然之间的平衡，水循环系统的平衡遭到破坏，"城市看海"现象屡见不鲜，使得城市水资源紧缺与污染以及城市洪涝旱灾害问题加剧。城市雨水资源的收集和利用是解决城市水资源短缺的重要途径之一，对城市的可持续发展具有十分重要的现实意义。

几十年前西方发达国家就对城市雨水的收集与利用展开了研究，其中有不少成功经验值得借鉴。收集雨水首先要有一个集水面，再配一套输水管，再通过沉淀、过滤一部分的杂物，最后汇总到蓄水池。收集雨水的系统并不复杂，投入最大的是蓄水池，其次是输水管。就雨水收集系统而言，集水面一般是在构筑物屋面和道路路面，输水管可与一般的雨水排放管道相同，唯一需要注重考虑的是蓄水池的尺寸与位置的选择，位置与环境的协调融洽等因素。雨水的收集方式要根据不同区域进行不同的选择：对于城区，雨水设有专门的收集系统，与生活、工业污废水收集系统分离，通过自来水厂处理，作为饮用水；对于非城区，修建雨水收集坡面，沟渠，所有收集到的雨水导入大小不等的水坝，通过湿地等技术进行处理，然后作为非饮用水进行利用。住宅区、大型公用建筑或建筑群等屋面或地面的雨水，经过回收处理后，一部分可回补地下水，多余的雨水可浇灌绿化带、冲洗路面、冲厕或用作洗车场用水等。厂房雨水可进行回收，经过简单处理后直接用到车间流水线上。

2.7.1 城市化引发的雨水问题

1）雨水资源大量流失

雨水作为一种宝贵的资源，在城市水循环系统和流域水环境系统中起着十分重要的作用。由于人类的活动造成植被减少或破坏，城市发展中不透水面积的增加，导致雨水流失量增加和水循环系统的平衡遭到破坏，并引发一系列环境与生态问题。我国许多城市水资源严重不足，而大量雨水资源却白白流失，雨水利用率不到10%。对许多旧城区的合流制排水系统，在暴雨期间由于水量大大超过了城市排水和处理能力，水流对管渠冲刷和未经处理的污水溢出也进入受纳水体，同时合流制排水系统的溢流污染也没有得到有效控制。

2）雨水径流污染严重

城市化发展还导致了雨水径流污染程度更为严重。沥青油毡屋面、沥青混凝土道路、磨损的轮胎、融雪剂、农药、杀虫剂的使用、建筑工地上的淤泥和沉淀物、动植物的有机废弃物等均会使径流雨水中含有大量污染物如：有机物、病原体、重金属、油剂、悬浮固体等。

3）洪灾风险加大

城市洪灾由于少有发生而常被忽视。事实上，城市人口密度和财产的密度加大，同样的洪涝灾害一旦发生将造成更大的生命、财产损失。城市发展中的洪灾问题主要表现为不透水面积增加，汇流时间缩短，峰流量加大等。相关研究表明，天然地表洼地蓄水，砂地可达5mm，黏土可达3mm，草坪可达4～10mm，甚至有报告已观测到了在植物密集地区可高达25mm的记录。而光滑的平水泥地面在产生径流前只能保持1mm的水，这些土地利用情况的改变造成从降雨到产流的时间大大缩短，产流速度和径流量都大大增加，原有管线可能无法满足要求。排水管渠的完善，如设置道路边沟、密布雨水管网和排洪沟等，增加了汇流的水力效率，原有的天然河道往往也被截弯取直，疏浚整治，河底和堤岸也大多采用全衬砌的方法加以固化，粗糙度减小，从而使河槽流速增大，有时会达3～5倍，导致径流量和洪峰流量加大，峰现时间提前。此外，城市雨水问题还包括水土流失加剧、生态环境恶化、地下水位下降，地面下沉等。缺水导致过量超采地下水，而地下水又得不到及时补充，我国华北地区已形成世界最大的"地下水漏斗"，大漏斗不仅伴随着地面沉降、海水入侵，也预示着这一地区今后的可持续发展将会面临更大问题。

2.7.2 解决城市雨水问题的可持续发展对策

我国城市雨水利用的研究与应用起步较晚，总的来讲技术水平有待提高，相关政策法规也有待完善。如果采用特定的技术进行雨水回收和利用，其所产生的经济价值将比治理轻污染更大。为了实现建立生态城市的目标，必须选择可持续发展的道路。城市雨水利用是解决城市水资源短缺、减少城市洪灾的有效途径。同时城市雨水径流污染控制也是改善城市生态环境的重要组成部分。

1）建立雨水收集贮存系统

城市必须转变"只重视增加排涝能力、而不重视增加雨水收集利用"这一错误观念。目前，从工程技术的角度看，现阶段城市雨水利用主要包含两方面的内容：一是建立城区雨水收集与地下贮存系统，加大雨水的贮留量；二是推广应用透水性铺装材料，加大雨水就地入渗量。推广雨水渗透设施，目的是在降雨区就地截留雨水并渗透入地下。在城区内，可将有些不透水地面改换成透水地面，例如，在人行道上铺设透水砖，道路路面以下设置回填砂石、砾料的渗沟、渗井等，可增加入渗量，同时可减低暴雨径流的流速，延长过流时间。如果将硬化区域与绿化区域设计为无阻碍衔接，并将绿化区改造得低于路面，可以加大居民区、道路上的雨水渗入量。

2）利用城市雨水构造住宅区的水体景观

国人择居讲究依山傍水，水与绿植和住区景观有机融合，住宅小区便有了回归自然的感觉。但现实是，多数"亲水住宅"水供应紧缺。人造水景观需要定期换水，否则水质恶化后混浊发臭，不仅失去了水体的灵性，而且会破坏小区整体的美观度。所以亲水住宅一定要定期补水，以确保水具有灵性，滋养万物。此外，当前在生态、养生等购房理念的影响下，住宅小区人造水景观的面积不断扩大，建造成本不断上涨，在景观设计环节必须着重考虑节水、节能等问题，以节约成本。在水资源紧缺的地区，更应该重点考虑这个问题。有鉴于此，在进行景观规划时切忌过度追求"高大上"，建议选择最经济可行的雨水或城市再生水进行综合利用。在小区内构造高低不同、曲折蜿蜒的河道，让水顺势而流变成活水。其次，亭台、山石和各种花树沿河布置，顺着河道的高低走势或河道形状构造出各式各样的景观小品，提高景观的观赏价值和整座小区的文化内涵。亲水小区在造景时，需要重点考虑当地的降雨规律和降水量，对雨水沉淀、过滤、消毒等细节进行合理设计，使雨水能够用在小区绿化和免费洗车等项目中，突显出小区整体的服务档次，同时使小区居民真正体验到水景观的益处。

3）利用雨水打造城市水体景观

在构造水景观时，需要准确把握当地的自然地理条件和水循环特征，尽量在不打破雨水渗流规律的条件下，构造出最贴近自然条件和生态特征的景观，以满足"生态平衡"的发展要求。城市景观的设计者可以根据当地的地形条件、气候条件，充分利用自然资源和水体自身的循环系统营造城市水体景观，在面积较大的雨水汇集范围内，合理利用临近水域的地块，将其开发成滨水公园、水上游乐园等。将人工建造的环境和自然的水体融为一体，既增强了人与自然的亲密性，又把握了自然开放空间对于城市、环境的调节作用，可以形成一个科学、合理、健康而完美的城市格局。

4）城市雨水径流污染控制

按照雨水径流污染控制最佳管理措施（BMPs）来分，城市雨水径流污染控制措施可以分为两类：工程（技术）措施和非工程（技术）措施。工程（技术）措施主要针对不同情况的污染采取一些滞留池、入渗设施、植物性处理设施等借助于物理、化学、生物等技术减少污染总量；非工程（技术）措施主要采取一些管理办法、经济手段、政策法令等措施来达到综合污染控制的目的。

按照雨水径流的流程可将雨水径流的污染控制工程措施分为源头治理、过程治理和末端治理3类：（1）源头治理指在雨水进入沟道系统之前进行的各种处理，包括各种控制污染物的措施，其主要目的是通过减少进入沟道系统的污染物与雨水量，从而减少后续处理的难度和合流制沟道系统的溢流；（2）过程治理主要是指利用排水系统在雨水输送过程中对污染物的截留、贮存和处理；（3）末端治理主要是指将雨水收集到管网末端，再进行集中的物理化学和生物等处理，去除雨水中污染物，出水排放水体或通过管道系统进行回用。

主要工程（技术）措施有：（1）源头治理：大气污染控制，地面铺装及其道路材料屋面作法及其材料，防止管道混接，肥料和农药的限制使用，施工现场雨水污物拦截，渗透技术等；（2）过程治理：植草沟和植被缓冲带，雨水截留井和截污挂篮，初期雨水弃流与分流，在线贮存，线外贮存，雨水调蓄，合流制管线截流等；（3）末端治理：雨水格栅与过滤，雨水沉淀，雨水生物处理，湿地与塘，生态浮岛，雨水消毒，综合生态技术等。主要非工程（技术）措施：道路清扫和垃圾管理，废物回收，相关法规制定实施，雨水口的维护管理，对工程方法的检测管理，土地使用规划管理，控制废物倾倒，材料使用限制，志愿者清理与监督，控制管道非法连接，公众教育等。

5）配套政策与保障措施

（1）完善相关政策法规

目前，住房城乡建设部和部分城市已经颁布了雨水利用的相关法律条例，如住房城乡建设部颁布的"绿色生态住宅小区的建设要点和技术导则"、北京市规委颁布的"关于加强建设工程用地内雨水资源利用的暂行规定"等，对雨水利用和雨水径流污染控制步入法制轨道起到了重要的推动作用。但随着雨水项目的不断增多和建设的进一步深入，新的问题又不断出现，亟待完善相关政策法规，对雨水利用和雨水径流污染控制等工作加以规范。因此，应尽快出台"雨水管理条例"、"雨水径流污染控制规范及其实施细则"等，对雨水管理的目标、任务、使用范围；责、权、利的进一步划分；对污染材料的限制使用；控制废物倾倒等作出明确规定。

（2）充分利用经济杠杆

必要的经济措施对于城区雨水利用和径流污染控制的开展与实施也会有较大的促进作用。具体措施包括建立雨水排污费（税）制度、建立积极的激励机制、实施雨水排放许可证制度，按照雨水排出量或径流中污染物总量收取环境资源费等。通过经济手段，把企业、个人的局部利益同全社会的共同利益有机地结合起来，限制损害环境的活动，奖励保护环境的活动。目前，我国在雨水领域的经济措施尚缺乏深入研究和成熟经验，可以先采取试点示范摸索经验后再推广应用。

（3）合理规划，加强管理

传统的城市发展对雨水问题多采取排放的作法，对雨水资源化和污染控制考虑得不够，亦即对自然的生态平衡、城市水系统整体环境等未作细致分析。事实上，在城市规划时，在宏观上把握城市发展的同时，合理对雨水问题加以论证，把土地利用计划与雨水利用、径流污染控制相结合，会对总体上控制解决城市雨水问题带来许多便利。土地规划时，对土地进行分区，禁止或限制在危险土地上进行某些开发和土地利用活动。

（4）强化公众教育和参与意识

公众的教育与参与必不可少，它是解决城市雨水问题重要组成部分，是雨水项目方案能够得以实施的重要手段。公众的教育与参与包括对城市专门管理人员的培训、对城市居民的教育、志愿者清理和监督等。主要方式是教育、培训、参与、宣传等。

2.7.3　城市雨水资源化的可持续发展原则

1）因地制宜，优化选用

不同的区域有不同的径流水质、水量特征，应根据区域特点优先选用适合该区域的技术方法，包括自然环境条件、经济技术水平、公众意识等。如在城中心居住区，可以优先选用道路清扫和垃圾管理、雨水井截污挂篮、禁止污染物倾倒等措施。而在新开发城乡结合部，可以选用雨水湿地、低势绿地、渗透铺装等技术。具体设计时应对各种备选措施的适用性、效果等进行全面的技术经济比较，优化组合，最终确定最佳方案。

2）多面结合，综合考量

将雨水利用与雨水径流污染控制、城市防洪、生态景观改善相结合。由于雨水利用本身可以减少雨水排出量，削减洪峰，净化回用或渗透补充地下水，作为生态用水和其他杂用水的补充水源，从而有效地减少雨水污染物的排出，所以进行雨水工程规划设计时，往往将雨水利用与径流污染控制一起考虑，并兼顾城市防洪、生态环境改善与保护等。

3）突出重点，抓住要害

工程（技术）措施与非工程（技术）措施相结合，实行综合整治。由于雨水具有很强的随机性，所以仅靠工程（技术）措施不一定能解决城市雨水问题。应坚持工程（技术）措施与非工程（技术）措施并重的指导思想，防治结合，才能多层次、多渠道地进行控制。当选用雨水径流污染控制措施时，还应注意源头治理、过程治理与末端治理相结合。以污染源头治理为重点，但源头治理往往牵扯到建筑材料的改进和汇水表面的治理，成本较高，所以在源头治理的同时，也应采取一定的雨水净化的过程治理和末端治理的措施。

4）效益兼顾，标本兼治

规划设计应兼顾经济效益、环境效益和社会效益。城市雨水利用与径流污染控制，在技术措施上应尽可能采用生态化和自然化的措施，符合可持续发展的原则。在经济上应兼顾近期目标和长远目标，当资金等条件有困难时可以分阶段实施。方案比选和决策时不应仅限于经济效益，还应考虑到环境效益、社会效益等方面。解决方案应突出系统观点，标本兼治，力求环境、生态、美学、人与自然的和谐统一。

第3章　城市雨水径流污染因素分析

3.1　概述

3.1.1　城市雨水径流污染主要指标分析

　　目前降雨径流污染的控制得到了越来越广泛的关注。由于降雨过程是一个随机事件，其污染物含量受到降雨历时，降雨强度，地表污染状况，大气质量，温度等多方面影响，因此瞬时浓度不能代表径流的污染状况。因此引入次降雨径流平均浓度 EMC（Event Mean Concentration）的概念，以便于对径流污染状况进行评估和计算。城市雨水径流污染是指在降雨过程中雨水及其形成的径流在流经城市地面（商业区、居民区、停车场、街道等）时携带一系列污染物质（耗氧物质、油脂类、氮、磷、有害物质等），通过排水系统的传输，最终排入水体而造成的受纳水体污染现象。相关研究表明，目前雨水径流污染已成为国内外许多城市水体污染的主要原因之一。美国有 60％的河流和 50％的湖泊污染与以雨水径流污染为主要载体的面源污染有关。北京市大量降雨径流水质很差，初期径流污染程度甚至超过城市污水。

　　城市雨水径流污染物主要来自大气、下垫面和排水管网系统三个方面。降雨过程冲淋大气中的悬浮尘埃，降落到下垫面成为径流污染物。屋面、路面、绿地等不同的下垫面积累了大量种类不同的污染物，如城市垃圾、动物粪便、轮胎磨损颗粒等固体废物碎屑；草坪施用的化肥、农药等化学药品；还有车辆排放物等。此外，对于分流制排水系统而言，雨水排水管网中沉积的污染物会在雨天被冲刷后带入径流。因此，雨水径流污染物的来源与成分就十分复杂，对污染物的指标表征有利于量化污染物的影响，代表性指标包括悬浮物（SS）、有机污染物（COD）、总磷（TP）、总氮（TN）、氨氮（NH_3-N）和重金属，部分研究还着重研究特征污染物（多环芳烃、油类等）的分布特征。图 3-1 为各类下垫面污染物平均浓度对比。

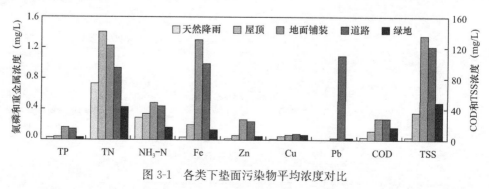

图 3-1　各类下垫面污染物平均浓度对比

　　由图 3-1 可见，城市各类下垫面地表径流中 COD、TSS、Fe、Zn、Pb 污染物的平均质量浓度明显高于天然降雨；屋面和绿地径流中 TP 浓度与天然降雨相似，为 $0.02\sim$ $0.03mg/L$；各类下垫面径流中 TN、$NH_3\text{-}N$ 和 Cu 浓度与天然降雨差别均较小。

对比城市各类下垫面径流污染情况，硬质地表（道路和地面铺装）径流中除 TN 浓度略低于屋面，Cu 与屋面持平外，其他污染物浓度均高于屋面和绿地（可达 $1.3\sim10.2$ 倍）。其中 TP、TSS、Fe、Zn 和 Pb 差异较大。道路和地面铺装相比，COD 浓度两者持平，道路径流中 Pb 浓度是地面铺装的 109 倍（铺装为 $0.01mg/L$，道路为 $1.09mg/L$），其他污染物浓度地面铺装均略高于道路浓度（$1.1\sim1.3$ 倍）。对比可见，各类下垫面中硬质地表（地面铺装和道路）的径流污染相对较重，特别是道路径流中 Pb 浓度较高。

对比国家标准《地表水环境质量标准》GB 3838—2002，天然降雨中的 COD、Zn、Pb 浓度满足地表Ⅰ类水标准，TP、$NH_3\text{-}N$、Cu 满足地表Ⅱ类水标准。屋面的 Pb 浓度满足地表Ⅰ类水标准，TP、Zn、Cu 满足地表Ⅱ类水标准，$NH_3\text{-}N$ 和 COD 达到地表Ⅲ类水标准。硬质地表中各污染物浓度差别较大，Cu 满足地表Ⅱ类水标准，$NH_3\text{-}N$ 和 Zn 满足地表Ⅳ类标准，TP、COD 和 Pb 为劣Ⅴ类，特别是 Pb 超标严重。绿地的 TP、Zn、Cu、Pb 满足地表Ⅰ类水标准，$NH_3\text{-}N$ 满足地表Ⅱ类水标准，COD 满足地表Ⅲ类水标准。因此，天然降雨可达到地表水Ⅰ～Ⅱ类标准，屋面和绿地可满足Ⅲ类标准，而硬质地表污染较重，为劣Ⅴ类。

3.1.2 城市雨水非点源（面源）污染控制

1）城市非点源污染概念及其污染物来源

城市非点源污染是指城市表面的污染物在降雨径流的淋溶与冲刷作用下，以广域、分散的形式进入河湖而引发的水体污染。城市暴雨径流作为污染物迁移转化的主要驱动力，是城市非点源污染的主要原因。晴天时城市非点源污染物在城市表层积累，雨天时随降雨径流排放，具有非点源间歇式排放的特征。

城市非点源污染物包括：悬浮颗粒物（SS）、有机物、氮、磷、微生物和重金属等。这些物质的主要来源有：土壤侵蚀、化石燃料燃烧、工业排放、车辆尾气排放和部件磨损等。其中悬浮颗粒物主要来自土壤侵蚀、工业排放和化石燃料的燃烧，重金属则主要来自工业排放、车辆磨损和尾气排放。表 3-1 为城市非点源污染物的来源。

城市非点源污染物的来源 表 3-1

污染物	土壤侵蚀	车辆磨损和排放	工业排放和化石燃料燃烧	公园和绿地的农药化肥	动物排泄物
悬浮颗粒物	主要来源	次要来源	主要来源		
有机物		次要来源			主要来源
营养物质	主要来源	次要来源		主要来源	主要来源
重金属		主要来源	主要来源		
油类		主要来源	主要来源		
微生物					主要来源
农药					主要来源

2）城市非点源污染的形成过程

城市非点源污染形成过程的核心为"源——过程——汇"。城市化改变了城市的土地利用类型，从"源"上改变了污染物的种类和空间分布；城市化对非点源污染"过程"的影响，主要体现在对降雨——径流过程的影响，改变了区域的水文过程；"汇"的变化主要通过"源"和"过程"的改变来体现。

污染物在城市各类下垫面的分布不同，其中，屋面和公路是重金属、氮磷等污染物的主要分布区域。屋面径流和路面径流是城市暴雨径流的主要组成部分。城市屋面由于其材质、建筑时间、坡度、暴露程度和位置的不同而产生不同的非点源污染物。屋面径流的典型污染物有 Zn、Cu、Pb、Cd 等重金属，主要是由于金属屋面和落水管处的腐蚀、冲刷形成的。路面径流是城市非点源污染的重要部分，污染物包括油脂、重金属、有机物、悬浮颗粒物、农药杀虫剂等，其来源是车辆与轮胎的磨损、汽车尾气排放、人类活动、道路的磨损、绿化带中农药和杀虫剂的使用等。

3）城市非点源污染的影响因素

城市非点源污染的成因复杂，影响因素众多。其主要影响因素可以概括为 3 大类：

（1）气候状况：降雨量、降雨强度、历时、时空分布、干期长度、大气污染状况；

（2）污染物特征：污染物的种类、胶体形态、属性特征以及污染物的采样和测量方法；

（3）城市特征：城市不透水面积、土地利用类型、城市地表清扫频率与效果、雨污排放方式。

具体来说，降雨强度决定着淋溶与冲刷对地表污染物的能量大小；降水量决定着稀释污染物的水量；城市土地利用方式决定污染物的性质与累积速率；大气污染状况决定着降雨初期雨水中污染物的含量；城市地表清扫的频率与效果影响着晴天时在地表累积的污染物数量。干期长度是指两次降雨之间的晴天天数。在晴天污染物质通过大气沉降、路面磨损、土壤侵蚀等在表层积累，因此干期长度是影响污染物量累积的重要因素。城市街道清扫能去除 30%～50%的典型污染物，也是最常用的减少污染物累积的措施。城市化带来城市不透水面积的增加，降低了下渗率，增加了暴雨径流量，也缩短了径流峰值形成的时间，从而加大了径流对地表污染物的冲刷。城市非点源污染在不同土地利用类型上的分布差异很大，相关研究发现，居住区的污染物浓度要高于工业区，污染物单位负荷是高密度居住区最大，其次是低密度居住区，然后是工业区，未开发区的负荷最低。不透水面对水体的影响力大小也会因为土地利用类型的不同而改变，譬如直接连接城市水体比连接到绿地的不透水面对城市非点源污染的贡献率大。

非点源污染物分布和浓度的大小与土地利用状况和大气的干湿沉降有密切关系。而污染物的形态（颗粒态或溶解态）、污染物的迁移性和属性特征都会对非点源污染的形成和迁移有重要的影响。我国雨污排放方式主要为合流制和分流制，在大部分城市的老城区合流制排水系统占主要地位。相关研究表明，雨污合流制排水系统造成的非点源污染比分流制排水系统更加严重。在全年的降雨径流中，合流制排水系统中总悬浮颗粒物的平均浓度（160～460mg/L）比分流制排水系统总悬浮颗粒物的平均浓度（90～270mg/L）高 50%。

4）城市非点源污染模型

城市非点源污染模型是非点源污染特征研究的重要工具和手段，能预测非点源污染的时空分布特征与负荷大小，也是目前城市非点源污染研究的热点。利用城市非点源污染模型，模拟非点源污染的积累和迁移过程，确定污染的重点治理区域，分析土地利用变化对城市水环境的影响，从而制定科学合理的非点源污染治理措施，并评价其效果。

城市非点源污染模型由 20 世纪 60～70 年代的非点源污染负荷与土地利用的经验关系模

型，发展到 20 世纪 70～80 年代的基于污染物积累冲刷、土壤侵蚀和污染物运动的机理模型，最后发展到现在的与 GIS（Geographic Information System）紧密耦合应用阶段，能利用 GIS 强大的空间分析能力为模型提供更加准确的参数输入，提高了模型的模拟精度。

目前，用于模拟城市非点源污染的模型有 SWMM（Storm Water Management Model）、STORM（Storage Treatment Overflow Runoff Model）、DR3M-QUAL（Distributed Routing Rainfall-Runoff Model）、QQS（Quantity-Quality Simulation）、HSPF（Hydrologic Simulation Program-Fortran）、SLAMM（Source Loading and Management Model）等，而被国内外广泛应用的模型主要是 SWMM 和 HSPF。

5）城市非点源污染的控制管理

城市非点源污染的控制管理研究主要是美国学者提出的最佳管理措施（BMPs）和低影响开发（LID）。BMPs 经过 40 年的研究和发展，已经在欧美国家形成较完善的理论和技术体系，并有了广泛的工程应用，其最大优点是控制效果可以进行量化。凭借 BMPs 功效评价工具可以对各项 BMPs 措施对不同污染物的消减量给予量化评价。LID 虽然提出时间较短，但由于结合了经济发展、环境保护、景观生态等要求，模拟自然水文特征，利用天然景观元素控制城市径流和非点源污染，而且具有规模小、布局离散、美化环境等特点，更加适合高密度的城市区域，近来越来越受到重视，成为城市非点源控制的发展方向。

（1）最佳管理措施（BMPs）

BMPs 是指用工程（技术）措施或者非工程（技术）措施，为减少地表径流量和各种污染物浓度，保护收纳水体水质，对不同地表状况采取合理的措施来控制和减轻非点源污染。而实践证明，BMPs 是一套有效的径流控制措施，对其合理使用，可以有效减缓地表径流对受纳水体水质的污染。结合降雨径流管理决策支持系统 SUSTAIN（System for Urban Stormwater Treatment and Analysis Integration），可以进行各种 BMPs 模拟、BMPs 的选址和布局优化，有利于决策者在城市非点源污染控制目标下达到效益最大化。

北京奥运村实施了绿色屋面、多孔路面、植草沟、下渗渠等最佳管理措施，通过运用 SWMM 模型对 BMPs 实施前后的城市暴雨径流进行模拟，发现 BMPs 实施后研究区的暴雨径流峰值和径流总量都有明显降低，为控制城市暴雨径流提供了范例。植被过滤带能有效滞缓暴雨径流、沉降泥砂，从而控制非点源污染，已经作为重要的 BMPs 得到应用。北京密云县太师屯镇的最佳管理措施，是根据其非点源污染特点设计的，包括退耕还林、推广沼气池、植被保护带、平衡施肥技术等，并利用环境经济学方法进行了污染控制效果的经济效益评价，使污染控制方案既满足改善流域环境的目的，又具有经济上的可行性。

（2）低影响开发（LID）

LID 是以维持或者复制区域天然状态下的水文机制为目标，通过一系列分布式的措施创造与天然状态下功能相当的水文和土地景观，以对生态环境产生最低负面影响的设计策略来控制非点源污染。LID 结合了经济发展、环境保护、景观生态等要求，利用天然景观元素控制城市径流和非点源污染，是一种基于经济、社会和生态环境可持续发展的设计策略。LID 是由"自然、和谐"的理念发展而来的第二代 BMPs，而与调控措施相比，它强调与植物、水体等自然条件和景观相结合的生态设计。通过各种分散、小型、多样化、本地化的技术和设计，使城市水文特征接近开发前的水文状况。主要的 LID 措施有滞留塘（池）、透水路面、绿色屋面、植被过滤带等。

　　传统地区和 LID 地区相比,随着城市化发展,传统地区不透水面积不断增加,总径流量有显著增加,而 TSS、重金属等污染物则呈现指数增长。但在 LID 地区,由于实行了低影响开发措施,在小流域内模拟自然水文条件,通过下渗、过滤、蒸发和蓄流等方式,径流量没有明显增加。同时能有效地在源头去除径流中的营养物质、重金属等,减少和降低对周围环境的影响。绿色屋面能有效减少城市径流量,即便是十分简单的绿色屋面,在合适的气候条件下,大约 36cm 厚即可降低约 50％的年径流量。植草沟在城市非点源污染控制方面也有重要作用,通过合理设计和施工,良好的运行维护,植草沟可以高效的收集和处理径流雨水,可以代替传统的雨水管道,并具有显著的景观生态效应。LID 对径流量和污染物中的悬浮颗粒物、重金属的消减作用非常明显,但由于农药化肥的不合理使用或操作的不规范,使得生物滞留设施、绿色屋面等措施对磷的消减不明显,甚至会成为污染源。而对维护人员的合理培训能有效避免这种情况的发生。今后仍需要对 LID 的效果进行长期监控,并且进一步研究适合去除微生物的 LID 措施。

　　6) 不足与展望

　　(1) 未来城市非点源污染研究应继续加强污染物运动机理方面的研究,研究污染物迁移转化的规律,特别是悬浮颗粒物对其他污染物的吸附、运载作用,并且要提高实验数据的准确性和加强数据的共享,便于城市非点源污染的定量化研究。

　　(2) 城市非点源污染模型仍需要进一步完善。虽然国外城市非点源污染研究起步较早,但模型仍不成熟,时常会出现模拟结果与实际偏差过大的情况。目前模型多数过于复杂,参数较多,增加了模型的不确定性,而且降低了模型的适用性。因此,今后城市非点源模型将进一步向模块化发展,使模型既具有大尺度上的统一适用性,又具有小尺度上的差异针对性。

　　(3) 提高非点源控制措施在我国的适用性。当今流行的、完善的非点源控制措施以及效果评价体系都是欧美发达国家根据其自身特点制定的,由于自然条件、社会经济状况的差异,需要对国外非点源控制措施进行适当改进,使之适合我国城市状况,并且进一步发展自己的管理措施,是我国城市非点源研究的一个重要方面。

　　(4) 将城市非点源污染治理与城市规划、景观设计相结合。城市规划对我国城市发展的影响巨大,因此,在城市规划时应考虑非点源污染的防治,从城市发展的初始阶段重视非点源污染,在"源—过程—汇"各个阶段都加强对非点源污染的控制。而景观设计与城市非点源治理的结合,是利用景观设计将非点源管理措施恰当地融入城市景观之中,使其既能发挥非点源控制的功能,又具有城市旅游、居民休闲、美化城市的效果。

3.2　屋面雨水径流污染因素分析

3.2.1　屋面雨水径流污染水质特征

　　屋面是城市不透水面积的重要组成部分,是承接天然降雨的重要城市下垫面,所形成的屋面径流在城市雨水径流中占有重大比重。屋面雨水是否值得回收利用,回收后能做何用途,需要根据屋面径流的水质特征来决定。

　　1) 国内各城市屋面径流水质特征

　　表 3-2 为国内部分城市屋面径流水质浓度数据,数据包括北京、上海、武汉、重庆、

南京、海口、哈尔滨等城市 3 种类型屋面共 28 项研究成果，通过数据分析处理，得到屋面径流的各项水质特征值。

国内部分城市屋面径流水质浓度数据 表 3-2

地区	屋面类型	降雨强度 (mm/min)	平均降雨量 (mm)	COD (mg/L)	TSS (mg/L)	TN (mg/L)	TP (mg/L)	NH₃-N (mg/L)
重庆市	瓦屋面	0.040～0.791	10.41	39.00	26.00	3.70	0.09	1.00
重庆市渝北区（甲）	瓦屋面	0.030～0.660	11.57	48.10	37.00	4.03	0.12	1.19
重庆市渝北区（乙）	瓦屋面	0.032～0.270	25.70	147.00	61.70	4.23	0.35	1.46
重庆大学	瓦屋面	0.009～0.044	7.60	64.30	700.00	—	0.07	5.60
武汉五里墩	瓦屋面	—	67.32	46.00	16.30	1.98	0.08	—
南京市（甲）	瓦屋面	0.011～0.160	8.61	32.40	67.30	4.80	0.26	—
南京市（乙）	瓦屋面	0.011～0.160	8.61	39.80	77.40	5.80	0.27	—
北京市	瓦屋面	—	—	123.00	136.00	—	—	—
重庆市渝北区（丙）	沥青屋面	0.032～0.270	25.70	44.70	8.30	3.63	0.06	1.36
重庆大学	沥青屋面	0.009～0.044	7.60	74.30	200.00	—	0.16	2.70
武汉五里墩	沥青屋面	—	67.32	61.50	46.70	4.18	0.34	—
南京市	沥青屋面	0.011～0.160	8.61	56.90	55.60	8.10	0.24	—
北京市（甲）	沥青屋面	—	—	68.91	37.70	11.75	0.08	5.67
北京市（乙）	沥青屋面	0.046～0.201	17.40	95.97	34.36	11.81	0.09	7.56
北京市（丙）	沥青屋面	0.046～0.201	17.40	341.27	39.32	25.25	0.11	14.73
北京市（丁）	沥青屋面	—	—	328.00	136.00	9.80	0.94	—
哈尔滨（甲）	沥青屋面	0.099～0.426	17.40	113.50	128.90	—	0.23	1.32
哈尔滨（乙）	沥青屋面	0.099～0.426	17.40	101.40	111.60	—	0.18	1.35
哈尔滨（丙）	沥青屋面	0.099～0.426	17.40	98.70	104.60	—	0.16	1.51
重庆市渝北区	水泥屋面	0.030～0.660	11.57	77.50	61.70	6.20	0.12	1.03
武汉七里庙	水泥屋面	—	67.32	78.90	49.70	2.43	0.09	—
南京市（甲）	水泥屋面	0.011～0.160	8.61	53.30	39.50	7.60	0.17	—
南京市（乙）	水泥屋面	0.011～0.160	8.61	49.00	47.20	7.00	0.19	—
北京文教区域	水泥屋面	0.192～0.271	23.38	115.99	27.00	8.26	0.71	—
海口市	水泥屋面	—	—	44.80	63.00	1.00	0.04	—
上海城区	综合屋面	—	—	42.60	76.90	4.80	0.14	1.61
最小值				32.40	8.30	1.00	0.04	1.00
最大值				341.27	700.00	25.25	0.94	14.73
中间值				66.61	58.65	5.90	0.16	1.51
平均值				89.54	89.46	6.80	0.21	3.33
变差系数				0.84	1.42	0.74	0.94	1.13

分析结果显示，我国屋面雨水径流水质污染严重，COD 浓度值范围在 32.40～341.27mg/L 之间，平均值为 89.54mg/L；TSS 浓度值范围在 8.30～700.00mg/L 之间，平均值为 89.46mg/L；TN 浓度值区间为 1.00～25.25mg/L，平均值为 6.80mg/L；TP 浓度值区间为 0.04～0.94mg/L，平均值为 0.21mg/L；NH₃-N 浓度值区间为 1.00～14.73mg/L，平均值为 3.33mg/L。除 TP 平均浓度满足地表水Ⅳ类水质标准外，其余 4 项污染物指标均不满足地表水Ⅴ类水质标准。

2）福州市屋面径流水质特征

同济大学与福州城建设计研究院有限公司合作完成课题《城市初期雨水调蓄系统与污染控制技术研究》，其中专门针对福州市屋面雨水径流进行分析。以福州 ZL 小区的屋面径流为取样点，图 3-2 为径流取样点。

(a)　　　　　　　　　　　　　　　　　　　(b)

图 3-2　径流取样点

(a) 径流取样点外观；(b) 径流取样点内部

水样采集方法：将管子有水汇出的时刻记作 T_0 并开始取样，在 0～30min 内每隔 5min 取 1 个样，在 30～60min 内每隔 10min 取一个样，在 60min 后每隔 30min 取一个样。取样时间算在间隔时间内。每个样品尽可能采满 1000mL，用标签注明采样地点与时间。如果雨量较小，在间隔时间结束时继续收集，直至取到 1000mL 左右的水样，记录好时间，同时取新样品瓶取下一时段的样品。

本课题选取实测的 2016 年 7 月 28 日的降雨事件来研究区域的雨天径流污染特征。当日 17：00 降雨开始，18：50 降雨结束，总降雨量为 20.0mm，属于中雨等级，在降雨季节中较为常见。该降雨事件属于前大后小型，是福州典型的降雨事件，图 3-3 为降雨过程线。

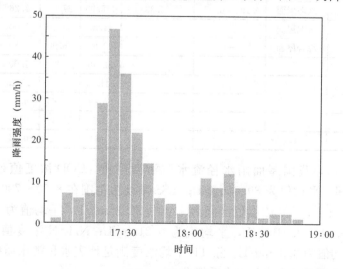

图 3-3　降雨过程线

屋面径流在降雨的 14min 后开始产生径流。在该雨型下，COD、TN 污染物浓度随着降雨的冲刷后迅速降低；TP 和 NH$_3$-N 则是先有小幅下降后随即呈现上升趋势，此后随着第二个雨强的小峰值浓度又再次上升；SS 则是随着降雨强度的增加逐渐增大，之后稳定在 90～130mg/L 之间。总体而言，各污染物浓度变化幅度总体相对较小，污染较少，这可能与污染物主要来源于大气干湿沉降，总体污染负荷量较小有关。图 3-4 为屋面径流各水质指标随时间的变化趋势。

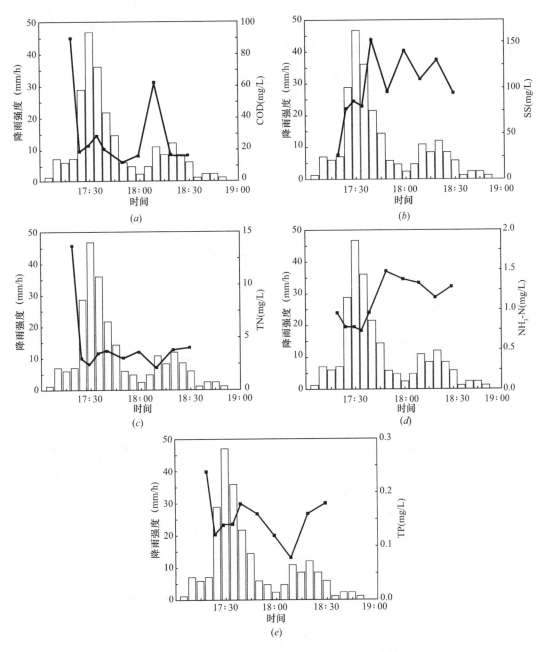

图 3-4 屋面径流各水质指标随时间的变化趋势
(a) COD; (b) SS; (c) TN; (d) NH$_3$-N; (e) TP

3.2.2 屋面雨水径流污染的影响因素

影响屋面径流水质的因素包括3个方面：屋面特性（屋面类型、屋面粗糙度、屋面腐蚀情况等）、降雨特性（前期晴天小时数、累积降雨量、降雨强度、降雨历时等）、环境特性（季节变化、大气污染状况、时空变化等）。

1）屋面类型

对15次沥青屋面、12次水泥屋面和14次瓦屋面径流污染物 EMC 分别进行了统计。图 3-5 为不同屋面类型污染物 EMC 浓度比较，其中，柱状图表示污染物 EMC 平均浓度，黑线段给出了其在90%置信区间内的浓度范围。

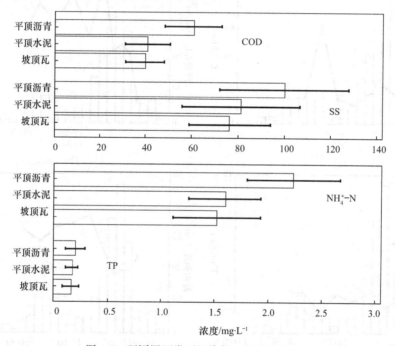

图 3-5 不同屋面类型污染物 EMC 浓度比较

从图 3-5 可以看出，平顶沥青屋面的径流水质比平顶水泥屋面和坡顶瓦屋面都差，这主要是由于沥青屋面材料的成分比较复杂，在长时间的高温暴晒下容易老化而发生分解，一部分物质溶入雨水中，另一部分则以颗粒的形态沉积于屋面。当降雨发生时，较强的冲刷作用将颗粒物质冲洗下来而形成 SS。相比之下，水泥屋面和瓦屋面可溶性化学物质相对较少，因而污染物浓度较低。

2）降雨特性

降雨特性主要包括累积降雨量、降雨历时、降雨强度和前期晴天小时数。由于降雨特性的影响因素多，这增加了分析的复杂性。因此，如何在降雨特性中科学地确定出不同因素对屋面径流水质的影响便具有重要的实用价值。国外有研究报道，聚类分析可以用来确定不同因素之间相关性的大小，通过聚类分析树形图中变量间的距离来表示。变量间距离越短相关性越高，影响就越大；反之，影响就越小。对 41 组不同屋面径流过程污染物 EMC 浓度和所对应的降雨特性参数进行了聚类分析，图 3-6 为不同降雨特性参数与污染物的聚类分析。

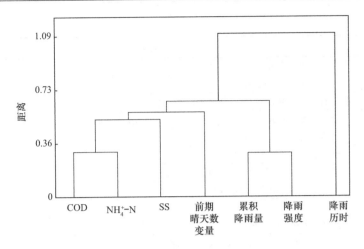

图 3-6 不同降雨特性参数与污染物的聚类分析

从图 3-6 可以看出，前期晴天小时数与污染物间的距离最短，表明它与污染物之间相关性最高，对污染物浓度的影响最大；降雨历时与污染物之间的距离最长，这说明降雨历时对污染物浓度的影响最小；降雨强度和累积降雨量的影响则处于两者之间。由此可以得到降雨特性中不同因素对污染物浓度影响的大小：前期晴天小时数>降雨强度、累积降雨量>降雨历时。这说明屋面径流水质整体上受大气沉降等污染物累积效应的影响最大，而受雨水冲刷作用的影响次之。

3）环境特性（季节变化、大气污染状况、时空变化等）

气温主要对沥青屋面径流水质有明显影响，而对瓦质等无机材料屋面影响很小。夏季高温时，在强烈日光的照射下，沥青屋面材料极易吸热变软，且容易老化分解。由于沥青为石油的副产品，其成分较为复杂，许多污染物质可能溶入雨水。一般日照越强烈，气温越高，沥青屋面材料的分解越明显，相应沥青屋面雨水径流的 COD 越高，主要为溶解性的难降解有机物，BOD_5/COD 值一般为 $0.1 \sim 0.2$。

3.3 道路雨水径流污染因素分析

3.3.1 道路雨水径流污染水质特征

道路作为城市汇水面的重要组成部分，也是城市受纳水体非点源污染的主要污染源之一，道路降雨径流量约为 25%，却产生了 40%~80% 的污染物。

1）道路雨水径流污染物的组成与来源

表 3-3 为道路径流污染主要污染物与来源。

道路径流污染主要污染物与来源 表 3-3

污染物成分	污染物来源
颗粒物	路面磨损、车辆、大气沉淀、道路养护、建筑工地、道路周边土壤侵蚀等
氮、磷	大气沉降、肥料的使用
烃类	油类燃料、沥青路面

续表

污染物成分	污染物来源
铅	含铅汽油、轮胎磨损
锌	轮胎磨损、发动机轮滑油
铁	车辆与道路钢结构（如桥梁和护栏等）生锈
铜	金属电镀、轴承与制动部件磨损、杀菌剂和杀虫剂里的金属
镉	轮胎磨损、杀虫剂的使用
铬	电镀金属、制动部件磨损
镍	柴油和汽油、润滑油、金属电镀、轴衬磨损、制动部件磨损、沥青路面
氰化物	防止除冰剂结块化合物的使用
钠、钙、氯化物	除冰剂
硫酸盐	路基、燃料、除冰剂
石油类	溢流、泄漏、防冻剂、沥青表面沥出物

道路雨水径流中的污染物主要来源于轮胎磨损、防冻剂使用、车辆的泄漏、杀虫剂和肥料的使用、丢弃的废物等，污染成分主要包括有机或无机化合物、氮、磷、金属、油类等。随着城市道路建设和交通流量的快速增长，路面污染物的总量不可避免地呈现大幅增长趋势，并随着路面雨水径流或融雪进入水体，对城市水环境构成威胁。

2）国内外道路径流水质分析

表 3-4 为国内外道路径流水质状况。国内外对包括屋面、路面等城市主要汇水面的雨水径流水质进行了大量研究，结果表明：与其他汇水面相比，路面雨水径流水质污染状况最为严重，尤其是初期径流污染严重程度甚至超过生活污水。由表 3-4 可知，COD、SS、重金属、石油类物质等是城区路面雨水中的主要污染物，其浓度随着降雨与路面污染物累积状况的不同而发生随机变化，对水环境造成严重影响。因此，COD、SS、重金属、石油类物质等是道路径流污染重点检测和控制对象。此外，我国城市道路雨水径流中的 SS 与 COD 浓度较高，这与我国城市环境状况总体较差有关，同时也表明我国实施道路径流污染控制的必要性和紧迫性。

国内外道路径流水质状况　　　　　　　　　　　　　　　　　表 3-4

项目			COD (mg/L)	SS (mg/L)	油类 (mg/L)	TN (mg/L)	TP (mg/L)	Pb (mg/L)	Zn (mg/L)	Cu (mg/L)
中国	北京	路面	140	243	—	6.9	0.61	3.060	0.060	0.020
		桥面	87～224	109～314						
	上海		222～749	188～1731						
	广州		373	439				0.115		
美国	加利福尼亚		88.7	59	13.8	—	0.18	0.013	0.111	0.021
	得克萨斯州		130	129	1.5	—	0.33	0.053	0.222	0.037
	北卡罗来纳州		48	215	4.2	—	0.20	0.015		0.015
	联邦公路局		84	93	3.3	—	—	0.234	0.217	0.039
	国家城市径流计划		82	180	—	—	0.42	0.182	0.202	0.043
韩国	路面		77	98	—	3.1	0.41	0.018	0.193	0.199
	停车场		53～85	17～37	0.4～11.6	1.0～3.0	0.08～0.53	—	—	—
	桥面		45～200	98～305	0.2～74.8	2.4～5.4	0.36～1.15			

续表

项目		COD (mg/L)	SS (mg/L)	油类 (mg/L)	TN (mg/L)	TP (mg/L)	Pb (mg/L)	Zn (mg/L)	Cu (mg/L)
挪威	公路	100	150	—	2.0	0.40	0.070	0.200	0.100
	道路	85	100	—	3.0	0.40	0.015	0.200	0.050
德国	高密度桥段	63~146	66~937	—	—	—	0.011~0.525	0.120~2.000	0.097~0.104
意大利	路面	129	140	—	—	—	0.013	0.081	0.019

3）福州市道路径流水质分析

为了对福州市路面雨水径流进行分析，分别选取沥青路面、早市路面、垃圾中转站路面、餐馆路面作为取样点。图 3-7 为沥青路面取样点，图 3-8 为 GG 路早市取样点，图 3-9 为餐馆路面取样点，图 3-10 为 HG 路垃圾中转站取样点。

(a)　　　　　　　　　　　　　　(b)

图 3-7　沥青路面取样点

(a) 取样点远景；(b) 取样点近景

(a)　　　　　　　　　　　　　　(b)

图 3-8　GG 路早市取样点

(a) 取样点远景；(b) 取样点近景

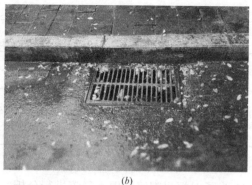

(a)　　　　　　　　　　　　　　　(b)

图 3-9　餐馆路面取样点
(a) 取样点远景；(b) 取样点近景

(a)　　　　　　　　　　　　　　　(b)

图 3-10　HG 路垃圾中转站取样点
(a) 取样点远景；(b) 取样点近景

　　水样采集方法：将管子有水汇出的时刻记作 T_0 并开始取样，在 0～30min 内每隔 5min 取 1 个样，在 30～60min 内每隔 10min 取一个样，在 60min 后每隔 30min 取一个样。取样时间算在间隔时间内。每个样品尽可能采满 1000mL，用标签注明采样地点与时间。如果雨量较小，在间隔时间结束时继续收集，直至取到 1000mL 左右的水样，记录好时间，同时用新样品瓶取下一时段的样品。

　　采用与屋面雨水径流分析同样的降雨事件。道路雨水水质受到功能区类别、周边环境、交通量、降雨量、降雨强度、街道清扫状况、季节等因素的影响，综合表现为随机性较大且变化幅度也较大的特点。总体道路雨水比屋面雨水各污染物指标高，特别是清扫不勤交通量大的道路。

　　对区域受到不同程度污染的路面（沥青、早市、餐馆、垃圾站）进行雨天径流污染的监测，径流水质结果。图 3-11 为不同路面（沥青、早市、餐馆、垃圾站）的径流水质。

　　从图 3-11 中可以看出，路面各个污染物的浓度初期冲刷效应较为明显，即在降雨的前期，浓度较大，随着降雨事件的延长，出现逐渐降低的趋势。COD、SS 整体上呈现先增大后减小，之后出现第二个小峰值，这与降雨强度的变化趋势相一致。对于 TN、NH_3-N、TP 则是总体呈现逐渐降低的趋势。不同路面的产流时间存在差异，沥青、早市、餐馆、垃圾站路面的产流时间分别为 10min、10min、23min、31min，这与取样点的汇水面积、坡度等有关，沥青、早市路面取样点所在路段坡度较大，雨水汇集较快，因此产流时间较短。对于 COD 而言，早市路面径流 COD 初期浓度值最高，达到 8300mg/L。该处位于 GG 路中段，每天早上 7：00～9：00 是早市，大量油污与餐厨垃圾堆积，使得路面径流污染较为严重。对于 SS，沥青路面所在 SS 浓度较高，最大值达到 2440mg/L，这是由于车辆轮胎与地面摩擦产生大量颗粒物质，致使 SS 浓度偏高。对于 TN，该路段附近餐馆较多，路面餐余垃圾堆积，使得 TN 浓度较高，整体大于 15mg/L。对于 TP，沥青路面初期冲刷值达到 17.2mg/L，污染较为严重。

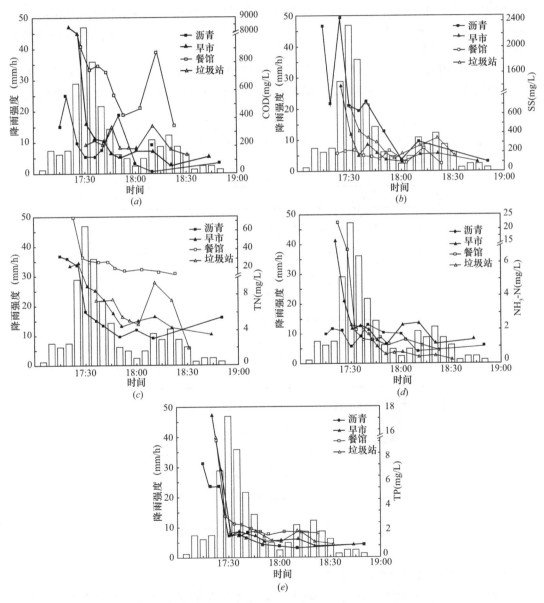

图 3-11　不同路面（沥青、早市、餐馆、垃圾站）的径流水质
(a) COD；(b) SS；(c) TN；(d) NH₃-N；(e) TP

总体而言，研究区域的路面径流均存在污染较为严重的现象，污染物浓度值高，这部分的研究可为后续污染控制措施的提出提供数据支持。

3.3.2　道路雨水径流污染的影响因素

道路雨水径流污染的影响因素有很多，其中道路类型与路面污染状况是道路雨水污染的决定性因素。另外，季节、气温、降雨的间隔时间、降雨强度和降雨量等对城区雨水径流水质均有明显影响。

1）污染物浓度随降雨历时的变化规律

道路雨水初期径流污染物浓度很高，随降雨历时的延长，主要污染指标逐渐下降并趋于稳定。初始浓度和达到稳定的浓度取决于汇水面性质、降雨条件、季节、降雨的间隔时间和气温等多种因素。

图 3-12 为道路雨水径流 COD 与 SS 变化。道路初期径流 COD 与 SS 均可达到很高的浓度，主要取决于降雨条件和路面状况等因素。因路面条件复杂，所以水质波动幅度也较大。

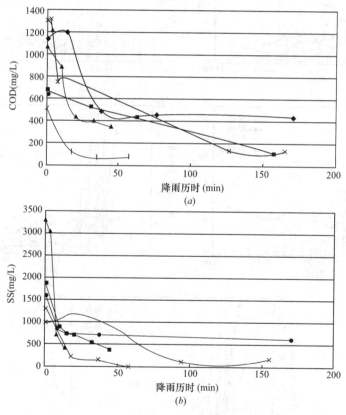

图 3-12　道路雨水径流 COD 与 SS 变化

(a) COD；(b) SS

2）汇水面性质对径流水质的影响

道路径流水质主要取决于路面污染状况，随机性和变化幅度更大。路面的各种污染物是最直接的污染原因。市区主要交通道路的污染因素多，一般比居住区路面雨水污染严重。道路初期雨水的 COD 和 SS 浓度一般都超过城市污水。

3）降雨强度和降雨量的影响

降雨强度和降雨量是影响各种汇水面径流水质的重要因素。雨水在冲刷汇水面污染物的同时，也有稀释和溶解作用。图 3-13 为短时强降雨对道路径流水质的影响，为一场短时强降雨，历时 23min，降雨量达 8.50mm。由于冲刷强度大，使雨水与污染物的混合和溶解作用增强，初期径流 COD、SS 值分别高达 948.4mg/L 和 3155.0mg/L，13min 后趋于稳定。图 3-14 为长时弱降雨对道路径流水质的影响，为一场历时 1h 的降雨仅 1.4mm，强度较小，冲刷作用小，初期径流 COD、SS 值分别为 546.4mg/L 和 759.0mg/L，产流约50min 后才趋于稳定。

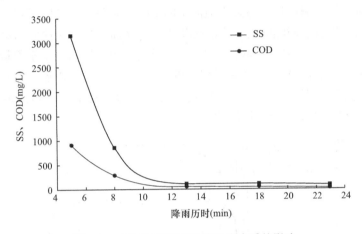

图 3-13　短时强降雨对道路径流水质的影响

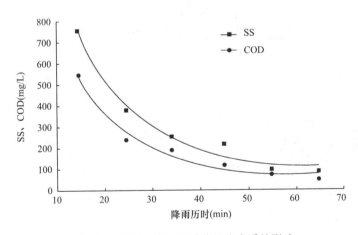

图 3-14　长时弱降雨对道路径流水质的影响

3.4　绿地雨水径流污染因素分析

3.4.1　绿地雨水径流污染水质特征

城市绿地（Green Space）或称开放空间（Open Space），作为城市生态系统的重要组成部分，不仅有助于减缓径流速度、减少降雨径流量、增强土壤渗透性、提高污染物沉降效率、过滤悬浮固体，而且能够减轻径流对土壤的侵蚀、美化环境以及补充地下水。在降雨过程中，一部分的污染物会被植被截留吸收，少部分会随着雨水径流被冲刷出去，形成一定的污染。

最佳管理措施（BMPs），其定位为"任何能够减少或预防水资源污染的方法、措施或操作程序"，包括工程、非工程措施的操作和维护程序。城市绿地生态系统属于 BMPs 中植被控制措施，包含绿化草坪、植草沟、植被过滤带等。

1）绿地雨水径流污染物浓度的历时变化

径流污染的历时变化曲线是描述流量和污染物浓度在降雨过程中的变化，通过对降雨径流的水质水量连续监测，建立污染物随流量的历时变化关系，可以了解径流污染物浓度与流量之间的关系以及它们随降雨过程的变化规律，从而掌握径流冲刷污染排放规律并了解其水文水力特征。径流污染物随时间的变化主要受到污染物的原始累积量、降雨冲刷与稀释作用的影响。影响污染物的原始累积量的因素有土地利用状况、降雨前期的干期长度、垃圾清扫状况等。而冲刷与稀释作用则主要受到降雨特征、降雨强度、流量等的影响。图 3-15 为污染物浓度随降雨径流的历时变化。

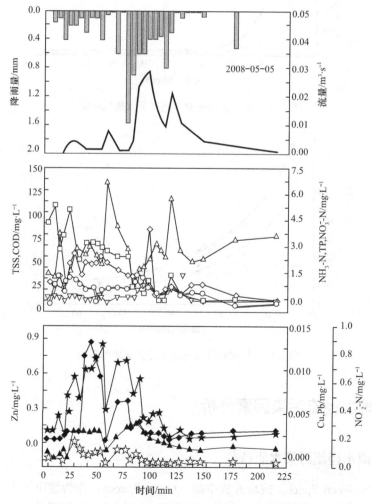

图 3-15　污染物浓度随降雨径流的历时变化（一）

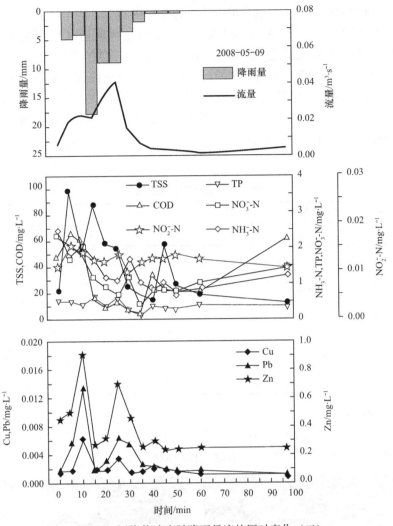

图 3-15　污染物浓度随降雨径流的历时变化（二）

从图 3-15 污染物浓度历时变化来看，绿地降雨径流中污染物浓度峰值不止一个，曲线呈现多个凸起，这是因为绿地中污染物保持力比非透水地面更大，在径流冲刷的作用下可出现多个峰值，这也说明了透水区域地面降雨径流污染排放相对缓慢，排放时间较长。从最大峰值来看，TSS 浓度最大峰值出现是同步或提前于流量峰值，COD 浓度最大峰值出现在径流最大峰值之前。从整体上看，TP 浓度较小，变化相对平稳，变化趋势与流量变化相一致，其最大峰值出现在流量峰值之后 0～5min，稍滞后于流量最大峰值。重金属 Cu、Pb、Zn 污染物浓度在最大径流出现之前就出现了较大的峰值，其地面的附着力相对于 COD、TSS、TP、NH_3-N 等弱。这说明重金属污染物较容易被径流所冲刷，在较小的径流冲刷作用下重金属就基本排放完毕。

2）绿地径流水质特征

绿地作为城市透水区，对城市径流具有一定的缓冲作用。但城市绿地降雨径流的污染却是不可忽视的，特别是 COD、TP 以及 NO_{3+2}^--N 等污染物浓度较高。造成城市绿地降雨径流污染的原因主要是：城市绿地施肥养护和人们的休闲活动等产生污染物累积，随着降

69

雨径流进入河流湖泊等。由于绿地养护所施用的肥料中的 N、P 元素在降雨的冲刷作用下进入了径流中，以致其浓度较高。COD 浓度较大主要是绿地土壤中生物的活动使有机物含量的增加，致使绿地径流的还原性加大，从而加大了 COD 的浓度。

厦门市绿地径流 7 场降雨水质监测的污染物浓度、单位面积污染负荷以及 EMC 最大值、最小值。其中 COD 最大浓度达到 170.352mg/L，TP 浓度最大值以及 EMC 最大值分别为 2.142mg/L、1.169mg/L，NO_{3+2}^--N 的 EMC 最大浓度达到了 3.792mg/L。可见，厦门城市绿地降雨径流中的主要污染物是 COD、TP、NO_{3+2}^--N。表 3-5 为厦门城市绿地小流域径流污染。

厦门市绿地小流域径流污染　　　　表 3-5

水质参数	降雨场次（场）	污染物浓度（mg/L）		平均污染负荷（kg/hm²）	EMC（mg/L）			
		最小值	最大值		最小值	最大值	平均值	标准差
TSS	7	1	104	0.33109	5.484	51.272	22.3563	17.4543
COD	7	1.627	170.352	0.63342	14.910	111.965	60.4806	30.8369
TP	7	0.008	2.142	0.00474	0.141	1.169	0.4406	0.3830
NH_3-N	6	0.0053	4.057	0.01179	0.287	1.375	0.8802	0.4090
NO_{3+2}^--N	6	0.0656	5.786	0.02213	0.291	3.792	1.4628	1.1920
Cu	4	0.0021	0.0182	0.00014	0.00456	0.00931	0.00014	3.3606
Pb	2	0.0001	0.0134	0.00004	0.00187	0.00476	0.0033	2.0432
Zn	4	0.025	0.872	0.00116	0.10504	0.12535	0.0898	0.0144

3）福州市绿地雨水径流分析

绿地对雨水径流有一定净化作用，为了对福州绿地雨水径流进行分析，选取 ZL 小区内典型的绿地处作为取样点，图 3-16 为绿地径流取样点。

(a)　　　　　　　　　　　　　　　　(b)

图 3-16　绿地径流取样点
(a) 取样点远景；(b) 取样点近景

水样采集方法：在绿地低洼处的雨水箅子口安装可承接径流的容器，记录径流产生的时刻 T_0 并开始采集第一个样品，在 0～30min 内每隔 5min 取 1 个样，在 30～60min 内每隔 10min 取一个样，在 60min 后每隔 30min 取一个样至径流结束。取样时间算在间隔时间内。每个样品尽可能采满 1000mL，用标签注明采样地点与时间。如果雨量较小，在间隔时间结束时继续收集，直至取到 1000mL 左右的水样，记录好时间，同时用新样品瓶取下一时段的样品。由于绿地径流量较少，如果样品采集困难较大，单场降雨事件可取一个混合样品，或者每隔 30min 取一个样。

采用与屋面雨水径流分析同样的降雨事件，相比屋面和道路，小区绿地渗透性和滞水能力较强，在降雨量比较小时无法在绿地实现雨水的径流。受降雨量、降雨强度和降雨历时等因素的影响，降雨过程中绿地径流雨水中污染物浓度会随径流历时发生变化。绿地径流是在 90min 后才产生，COD、SS、TN、NH_3-N、TP 最高值分别为 36.8mg/L、91mg/L、3.56mg/L、1.89mg/L、0.93mg/L，总体径流水质较好。表 3-6 为绿地径流水质特征值。

绿地径流水质特征值 表 3-6

	COD（mg/L）	SS（mg/L）	TN（mg/L）	NH_3-N（mg/L）	TP（mg/L）
18：21	36.8	91	3.56	1.06	0.93
18：26	24.5	64	2.11	1.89	0.3

3.4.2 绿地雨水径流污染的影响因素

通过分析绿地降雨径流主要污染物 COD，TSS 的 FF_{30}（表示初始冲刷强度，即 30% 径流量与该时所对应污染物量的比值。FF_{30} 值越大，冲刷强度就越大）与降雨径流各影响因素（包括总降雨量、降雨持续时间、径流总量、平均流量、最大降雨强度、干期长度）的相关性，通过多元回归和 Spearman 秩相关系数分析，识别影响绿地污染累积冲刷的主要影响因素。表 3-7 为 TSS 的 FF_{30} 与降雨参数的相关性，表 3-8 为 COD 的 FF_{30} 与降雨参数的相关性。

TSS 的 FF_{30} 与降雨参数的相关性 表 3-7

TSS	β	R	P_r
T_r	−0.887	0.886	0.019
F_r	0.162	−0.2	0.704
V	0.380	0.714	0.111
D	1.147	0.6	0.208
I_{max}	1.265	0.087	0.870
ADWP	−0.702	−0.203	0.7

注：T_r——总降雨量；F_r——平均流量；V——径流总量；D——降雨持续时间；I_{max}——最大降雨强度；ADWP——干期长度；β——标准化的贝塔系数；R——秩相关系数；P_r——显著性水平。

COD 的 FF_{30} 与降雨参数的相关性 表 3-8

TSS	β	R	P_r
T_r	2.653	0.657	0.156
F_r	−0.090	−0.314	0.544
V	0.366	0.829	0.042
D	−0.306	0.6	0.208
I_{max}	−2.213	−0.348	0.499
ADWP	0.573	−0.058	0.913

注：T_r——总降雨量；F_r——平均流量；V——径流总量；D——降雨持续时间；I_{max}——最大降雨强度；ADWP——干期长度；β——标准化的贝塔系数；R——秩相关系数；P_r——显著性水平。

由表 3-7 和表 3-8 可见，绿地降雨径流中 TSS 的 FF_{30} 与 T_r（总降雨量）具有较大的相关性，其显著性系数为 0.019，而 COD 的 FF_{30} 与 V（径流总量）具有较大的相关性，显著性系数为 0.042。说明对于绿地小流域，总降雨量和径流总量与污染初始冲刷效应有较大的相关性，在总降雨量和径流总量较大的情况下容易发生 TSS，COD 的初始冲刷效应，这可能与绿地特定的产汇流机制有关。

3.5　其他雨水径流污染因素分析

3.5.1　高速公路路面雨水径流污染

随着公路交通事业的不断发展与各省市公路网的陆续形成，频繁的交通活动使高速路面径流污染十分严重。高速公路路面降雨径流含有相当数量的悬浮颗粒物、营养盐和有机污染物，其未经处理排入受纳水体，易引发水体富营养化和水生生态系统破坏等。

1）高速公路路面雨水径流污染水质特征

表 3-9 为国内外部分沥青路面实测降雨事件地表径流 EMC 值。

国内外部分沥青路面实测降雨事件地表径流 EMC 值　　　　　　　表 3-9

径流类型	降雨特性	交通量（辆/d）	EMC（mg/L）					
			SS	COD	BOD_5	NH_3-N	TN	TP
西雅图 I-5 公路[1]	890~970[5]	—	43~320	75~211	—	—	—	0.2~0.55
西雅图 I-5 公路[2]			145	137				0.34
北卡罗来纳州农村公路[2]	1120~1320[5]	5500	14	24	—			0.26
上海市地表[1]	30~750[4]		37~1033	16~2019	—	0.32~20.60	1.92~25.9	0.07~1.53
上海市地表[2]			251	336		4.85	7.74	0.57
西安城市公路[1]	0~202[4]	38574（昼）2143（夜）	636~908	229~380	38~63	—	—	—
禄口高架桥[1]	1106.5[4]	6480	53~214	72~300	18~26	0.45~6.89	18.03~1.29	0.04~0.86
禄口高架桥[2]			127	131	21.25	2.33	5.59	0.37
禄口高架桥[3]			126	127	19.50	1.59	4.44	0.28

注：[1] 为 EMC 范围；[2] 为 EMC 平均值；[3] 为中值；[4] 为降雨强度（$\times 10^{-3}$mm/s）；[5] 为年均降雨量（mm）。

由表 3-9 可见，我国高速公路沥青路面 SS 和 COD 的 EMC 平均值及其范围接近于美国西雅图 I-5 公路的 EMC 平均值；这是由于美国西雅图 I-5 公路路面特性与国内高速公路路面环境相似，因而所得结果基本一致。而我国高速公路沥青路面 SS 和 COD 的 EMC 均值远大于国外农村路面径流的 EMC 值，远小于城市路面径流值；与高速公路相比，农村路面径流人为干扰因素较少，污染物来源较少，因而污染物浓度较低；而城市路面径流正好与农村路面径流相反，城市路面人为活动较多导致了城市路面所含的 SS、BOD_5、COD、NH_3-N 等污染物的浓度较高。

2）高速公路雨水径流污染的影响因素

影响高速公路路面降雨径流水质因素包括路面特性（路面类型、路面粗糙度等）、降雨特性（前期晴天数、累积降雨量、降雨强度、降雨历时等）、交通状况和路面清扫等 4 个方面。对 10 次路面径流污染物 EMC 进行统计分析，研究降雨特性与径流污染物 EMC 值之间的相关性，通过相关性大小来确定降雨特性的影响程度。表 3-10 为径流污染物与降雨特性间相关系数与 P 值。

径流污染物与降雨特性间相关系数与 P 值 　　　　表 3-10

指标		降雨量	降雨历时	降雨强度	前期晴天数
SS	R	−0.172	0.411	−0.443	0.542
	P	0.684	0.312	0.272	0.165
BOD$_5$	R	−0.436	−0.057	−0.413	0.420
	P	0.280	0.893	0.309	0.300
COD	R	−0.126	0.151	−0.210	0.488
	P	0.766	0.722	0.618	0.220
NH$_3$-N	R	−0.306	0.298	−0.288	0.545
	P	0.461	0.474	0.489	0.162
TN	R	−0.357	0.286	−0.325	0.470
	P	0.386	0.493	0.432	0.239
TP	R	−0.306	0.185	−0.391	0.757
	P	0.461	0.660	0.338	0.030

由表 3-10 可见，前期晴天数与污染物之间的相关性较高，表明前期晴天数对污染物浓度的影响最大，可靠性最好；此外，SS、COD、TP 与降雨强度间的相关性仅次于与前期晴天数的相关性，BOD$_5$、NH$_3$-N、TN 与降雨量间的相关性也较为显著，这表明 SS、COD、TP 受降雨强度的影响较大，BOD$_5$、NH$_3$-N、TN 受降雨量的影响较大，这是因为 SS、COD、TP 主要以颗粒态物质存在，因而降雨强度的大小对其浓度影响较大，而 BOD$_5$、NH$_3$-N、TN 主要以溶解态形式存在，因而降雨量的多少对其影响较大。

3.5.2 城市排污口雨水径流污染特征

对我国各城市排污口雨水径流污染物进行分析，结果表明，SS、CODcr、BOD$_5$、TN、TP 等污染物平均浓度都远远超出地表水环境质量 V 类标准。其中，SS 平均为 397.50mg/L，远高于 V 类标准 150mg/L 的限值，超标率高达 100%。CODcr 平均为 193.19mg/L，远高于 V 类标准 40mg/L 的限值，超标率达 100%。BOD$_5$ 平均为 46.64mg/L，远高于 V 类标准 10mg/L 的限值。TN 平均为 15.57mg/L，远高于 V 类标准 2mg/L 的限值，超标率高达 100%。TP 平均为 1.50mg/L，远高于 V 类标准 0.4mg/L 的限值，超标率高达 100%。表 3-11 为国内部分城市排污口雨水径流污染物浓度。

国内部分城市排污口雨水径流污染物浓度 　　　　表 3-11

试验地点	排污口类型	SS（mg/L）	CODcr（mg/L）	BOD$_5$（mg/L）	TN（mg/L）	TP（mg/L）
澳门	分流	238.35	198.20	—	6.85	1.25
珠海	分流	569.34	77.51	7.16	4.96	0.48
武汉	合流	601.10	299.20	—	12.26	0.88
昆明	合流	228.70	201.03	86.11	27.37	2.51

续表

试验地点	排污口类型	SS (mg/L)	CODcr (mg/L)	BOD₅ (mg/L)	TN (mg/L)	TP (mg/L)
北京	合流	350.00	190.00	—	26.40	2.36
分流均值	—	403.85	137.86	7.16	5.91	0.87
合流均值	—	393.27	230.08	86.11	22.01	1.92
各城市均值	—	397.50	193.19	46.64	15.57	1.50
地表水环境质量Ⅴ类标准	—	150	40	10	2	0.4

3.5.3　工业区雨水径流污染特征

对工业区 10 场有效降雨径流中主要污染物的 EMC 值进行计算，其计算结果的平均值、标准差、最大值与最小值如表 3-12 所示，并与降雨背景值中污染物浓度以及地表水Ⅴ类水标准进行比较。

工业区降雨径流污染物浓度　　　　　　　　　表 3-12

水质参数		COD (mg/L)	TSS (mg/L)	TN (mg/L)	TP (mg/L)	NH₄⁺-N	Fe (mg/L)	Zn (mg/L)	Pb (mg/L)	Cu (mg/L)
EMCs (mg/L)	平均值	221.45	298.11	8.98	2.12	4.27	4.27	3.5	0.58	0.31
	标准差	126.38	168.07	4.69	1.18	2.1	1.88	1.4	0.40	0.12
	最大值	486.22	651.3	16.65	4.06	7.49	6.78	5.12	1.32	0.47
	最小值	81.93	96.93	2.46	0.67	1.23	1.57	0.16	0.11
雨水背景值		14.62	—	0.98	0.43	0.46	—	—	—	—
地表水Ⅴ标准		40	—	2.0	0.4	2.0	0.1	2	0.05	1.0

注：Ⅴ类水标准为国家标准《地表水环境质量标准》GB 3838—2002，地表水环境质量标准基本项目标准限值（Ⅴ类）。

根据表 3-12 可知，在降雨过程中，雨水尚未落地之前的雨水背景值中各污染物浓度均较低，大气中污染物淋洗作用造成污染较小，COD 和 TP 浓度只有 14.62mg/L 和 0.46mg/L，TSS 和重金属类污染物质均低于检测线，这表明雨水对地表径流污染贡献可以忽略不计，但是总氮和氨氮浓度分别是 0.98mg/L 和 0.43mg/L，这表示天然雨水也是城市面源污染中氮元素的来源之一。工业区的降雨径流污染物浓度值均比较高，部分指标已经接近或者超出城市生活污水的浓度值。工业区降雨径流 Fe、Zn、Pb、Cu 等重金属污染物污染严重，浓度值分别达到了 4.27mg/L、3.50mg/L、0.48mg/L 和 0.31mg/L，多环芳烃（PAHs）的 EMC 平均值达到了 5.77μg/L，这可能与工业区的油污被雨水冲刷随径流排放有关。

3.5.4　商住区雨水径流污染特征

对商住区 10 场有效降雨径流中主要污染物的 EMC 值进行计算，其计算结果的平均值、标准差、最大值与最小值如表 3-13 所示，并与降雨背景值中污染物浓度以及地表水Ⅴ类水标准进行比较。

商住区降雨径流污染物浓度　　　　表 3-13

水质参数		COD (mg/L)	TSS (mg/L)	TN (mg/L)	TP (mg/L)	NH$_4^+$-N (mg/L)	Fe (mg/L)	Zn (mg/L)	Pb (mg/L)	Cu (mg/L)
EMCs (mg/L)	平均值	302.81	367.19	16.69	3.17	5.52	1.56	0.33	0.28	—
	标准差	151.35	173.04	12.88	2.22	2.66	0.95	0.15	0.21	—
	最大值	567.11	708.4	39.05	7.09	9.13	2.98	0.57	0.69	—
	最小值	1.3.25	141.03	3.49	0.42	1.35	0.12	0.11	0.07	—
雨水背景值		14.62	—	0.98	0.43	0.46	—	—	—	—
地表水 V 标准		40	—	2.0	0.4	2.0	0.1	2	0.05	1.0

注：V 类水标准为国家标准《地表水环境质量标准》GB 3838—2002，地表水环境质量标准基本项目标准限值（V 类）。

商住区 COD、TSS、TN、TP、NH$_4^+$-N 和重金属等污染物质的 EMC 的平均值偏高，面源污染严重。主要是人口密度高、流动性较大的原因。

3.5.5 城市停车场雨水径流污染特征

表 3-14 为国内外部分停车场与道路径流水质状况。由于城市停车场、道路多为高密度的不透水面，城市停车场主要污染物的 EMC 值大致与道路的水质类似。

国内外部分停车场与道路径流水质状况　　　　表 3-14

国家	污染物	常规指标（mg/L）			营养物质（mg/L）		重金属（mg/L）		
		COD	SS	油类	TN	TP	Pb	Zn	Cu
美国	一般停车场	82	27	—	1.9	0.15	0.182	0.139	0.051
	工业停车场	—	288	—	—	—		0.224	0.034
	加州道路	88.7	59	1.5	—	0.18	0.013	0.111	0.021
	联邦公路局	84	93	—	—	—	0.234	0.217	0.039
韩国	停车场	11~85	17~37	0.4~11.6	1.0~2.5	0.08~0.53			0.053~0.085
	道路	77	98	—	3.1	0.41			0.199
德国	停车场	—	>400	1.9~10.6			0.3~0.5	0.6~0.8	
	道路	63~146	66~937				0.01~0.525	0.120~2.000	0.097~0.104
中国	北京道路	140	243	—	6.9	0.61	3.060	0.060	0.020
	广州道路	373	439	13.8	11.7	0.49	0.115	2.06	0.16
	北京停车场	67.4~529.4	166.7~426	—	0.55~1.06	0.37~1.83			

国内外对道路雨水径流的检测分析较多，对已有数据做对比可看出：我国城市道路的污染程度高于国外城市道路。由于对停车场径流水质的相关研究较少，国内城市停车场径流中营养物质、重金属的 EMC 值如以道路径流作参考，再对国内外城市停车场径流水质对比分析可预测：国内城市停车场的污染程度高于发达国家城市停车场的污染程度。这说明我国城市实施停车场与道路径流污染控制的重要性和紧迫性。

第4章　城市雨水收集利用设施与适用性

4.1　雨水收集与排除

4.1.1　绿色屋面

1）概述

雨水收集系统是在屋面雨水排水系统的基础上增加了屋面绿化系统。绿色屋面通常由植被、生长基质层、过滤层、储水层、隔根层、隔热保温层、防水层等七部分组成。绿色屋面应设置排水口，用于及时排除超出其储水能力范围外的雨水。根据建筑屋面承载能力由弱至强可分为拓展型绿色屋面、半密集型绿色屋面和密集型绿色屋面。图 4-1 为绿色屋面典型结构示意。

绿色屋面适用于住宅建筑、工业建筑与商业、公共建筑中平屋面和坡度≤15%的坡屋面。绿色屋面应根据不同建筑类型、不同使用性质，合理选取植物与景观措施。

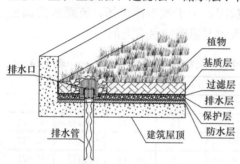

图 4-1　绿色屋面典型结构示意

2）工作原理

绿色屋面能够在一定程度上净化水质，其作用机制是，雨水降落在绿色屋面上，首先与植被生长基质接触，使雨水在植物和土壤的生物作用下，降解一部分有机污染物，雨水得到初步净化。然后经过过滤层的过滤作用，较为洁净的雨水进入储水模块中。随着降雨历时的增加，储水模块容积达到饱和，过量的雨水通过绿色屋面溢流口排走。降雨停止后，储水模块中存有一定容积的雨水，为植物生长提供水分，同时节约了灌溉植物所需的水量。

3）设计应用

（1）绿色屋面类型

① 拓展型绿色屋面

拓展型绿色屋面又称为简单式屋面花园，建筑荷载比较小，利用草坪、地被、小型灌木和攀缘植物进行屋面覆盖绿化。我国多采用草坪，德国多采用景天科这种耐干旱低养护植物，往往不需要单独设置灌溉系统，靠自然降水就可以解决植物养护问题。图 4-2 为拓展型绿色屋面。

② 半密集型绿色屋面

半密集型绿色屋面需要全年都能观赏到绿色和开花植物。其厚度较拓展型的厚，植物选择的范围也更广。其需要定期灌溉和维护，屋面上可以留有小路和庭院供人们行走和停留。图 4-3 为半密集型绿色屋面。

图 4-2　拓展型绿色屋面

图 4-3　半密集型绿色屋面

③ 密集型绿色屋面

密集型绿色屋面通常可以加入树、草、亭子、水池、假山和木椅等各种园林设计元素，为人们提供了休闲和运动的空间，但也需要经常的维护和保养。图 4-4 为密集型绿色屋面。

（2）植物种类选用

屋面绿化原则上应以低矮小乔木、灌木、草坪、地被植物和攀缘植物等为主，专门进行加强的荷载设计与支撑系统设计时才可种植大型乔木，大型乔木的高度不宜超过 5m；应选择生长较慢、耐修剪、抗风、耐旱、耐高温的植物，须根发达的植物，不宜选用根系穿刺性较强的植物（如榕树类植物、散生竹等），防止植物根系穿透建筑防水层。除园林植物以外，也可种植小型果树、药用植物和蔬菜等。

图 4-4 密集型绿色屋面

（3）平面布置设计

屋面绿化的平面布置是根据建筑物的环境条件、建设规模的大小、使用功能和要求进行绿化小品和设施的平面组合和空间设计。平面布置的形式有规则式、自然式和混和式。梯屋是屋面园林的总入口，是屋面绿化的起点。平面布置中宜布置 6～20m² 的休息休闲平台，其次依次布置架空的交通道、种植池、集水池、小台阶和花台，种植池约占天面总面积的 60%～70%，交通道宽 600～800mm。

（4）种植布局

屋面绿化种植布局，应与屋面结构相适应，荷载分布要均匀，宜将亭、雕塑、水池、小品等荷载较大的部件设置在承重墙或柱的位置，大树须种植在承重的柱和大梁上，并不得迁移变更位置；屋面绿化的种植土配比、植物选择与各类设施应按照轻量化的要求进行设计，控制种植槽高度和蓄水层深度。

（5）园林小品设计

屋面绿化可根据屋面荷载和使用需求，适当设置亭、廊、花架、景石、水景等园林小品。园林小品应在保证牢固、安全的前提下，采用轻质结构和轻质材料，并根据建筑荷载的分布的要求安排位置，高度不宜超过 5m。园林小品的基础，应在建筑结构设计时统一考虑，在防水层施工前完成或单独做防水处理。

（6）排水与防水

屋面绿化适于坡度不大于 3% 的平屋面，屋面防水等级 1～2 级，耐用年限为 25 年以上。平屋面宜用结构找坡，天沟、檐沟纵向坡度不应小于 2%，沟底落差不得超过 200mm。种植屋面四周应设围护墙与泄水管、排水管和人行通道。种植介质四周应设挡墙，挡墙下部应设泄水孔。既有建筑屋面防水检测合格，宜增加铺设具防水功能的隔根层。铺设防水材料应向建筑侧墙延伸，遇建筑侧墙时，泛水高于种植基质面 15cm 以上。

4）应用与发展

绿色屋面的开发能够增强城市的绿化，提高了城市人均的绿化面积，提供人们一个良好的生活环境。传统的建筑屋面,受气候影响,室内温度波动大,种植植被能够调节温度,使得屋面夏季温度不会太高,基本保持在 20~25℃,保护屋面的安全,防止屋面发生裂缝的现象,从而增加了建筑物的利用寿命。

在生态环境方面,绿色屋面能够合理控制雨水量,保证雨水的径流总量,避免了洪涝灾害的发生。并且,植物能够吸收空气中的过多灰尘和 CO_2,实现空气的更新,提供新鲜空气,减小空气污染。

1994 年荷兰史基浦机场便在其屋面面积约 790m² 的史基浦广场(停车库和地下火车站的顶层)应用天竺葵和耐干旱的苔藓类植物进行屋面绿化,2011 年又对其进行修复改造,将太阳能系统与绿色屋面相结合。一方面,绿色屋面能提高太阳能系统的效率(温度越高,太阳能效率越低,绿色屋面表面温度很少会升到 30~35℃);另一方面,太阳能系统能充分利用免费的阳光资源发电,节能减排,促进机场的可持续发展。图 4-5 为史基浦广场。

图 4-5　史基浦广场

4.1.2　雨水斗

1)概述

雨水斗设在屋面雨水由天沟进入雨水管道的入口处。雨水斗与天沟,落水管组建成的金属落水系统,起到装饰性和实用性。根据具体建筑结构进行合理选择,特别是对于厂房、机场、体育馆、高层裙房等,屋面结构复杂、跨度大,屋面排水面积较大时,适宜选择虹吸式排水。表 4-1 为各类雨水斗比较。

各类雨水斗比较　　　　　　　　　　　　　　　　表 4-1

系统类别特点	87 型雨水斗	虹吸式雨水斗	堰流式雨水斗
设计流态	气水混合流(考虑压力)	水一相流(考虑压力)	附壁膜流(不考虑压力)
雨水斗形式	87 型或 65 型	虹吸式淹没进水	自由堰流式
管道设计数据	主要来自实验	公式计算	公式计算
设计重现期取值	小	大	大
超设计重现期雨量排除	系统本身排除,设计时考虑了排超量雨水	主要通过溢流实现,设计状态已充分利用了水头,超量水难再进入	必须通过溢流实现,系统按无压设计,超量水进入会产生压力,损坏系统

系统类别特点	87型雨水斗	虹吸式雨水斗	堰流式雨水斗
屋面溢流频率	小	大	大
管材耗用量	介于后二者之间	省	费
系统计算	简单，粗糙	准确，复杂	简单
堵塞对上游管的影响	无	无	有漏水甚至破裂的可能

2）工作原理

雨水斗有整流格栅装置，能迅速排除屋面雨水，格栅具有整流作用，避免形成过大的旋涡，稳定斗前水位，减少掺气迅速排除屋面雨水、雪水，并能有效阻挡较大杂物。

3）设计应用

（1）雨水斗类型

① 87型雨水斗

87型雨水斗属于重力输（排）水管道。根据水力学，重力输水管道共有3种流态，分别是无压流、有压流、两相流（过渡流）。图4-6为87型雨水斗实物，图4-7为87型雨水斗结构示意。

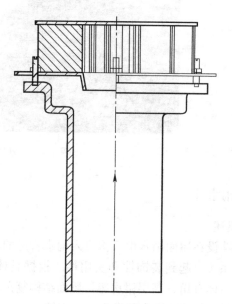

图4-6　87型雨水斗实物　　　　　图4-7　87型雨水斗结构示意

② 虹吸式雨水斗

虹吸式雨水斗材质为HDPE、铸铁或不锈钢。其各部分有不同的结构功能。雨水斗置于屋面层中，上部盖有进水格栅。降雨过程中，雨水通过格栅盖侧面进入雨水斗，当屋面汇水达到一定高度时，雨水斗内的反涡流装置将阻挡空气从外界进入并消除涡流状态，使雨水平稳地淹没泄流进入排水管。虹吸式雨水斗最大限度减小了天沟的积水深度，提高了雨水斗的额定流量。相比传统雨水系统，虹吸式管径小，排水量大，立管少，对建筑立面和空间影响小。图4-8为虹吸式雨水斗实物，图4-9为虹吸式雨水斗结构示意。

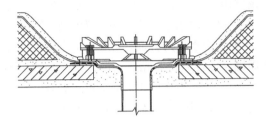

图 4-8　虹吸式雨水斗实物　　　　　图 4-9　虹吸式雨水斗结构示意

（2）注意事项

①雨水斗的安装应按屋面构造材质采取不同的安装方式，最关键的要求是防止渗漏，防水方式有压紧防水卷材，氩弧焊接拉铆夹紧密封填料等方式；②屋面雨水系统中设有弃流设施时，弃流设施服务的各雨水斗至该装置的管道长度宜相同；③种植屋面上设置雨水斗时，雨水斗宜设置在屋面结构板上，斗上方设置带雨水箅子的雨水口，并应有防止种植土进入雨水斗的措施。

（3）主要技术参数

①雨水斗离墙至少 1m；②雨水斗之间距离一般不能大于 20m；③平屋面上如果是砂砾层，雨水斗格栅顶盖周围的砂砾厚度不能大于 60mm，最小粒径必须为 15mm；④如果雨水斗是安装在檐沟内，且采用焊接件的话，檐沟的宽度至少是 350mm，檐沟内的雨水斗安装开口为 70mm×270mm 至 290mm×290mm。

4.1.3　雨水口

1）概述

管道排水系统汇集地表水的设施，在雨水管渠或合流管渠上收集雨水的构筑物，由进水箅、井身与支管等组成雨水系统的基本组成单元。道路、广场草地，甚至一些建筑的屋面雨水首先通过箅子汇入雨水口，再经过连接管道流入河流或湖泊。雨水口的设置位置应能保证迅速有效地收集地面雨水。雨水口一般应在交叉路口、路侧边沟的一定距离处以及设有道路边石的低洼地方设置，以防止雨水漫过道路或造成道路与低洼地区积水而妨碍交通。雨水口的形式和数量，通常应按汇水面积所产生的径流量和雨水口的泄水能力确定。

雨水口是雨水进入城市地下排水管道系统的入口，收集地面雨水的重要设施，把天降的雨水直接送往城市河湖水系的通道，既是城市排水管系汇集雨水径流的瓶颈，又是城市非点源污染物进入水环境的首要通道。它既为城市道路排涝，又为城市水体补水。

2）工作原理

路面雨水首先必须经过雨水口收集后，通过连接管进入雨水管道系统，因此其泄水能力将直接影响道路雨水的排除。

3）设计应用

（1）雨水口设计原则

① 雨水口应避免设在沿街建筑物门口、停车站、分水点，以及其他地下管道顶上；道路汇水点、人行横道上游、沿街单位出入口上游、靠地面径流的街坊或庭院的出水口等处均应设置雨水口。道路低洼和易积水地段应根据需要适当增加雨水口；

② 雨水口与雨水连接管流量应为雨水管渠设计重现期计算流量的 1.5～3 倍；

③ 平箅式雨水口的箅面标高应比周围路面标高低 3～5cm，立式雨水口进水处路面标高应比周围路面标高低 5cm。当设置于下凹式绿地中时，雨水口顶面高度应根据雨水调蓄设计要求确定，且应高于周围绿地平面标高；

④ 雨水口的间距宜为 25～50m，雨水口连接管串联雨水口个数不宜超过 3 个，长度不宜超过 25m；

⑤ 雨水口的深度不宜大于 1m。冰冻地区应对雨水井及其基础采取防冻措施。在泥砂量较大的地区，可根据需要设沉泥槽；

⑥ 雨水口连接管最小管径为 200mm。连接管坡度应大于等于 10%，长度小于等于 25m，覆土厚度大于等于 0.7m；

⑦ 位置应与检查井的位置协调，连接管与干管的夹角宜接近 90°；斜交时连接管应布置成与干管的水流顺向；

⑧ 平面交叉口应按竖向设计布设雨水口，并应采取措施防止路段的雨水流入交叉口。

（2）雨水口间距设计

对于雨水口的布置间距应符合现行国家标准《室外排水设计规范》GB 50014 的相关规定。当雨水口布置间距过小时，虽有利于路面雨水的排除，但影响道路的美观，亦增加投资成本；雨水口布置间距过大时，雨水口泄水能力无法满足雨水的来水流量，易引起路面积水。

4）应用与发展

雨水口型式一般分为平箅式、立箅式、偏沟式、联合式四种类型。四种类型雨水口均有优缺点，应根据雨水流量、道路形式与坡度等因素进行选择。

（1）平箅式雨水口

平箅式雨水口水流通畅，但暴雨时易被树枝等杂物堵塞，影响收水能力。平箅式雨水口有缘石平箅式和地面平箅式。缘石平箅式雨水口适用于有缘石的道路。地面平箅式适用于无缘石的路面、广场、地面低洼聚水处等。图 4-10 为平箅式雨水口。

（2）立箅式雨水口

立箅式雨水口较平箅式不易堵塞，但应注意有的城市因逐年路面加高，使立箅断面减小而影响收水能力。图 4-11 为立箅式雨水口。

（3）偏沟式雨水口

偏沟式雨水口便于路面雨水汇流。图 4-12 为偏沟式雨水口实景。

（4）联合式雨水口

联合式雨水口是同时依靠道路平面箅和路缘石侧立面箅收集雨水。联合式雨水口是平箅与立式的综合形式，适用于路面较宽、有缘石、径流量较集中且有杂物处。图 4-13 为联合式雨水口实景。

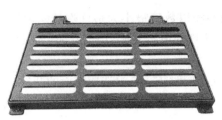

图 4-10 平箅式雨水口

图 4-11 立箅式雨水口

图 4-12 偏沟式雨水口实景

图 4-13 联合式雨水口实景

4.1.4 排水沟

排水沟指的是将边沟、截水沟和路基附近、庄稼地里、住宅附近低洼处汇集的水引向路基、庄稼地、住宅地以外的水沟。排水明沟应设置在地面的最低位置,四周向明沟找坡;排水明沟与管道互相连接时,连接处必须采取措施,防止冲刷管道基础;排水明沟下游与管道连接处,应设格栅和挡土墙。

1)边沟

(1)概述

为汇集和排除路面、路肩与边坡的流水,在路基两侧设置的纵向水沟称为边沟。边沟设于路基挖方地段和高度小于边沟深度的填方地段。边沟一般设置在挖路基的路肩外侧或者低路基的坡脚外侧。

(2)工作原理

边沟是为汇集和排除路面、路肩与边坡的降水,在公路两侧设置的纵向水沟,是公路路界地表排水设施的组成部分,是坡面排水的设施之一,是公路排水系统不可缺少的一部分。它是连接路基边坡与路外侧部分的枢纽。首先,边沟排除了来自路面、坡面的降水,起到了维持路基稳定性的作用。其次,边沟的存在使路基、路侧的衔接更加完善,而且美观的边沟还能大大增加公路的景观效果,起着丰富地形的作用。

(3)设计应用

边沟的设计应用须注意以下 7 个方面:

① 边沟的设计流量、横截面形式与尺寸等需要公路的等级和国家相关标准因地制宜

确定。

② 在到达理想的排水量时，边沟的横截面积以数值最小为最优选择。常见的边沟设计尺寸为底部宽度 0.5m，沟深不超过 0.5m，边坡的坡度大致为 1:1.5，如果公路的边坡土质优良，则可以按实际的情况增大坡度；

③ 边沟需要有草皮进行绿化，增强观赏性，同时防止高温造成路面的开裂；

④ 施工的路段为土质路段时，沟底的纵坡需要大于 30%，并且使用干砌或者浆砌片进行辅助砌筑；

⑤ 边沟施工遇到涵洞时，应该注意避免沟水对桥涵造成冲刷，处理这种情况时，可以设置跌水井，参考地形状态，可选择设计急流槽或者跌水等构造物，将水流引入涵洞之中；

⑥ 遇到桥头的翼墙或者挡土墙时，应该在边沟的出水口处设计急流槽或者跌水，将水缓慢引入河道，防止边沟之中的水流到挡土墙后面并产生汇集；

⑦ 施工路段出现路堑与路堤衔接的情况，由于两者之间的高度差较大，应该在路堑边沟出水口处设置急流槽或排水沟，防止沟水冲向填方。

（4）应用与发展

根据边沟的施工工艺及其应用形式，一般有弧形边沟、梯形边沟、浆砌片石边沟、矩形（盖板）边沟、暗埋式边沟、土质边沟、草皮边沟、生态边沟。

① 弧形边沟：总体感觉比较流畅，排水性较好且能较好地防止水土流失，但其总体施工成本较高，且与周围景观的融合度低，对总体景观效果有一定影响。图 4-14 为弧形边沟实景。

图 4-14　弧形边沟实景

② 梯形边沟：外观上较为呆板，没有一定的流线形，但在排水以及水土保持方面与弧形边沟具有同样的效果，经济成本也较高，不能与周围的环境进行很好地协调，对总体的观赏效果有一定破坏作用。图 4-15 为梯形边沟实景。

③ 浆砌片石边沟：采用石块堆砌而成，在边坡的稳定性与水土保持方面有很好的效果，但总体施工成本太高，且施工工艺较为复杂，不能与周围的自然环境形成和谐景观。图 4-16 为浆砌片石边沟实景。

图 4-15　梯形边沟实景　　　　　　　图 4-16　浆砌片石边沟实景

④ 矩形（盖板）边沟：在维持路基与边坡稳定方面有很好的效果，且排水顺畅、流量大，由于其复杂的工艺与较高的施工成本不宜大量应用，主要应用于地形复杂且不稳定地段。图 4-17 为矩形（盖板）边沟实景。

⑤ 暗埋式边沟：与周围的环境极易搭配协调，由于盖板较低，绿化植物很容易将其遮挡，从而形成良好的景观效果；排水也极为顺畅，良好的植被覆盖也有效保持了水土。图 4-18 为暗埋式边沟示意。

图 4-17　矩形（盖板）边沟实景　　　　　图 4-18　暗埋式边沟示意

⑥ 土质边沟：没有植被的覆盖，很容易产生水土流失，并使沟底沉积淤泥，但此类边沟造价低，且施工极为简单，在要求不高且地形平缓的地段可以应用。图 4-19 为土质边沟实景。

图 4-19　土质边沟实景

⑦ 草皮边沟：完整的植被覆盖，保证了边沟土壤的完整性，有效降低了水土的流失，与周围的环境完全融为一体，形成具有一定弧度的自然景观，此类边沟具有很广泛的应用前景。图 4-20 为草皮边沟实景。

⑧ 生态边沟：边沟中植物的类型多样，如水生植物、野生地被、乔灌木等，多层次结构的植物种植使得边沟在保持水土与营造景观效果方面更胜一筹，形成了更为自然、生态的效果。图 4-21 为生态边沟实景。

图 4-20 草皮边沟实景

图 4-21 生态边沟实景

2）截水沟

（1）概述

截水沟主要用于挖方路基边坡坡顶以外或山坡路堤上方的地点。当土质较好、坡度平缓时，则可减少或不设置截水沟。当降水量较大、土质松散、坡面长、水土流失情况频发时，应设截水沟，并结合需要加设两道或多道排水沟。图 4-22 为截水沟示意。

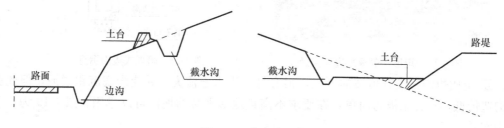

图 4-22 截水沟示意

（2）工作原理

截水沟拦截路基上方的水流并减小边沟的排水压力，保护填方坡脚不受水流的冲击。

（3）设计应用

截水沟的设计应用须注意以下 3 个方面：

① 截水沟的横截面大多是梯形，底宽一般不小于 0.5m，深度按设计流量确定、但一般不小于 0.5m，边坡坡度实际土质状况而定；

② 当截水沟沟壁最低边缘开挖深度不能满足横截面设计要求时，可在沟壁较低一侧培筑土埂，土埂顶宽 1～2m，背水面坡度为 1:1～1:1.5，迎水面坡则按设计水流速度、

漫水高度所确定的加固类型而定；

③ 截水沟的常见规模为 200～500m，当规模大于 500m 时，应适当增设出水口的数量。截水沟内的水流一般避免排入边沟，且通常应尽量利用地形，将截水沟中的水流排入其所在山坡一侧自然沟中或直接引到桥涵进口处，以免在山坡上任其自流，造成冲刷。截水沟的出水口，应与其他排水设备平顺衔接，必要时应设跌水或急流槽。

（4）应用与发展

一般来讲，截水沟可划分为坡外截水沟和平台截水沟。

① 坡外截水沟

坡外截水沟是在路堑坡口以外或路堤坡脚以外一定距离设置的截水沟，是用以拦截线外地表径流和壤中流的主要工程结构物，对路基强度和稳定性的保证起着关键作用。图 4-23 为坡外截水沟实景。

② 平台截水沟

平台截水沟是指在高填深挖路基中，在边坡平台上设置的截水沟，用以减少坡面径流量的累加，缩短坡面雨水径流的流程，降低雨水沿坡面的径流速度，并在适当的位置用急流槽引到排水沟或天然沟渠内。图 4-24 为平台截水沟实景。

图 4-23　坡外截水沟实景　　　　　　图 4-24　平台截水沟实景

4.1.5　初期雨水弃流装置

初期雨水弃流装置可收集初期雨水、并将其丢弃，使收集与利用后期雨水更为便利。弃流雨水排入市政污水排水管道中，经污水处理厂处理后排放。初期雨水弃流装置按弃流技术原理可分为容积式、半容积式、切换式、流量式或雨量式初期雨水弃流装置等。

1）容积式弃流装置

（1）概述

对于较小汇水面积的径流雨水，由于初期雨水弃流量相对较小，可采用容积式弃流装置。容积式弃流装置构造简单，施工方便，弃流量控制准确、稳定、效果好。容积式弃流装置需要收集全部的弃流雨水，当汇水面积较大时，需要较大的弃流储存容积，占地面积较大，造价较高。每场降雨过后需要放空弃流雨水，以备下场降雨时使用。

（2）工作原理

其原理是在弃流池内设有浮球阀，下雨时，屋面雨水开始从集水管流入弃流池内，随着弃流池内水位的升高，浮球逐渐上升，当收集到一定降雨量后，浮球阀将进水口完全关闭，随后雨水将沿旁通管流出。

（3）设计应用

弃流池内设置浮球阀，初期雨水先由集水管进入弃流池内储存起来，随着水位的升

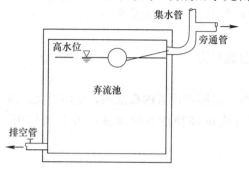

图 4-25　容积式弃流装置示意

高，浮球阀逐渐关闭，当进入弃流池的雨水水位达到高水位时，浮球阀完全关闭，后续较为洁净的雨水将从旁通管输出，待雨停后打开排空管阀门排空弃流池。容积式弃流的控制方式除了采用浮球阀之外，还可采用标准化设计的弃流器实现弃流量的精确控制。或者利用弃流池和收集池的进水管道安装高度不同，实现雨水的自动弃流。图 4-25 为容积式弃流装置示意。

2）半容积式弃流装置

（1）概述

针对容积式弃流装置存在的占地较大问题，许多学者对容积式弃流装置进行了改造，利用分流技术将一部分初期雨水直接排入市政污水管道，另一部分收集到初期雨水储存池，从而减少初期雨水储存池的容积，即半容积式弃流装置。半容积式弃流装置多种多样，控制精度和结构复杂程度各有不同，半容积式弃流装置无机械电气控制结构，安全、节能。在有较大的弃流量时，其优点更加突出，节省土地资源，具有更高的投资效益比。但部分半容积式弃流装置在降雨结束时需人工手动排空初期雨水，且大部分设计并未考虑两场降雨间隔对初期雨水水质的影响。

（2）工作原理

半容积式弃流装置利用杠杆和浮球控制阀门启闭与水流切换，在雨水弃流室进水与出水为动态平衡时，装置容积仅为调蓄暂储容积。容积式弃流装置固定弃流池容积即为可控制初期弃流量，而半容积式弃流装置的弃流量控制则相对比较困难。为保证弃流量的精确，需确定集水筒收集的雨水量与精准控制杠杆开始作用的时机。半容积式弃流装置中常用的技术是多级分流，设置分流体减小初期雨水储存容积，同时通过小水箱能够精确控制初期雨水流量。

（3）设计应用

降雨初期，雨水从集水口进入，大部分雨水流经初期雨水储存池通过弃流管进行初期雨水的弃流，同时集水筒开始收集雨水，收集至一定量时，集水筒开始下降并牵引杠杆倾斜，从而关闭拍门完成弃流，开始雨水收集过程。降雨结束后，初雨池中雨水通过延时放空管慢慢排出，池内水位下降，拍门逐渐露出，杠杆慢慢回到原来的位置，拍门完全打开，为下场雨的初期弃流和雨水收集做好准备。图 4-26 为半容积式弃流装置示意。

3）切换式弃流装置

（1）概述

切换式弃流装置适用于可以对雨水检查井进行改造的地方。通过管道高差不同实现雨水自动弃流，这种方法可减少切换带来的运行和操作的不便，但缺陷是在整个降雨径流过

程中，弃流管一直处于弃流状态，弃流量难以控制，尤其是降雨强度较小而降雨量很大时，可能使弃流量加大，且影响雨水利用系统的收集量。当弃流装置中有收集雨水与弃流雨水连通部分时，应有技术措施防止污水管中的污水倒流至雨水系统。

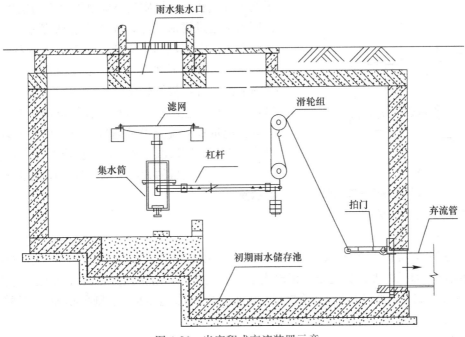

图 4-26 半容积式弃流装置示意

（2）工作原理

切换式弃流装置是对雨水检查井进行改造，在雨水检查井中同时埋设连接下游雨水检查井和下游污水检查井的两根管，并设置水量计量与水流切换装置，即通过控制手动闸阀或自动闸阀进行切换以控制初期雨水弃流。也可利用连通管原理设置切换井，实现初、后期雨水分离。

（3）设计应用

切换式弃流装置采取加大两根管道高差的方式，将初期雨水弃流管设置成分支小管，小管径管道来弃流初期径流污染严重的雨水，超过小管排水能力的后期径流再进入雨水收集系统。图 4-27 为切换式弃流装置示意。

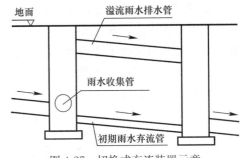

图 4-27 切换式弃流装置示意

4）流量式弃流装置

（1）概述

流量式弃流装置可直接安装于雨水管道上。流量式弃流装置需要测量信号来控制电动阀，而浑浊且带杂质的初期雨水可能绞住或堵塞测量部件导致故障，同时电动阀长期置于潮湿的环境中，可靠性和耐用性变差。流量式弃流装置运行维护较复杂，维护成本较高。

（2）工作原理

流量式初期雨水弃流装置工作原理是使用智能流量计测得雨水径流量，将流量信号发送至可编程控制器（PLC），控制器按照既定的编程控制电动阀的启闭，达到雨水初期弃流的要求。流量式弃流装置多数直接安装在雨水管道上，有集中设置在室外雨水总管和分

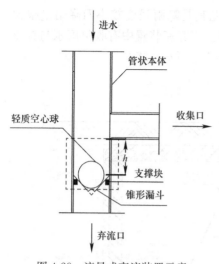

图 4-28　流量式弃流装置示意

散设置在虹吸立管上两种方式。

（3）设计应用

降雨初期，进入管状本体的流量较小，管内处于气水混流状态，轻质空心球因受力不均发生跳动，初期雨水通过锥形漏斗以无压状态从弃流口出流排至市政污水管道从而被弃流。随着进入管状本体的流量增大，漏斗下部出口无法及时排出雨水，造成管内液面上升，最终轻质空心球体紧贴漏斗底部出口，弃流口停止出水，雨水从收集口出流开始雨水收集。流量式弃流装置可通过调节轻质空心球体的材质、大小、锥形漏斗的锥角和锥形漏斗出口直径，进而确定弃流流量的大小。图 4-28 为流量式弃流装置示意。

5）雨量式弃流装置

（1）概述

雨量式弃流装置适用于无遮蔽物的露天环境。雨量式弃流装置与流量式弃流装置存在着同样的缺点，即运行维护较复杂。相比流量式弃流装置，雨量式弃流装置能做到更准确弃流。但雨量计属于精密仪表类，造价更高，并且需要经常管理维护，否则会影响检测的精密度。

（2）工作原理

雨量式雨水弃流装置与流量式弃流装置的区别在于，流量式弃流装置控制器的信号源是智能流量计测得的雨水径流量值，而雨量式弃流装置控制器的信号源是电子雨量计测得的降雨量值。雨量式弃流装置通过电动阀控制初期雨水和后期雨水进入不同管路，从而达到初期雨水分离的目的。

（3）设计应用

降雨开始后，雨量计传输脉冲信号给控制器，由控制器判断当前降雨量，计算本次降雨与前次降雨间隔，并与设定的"不弃流降雨间隔"和"弃流降雨量"进行比较。根据比较结果来控制雨水收集管的电动阀门启闭，从而实现对初期雨水弃流的自动控制。雨量式雨水弃流装置还可调节预设弃流量，并依据实际情况设置不弃流降雨间隔，从而合理地减少弃流量。整个装置采用太阳能电源组件作为电源。图 4-29 为雨量式弃流装置示意。

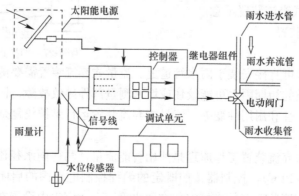

图 4-29　雨量式弃流装置示意

4.2 雨水入渗

4.2.1 透水铺装

1）概述

透水铺装是一种透水型地面，主要方法是采用透水铺装材料铺设或以传统材料保留缝隙的方式进行铺装。透水铺装主要应用在小区或城市中不适合采用裸露地面和绿地的硬化部分，如人行道、街道、广场、自行车道等。透水铺装材料有透水砖、透水水泥混凝土、透水沥青混凝土等；传统材料保留缝隙铺装主要有嵌草砖铺装、园林的鹅卵石铺装以及碎石铺装等，其中透水沥青混凝土路面还可用于机动车道。透水铺装是城市节约水资源，改善环境的重要措施，也是绿色建筑节水的发展方向之一。透水地面可以大量收集雨水、缓解城市热岛效应。透水铺装具有一定的峰值流量削减作用，实现小区雨天无路面积水，还能对雨水起到净化作用，下渗的雨水通过透水性铺装与下部透水垫层的过滤作用得到净化。

2）工作原理

透水铺装通过采用大空隙结构材料层，结合排水渗水设施，使自然降水能经过铺装结构就地下渗，结合收集、储存、净化系统处理，在渗透的同时起到过滤、净化和储水的作用，补充地下水源。

3）结构类型

结构上可分为面层、基层和垫层，透水铺装面层主要有透水水泥混凝土、透水沥青混凝土、透水砖3种。根据垫层材料的不同，透水地面的结构分为3层，应根据地面功能、地基基础、投资规模等因素进行选择。表4-2为透水铺装地面结构形式，图4-30为透水铺装典型结构示意。

透水铺装地面结构形式 表4-2

编号	垫层结构	找平层	面层	适用范围
1	100～300mm 透水水泥混凝土	1）细石透水水泥混凝土； 2）干硬性砂浆； 3）粗砂、细石厚度20～50mm	透水水泥混凝土、透水沥青混凝土、陶瓷透水砖、非陶瓷透水砖等	人行道、轻交通流量路面、停车场
2	150～300mm 砂砾料			
3	100～200mm 砂砾料 50～100mm 透水水泥混凝土			

（1）透水水泥混凝土

透水水泥混凝土铺装时主要采用整体现浇。由水泥、添加剂、骨料和水混合制成。具有透水、保水、透气、轻质、美观等优点。孔隙率达15%～25%，孔穴成蜂窝状结构且分布均匀；透水速率达10～200cm/s，高于普通排水配置下的排水速率。透水水泥混凝

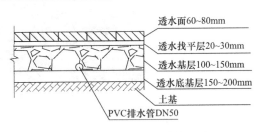

图4-30 透水铺装典型结构示意

土具有较大的孔隙结构，因此抗冻融能力强，不会受冻融影响产生面层断裂。具有独特的吸声降噪功能，能将地下温度传到地面从而降低整个铺装地面的温度，在吸热和储热方面接近于自然植被所覆盖的地面，缓解城市的热岛效应。其承载力达 C20～C25 混凝土承载标准，能满足车行与人行的耐用耐磨性要求。图 4-31 为透水水泥混凝土产品。

图 4-31　透水水泥混凝土产品

（2）透水沥青混凝土

透水沥青混凝土是由改性沥青、消石灰、纤维混合而成的一种新型透水铺装材料，属半透水类型，孔隙率可达 8％～22％。作为面层材料主要采用整体现浇，底层依旧采用普通沥青；道路结构形式与普通沥青路面相同。其大孔隙结构能有效降低车辆与路面摩擦引起的噪声，降低路面温度；由于透水沥青混凝土透水性良好，可减少路面积水产生的反光和打滑现象，提高雨天行车的安全性。透水沥青混凝土中可添加不同的彩色添加剂，或喷涂彩色树脂涂料形成丰富的色彩，用不同的色彩划分不同的道路，划分不同的使用空间，既可满足使用功能又可强化道路交通安全，同时达到美化空间形成丰富的视觉景观效果。图 4-32 为透水沥青混凝土路面实景。

图 4-32　透水沥青混凝土路面实景

（3）透水砖

透水砖也叫渗水砖，孔隙率可达 20％～25％，透水率为 20cm/s，是块状透水铺装材料，采用拼装铺装形式。其透水性主要通过材料的多孔透水结构以及铺装间接缝的透水通道这两种方式来实现。透水砖从材料和生产工艺来分主要有两种类型：一种是陶瓷透水砖，这种透水砖以固体工业废料与建筑垃圾等为原料，通过粉碎、成型、高温烧结而成；另一种是非陶瓷透水砖，以无机非金属材料为主要材料，加入有机或无机粘结剂经成型、固化而成。非陶瓷透水砖主要包括聚合物纤维混凝土透水砖、彩石复合混凝土透水砖、生态砂基透水砖、彩石环氧通体透水砖，还有结合光触媒技术的自洁式透水砖。透水砖孔隙率较高，因此具有高透水性、高散热性；材料表面的微小凹凸肌理对防止路面打滑和反光、减小噪声方面有明显的效果。不易冻融变形，易清理和维护。由于主要原料大部分是工业废料，因此符合环保要求。品种、规格、色彩和肌理多样化，具有广泛的应用性和装饰效果。图 4-33 为透水砖地面实景。

图 4-33　透水砖地面实景

4）设计应用

根据相关标准的要求选择设计降雨，确定铺装层透水系数后再计算铺装层容水量，然后确定铺装层各层的厚度，最后核算透水地面的径流系数是否满足要求。若不满足要求，则调整设计降雨、透水砖的渗透系数或铺装层形式、材料与厚度等，再重新计算，直到满足要求为止。透水铺装的设计应用须注意以下 4 个方面：

（1）透水铺装地面应设透水面层、找平层和透水垫层；

（2）透水地面面层的渗透系数均应大于 1×10^{-4} m/s，找平层和垫层的渗透系数必须大于面层。透水地面设施的蓄水能力不宜低于重现期为 2 年的 60min 降雨量；

（3）面层厚度宜根据不同材料、使用场地确定，孔隙率不宜小于 20%；找平层厚度宜为 20~50mm；透水垫层厚度不小于 150mm，孔隙率不应小于 30%；

（4）铺装地面应满足相应的承载力要求，北方寒冷地区还应满足抗冻要求。

5）应用与发展

透水铺装可广泛应用于城市各级道路、绿地、公园、广场、商业街、居住小区、庭院、停车场等各种景观的地面铺装中。透水铺装应用于以下区域时，还应采取必要的措施防止次生灾害或地下水污染的发生。

（1）陡坡坍塌、滑坡灾害区域，湿陷性黄土、膨胀土和高含盐土等特殊土壤地质区域。

（2）使用频率较高的商业停车场、汽车回收与维修点、加油站与码头等径流污染严重的区域。

透水铺装的日常维护应注意以下 4 点：

（1）在透水铺装交付使用后应该定期进行维护，保持正常透水性能。当透水砖的透水功能减弱后，可利用高压水枪冲洗透水铺装表面或利用真空吸附法等及时进行清理；

（2）面层出现破损时应及时进行修补或更换；

（3）出现不均匀沉降时应进行局部整修找平；

（4）当渗透能力大幅下降时，应及时更换透水铺装。

4.2.2　生态树池

1）概述

生态树池是在铺装地面上栽种树木且在周围保留一块区域，利用透水材料或格栅类材料覆盖其表面，并对栽种区域内土壤进行结构改造且略低于铺装地面。图 4-34 为生态树池典型结构示意，图 4-35 为生态树池外形示意。

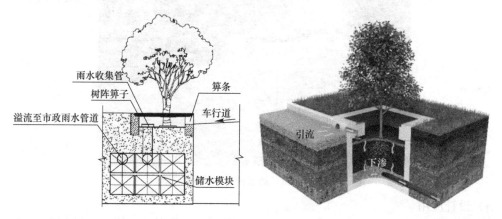

图 4-34　生态树池典型结构示意　　　　　图 4-35　生态树池外形示意

2）工作原理

生态树池能够参与地面雨水收集，延缓地表径流峰值，适用于广场、人行道、非机动车道、机动车道等场所。

3）结构类型

生态树池分为开放型生态树池和封闭型生态树池两种。开放型生态树池是将树池的范围沿平行道路方向适当扩大，采用开口的条石围合，局部形成生物滞留带，路面和人行道雨水可通过条石开口汇入，开放型生态树池做法灵活多变，适用范围广，通用做法可参照生物滞留设施；封闭型生态树池是在满足行道树的生长需求的情况下结合当地特色来设计树池盖造型，树池盖采用承载能力强，多孔隙，保证足够的漏水面积的环保型材料，并使树池盖的颜色与周边道路景观相适应。

4）设计应用

在填入种植土之前，需要在滞留式绿化带和生态池的下部设有砾石和滤土层，砾石下部还要设置渗水管，种植土填入后，在其上面撒上陶粒，这样能够更充分地发挥渗透管的重要作用，保持土壤的湿润度。生态树池在设计应用须注意以下 4 个方面：

（1）生态树池外侧、底部与填料层中间应设置透水土工布，防止周围原土侵入，土工布规格 200～300g/m，土工布搭接宽度不应少于 200mm；

（2）生态树池位于地下建筑之上，黏土区或湿陷性黄土较重区，或拟将底部出水进行集蓄回用时，可在底部与周围设置防渗层，并设置穿孔收集管；

（3）进水管、排水管、穿孔收集管可用 UPVC、PPR 等材料，当穿孔收集管管径大于 DN150 时，开孔率应控制在 1%～3% 之间，无砂混凝土的孔隙率应大于 20%；

（4）防渗层可选用 SBS 卷材土工布、PE 防水毯、GCL 防水毯、也可选用 HYP-GCL4 减渗毯或大于 300mm 厚黏土。

4.2.3 下凹式绿地

1）概述

下凹式绿地是一种分散式、小型化的绿色基础设施，用地面积不增加，建设成本与非下凹式绿地相比相当。下凹式绿地即适合于居住小区，也适合于城市道路或者城市公园，具有较低的建设成本和维护成本，但是若在一个区域内大范围应用时受地形等条件的限制，并且可以实现的调蓄容量较小。下凹式绿地的主要做法是在有条件的地方，将硬化地面周边绿地的高程降低，绿地的高程一般比临近的硬化地面高程低几十厘米，这样硬化地面的径流就能够在绿地内蓄积，并且具有一定的污染物去除功能，实现了绿地景观功能和雨水径流就地消纳、生态环境改善、雨水利用等功能的统一。

2）工作原理

下凹式绿地利用开放空间承接和贮存雨水，达到减少径流外排的作用。一般来说低势绿地对下凹深度有一定要求，且应注意其土质多未经改良。

3）结构类型

下凹式绿地可分为公园下凹式绿地、小区下凹式绿地和道路下凹式绿地 3 种类型。

（1）公园下凹式绿地

公园绿地面积大，植被截留雨水量有限，相当部分的雨水尚需通过市政雨水排水管网排除，加大了城市排水管网压力并增加建设投资。通过调整公园铺设材料、降低绿地建设高程、改变下渗层材质与绿地植被种类等，加大入渗能力，图 4-36 为公园下凹式绿地示意。

（2）小区下凹式绿地

小区雨水的径流量大，初期雨水污染严重，对区域防洪和水环境产生较大的影响，通过调整小区绿地结构和雨水系统，可充分利用绿地的雨水调蓄入渗能力。达到下凹式绿地的雨水利用目的。图 4-37 为小区下凹式绿地示意。

图 4-36 公园下凹式绿地示意   图 4-37 小区下凹式绿地示意

（3）道路下凹式绿地

当地面雨水径流无法排入绿地进行调蓄与入渗时，造成道路雨水径流量大、污染严重，

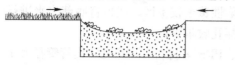

图 4-38　道路下凹式绿地示意

对区域防洪和水环境产生较大的影响。通过调整道路绿地结构与雨水口布置方式，可充分利用绿地的雨水调蓄入渗能力，达到下凹式绿地的雨水利用目的。图 4-38 为道路下凹式绿地示意。

4）设计应用

在城市建设的进程中，应在土地使用规划与景观规划中预留足够的绿地面积，为设置下凹式绿地预留足够的空间，尽量减小下凹深度，提高安全性。在设计和建造新开发区或旧城改造区时，调查好室内地面高程、路面高程、绿地高程、雨水口高程的关系。下凹式绿地设计应注意以下 5 个方面：

（1）下凹深度应根据植物耐淹性能和土壤渗透性能确定，一般为 100～200mm；

（2）一般应设置溢流口（如雨水口），溢流口顶部标高一般应高于绿地 50～100mm；

（3）硬化地的坡向应衔接下凹式绿地；

（4）路缘石高度的设计与周边地表高度保持在同一水平高度线上；

（5）可在绿地位置或者绿地与硬地交接处设置雨水溢流口，雨水口高度要求低于地面高度而高于下凹式绿地高度。

5）应用与发展

下凹式绿地可广泛应用于城市建筑与小区、道路、绿地和广场内。对于径流污染严重、下凹式绿地底部渗透面距离季节性最高地下水位或岩石层小于 1m、下凹式绿地底部渗透面与建筑物基础水平净距小于 3m 的区域，应采取必要的措施防止次生灾害的发生。下凹式绿地有以下 3 个作用：

（1）降低洪涝灾害发生率。降雨期间，下凹式绿地能使雨水在绿地中大量渗入，将雨水滞留，从而减小市政雨水管渠的排水压力；通过雨水下渗使地下水、土壤水资源得以补充，可减少绿地浇灌次数与浇灌量；

（2）有效阻隔面源污染，进而削减污染物。下凹式绿地可有效地拦截雨水中许多可溶性物质，使面源污染得到了有效的控制，还能够显著净化周边空气、吸附噪声，同时通过植物的蒸腾作用可有效地缓解城市温室效应；

（3）改善生活质量。由于灰色基础设施的缩减与绿色基础设施的增加，使人们生活环境得到进一步改善。

4.2.4　植草沟

1）概述

植草沟又称植被浅沟、生态浅沟。是一种开放式的、兼具景观效果的表沟渠排水系统。植草沟是利用土壤和地表植物来净化暴雨径流后留下的一些污染物的一种工程性设施，是一种广泛应用的面源污染控制措施。图 4-39 为植草沟示意。

2）工作原理

植草沟通过沉淀、过滤、渗透、吸收和生物

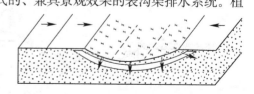

图 4-39　植草沟示意

降解等作用，能够减少雨水中的部分金属离子、悬浮物和有机污染物。削减雨水径流峰值流量，同时补充地下水。植草沟的净水机理可分为 3 种：物理净化、植物净化与微生物净化作用。植草沟物理净化主要体现在对悬浮颗粒物质的拦截作用，一方面大的悬浮颗粒物质在流动过程中被种植草与土壤表面所拦截；另一方面，由于径流流速较慢，颗粒物质在稳定的流动过程中发生自然沉降作用。植物对水质净化作用主要体现在将有机污染物质作为是营养物质，促进自身生长的同时使径流雨水中的氮、磷元素去除；同时植物在生长过程中还可吸附和富集一些重金属，也能对径流起到净化作用。微生物净化作用主要是利用土壤中的微生物，通过新陈代谢作用对径流中难降解的溶解性高分子有机污染物进行分解与吸收。

3）结构类型

植草沟可分为传输型植草沟、干式型植草沟和湿式植草沟 3 种类型。

（1）传输型植草沟

传输型植草沟主要依靠植物、土壤与微生物的截留、过滤与吸附作用对其中流动的地表径流进行净化，能有效去除 SS 和 COD，且能够去除部分营养物质。传输型植草沟对小降雨事件几乎可完全消纳，在暴雨情况下仍可有效削减径流总量和峰值流量，能一定程度上能够改善水质。但净化效果难以持续，故传输型植草沟可作为初级处理设施。图 4-40 为传输型植草沟示意。

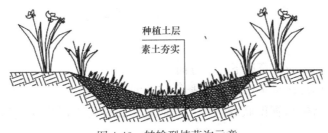

图 4-40　转输型植草沟示意

（2）干式型植草沟

干式型植草沟，其结构为复杂，底层由于增加了具有良好透水性能的填料层，大大强化了植草沟的传输与渗透性能，也避免了因植草沟积水对植物造成损伤，滤料间空隙也可以起到一定的蓄渗效果，增加了植草沟的持流能力。为进一步提升其运行稳定性，可在滤料层与过渡层之间加设砂滤过渡层。图 4-41 为干式型植草沟示意。

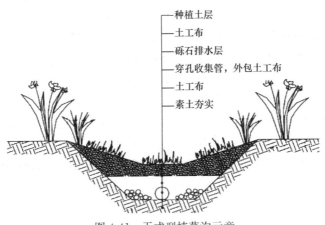

图 4-41　干式型植草沟示意

（3）湿式植草沟

湿式植草沟与其他沟型类似，但其内多栽种耐淹、抗倒伏的湿地植物，且由于加装了溢流堰板或消能坝等设施，具有较长的水力停留时间，并长期保持湿润或淹没状态。图 4-42 为湿式植草沟示意。

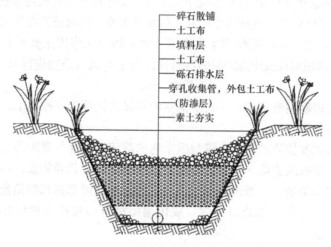

碎石散铺
土工布
填料层
土工布
砾石排水层
穿孔收集管，外包土工布
（防渗层）
素土夯实

图 4-42　湿式植草沟示意

4）设计应用

植草沟设计与应用应注意以下 4 个方面：

（1）植草沟断面形式宜采用倒抛物线形、三角形或梯形；

（2）植草沟可与雨水管渠联合应用，场地竖向允许且不影响安全的情况下代替雨水管渠；

（3）土工布规格 200～300g/m²，土工布搭接宽度不应少于 200mm；

（4）穿孔收集管、溢流管可采用 UPVC、PPR、双螺纹渗管或双壁波纹管等材料，穿孔收集管管径大于 DN150，开孔率应控制在 1%～3% 之间。

5）应用与发展

植草沟通常布置在城市道路两侧、不透水地面的周边和大面积绿地内等处，可与城市雨水管网或集水池相连，其表面一般种草进行覆盖。植草沟可将雨水滞留，因此能更好地渗透进土壤之中。此外还能够降低雨水流速，有利于水土保持，减小雨水径流量。并能够有效去除、迁移污染物。植草沟的作用主要体现在以下 3 个方面：

（1）输送雨水。浅沟表面以草覆盖，降低了大量成本消耗，管理运行便捷，并具有一定的景观观赏性。可部分或全部替代市政雨水管渠对雨水的输送作用；

（2）削减径流。体现于削减径流总量及其峰值。削减径流总量表现在当降雨量少时，其以土壤渗透方式来削减径流总量；当降雨强度中等时，其主要为削减径流、降低流速；当降雨强度大时，其主要为传输雨水。根据相关研究发现，植草沟可以削减 10%～20% 的径流峰值；

（3）减少污染物。通过砾石、土壤等介质的物理、化学、生物作用可去除大量的悬浮固体颗粒与污染物质等。

4.2.5 生物滞留设施

1) 概述

生物滞留设施是指在低洼区域种植有灌木、花草甚至树木等植物的工程措施，一般为增强雨水管控效果，多选用复杂型设施，主要由植被缓冲带、蓄水层、覆盖层、种植土层（填料）、砂层和砾石层等组成，并配有雨水溢流口，穿孔管等附属设备。植物选择时，应注意选择抗性较强、生长强度适宜、能经受周期性的潮湿和短时间淹没浸泡且耐旱、根系发达、雨水处理效果好的乡土植物。种植时，应注意种植密度与多种植物搭配的要求，满足综合处理能力和景观效果的需要。填料应选择吸附能力强、渗透性能好、比表面积大的基质，如沸石、粉煤灰、煤渣、蛭石和石灰石等，推荐使用以土壤为基底，含一定有机质的混合填料，混合填料各成分的含量也应根据各地具体情况而定，尽量选用本土易生产的环保材料。图 4-43 为生物滞留设施应用实景。

图 4-43　生物滞留设施应用实景

2) 工作原理

生物滞留设施利用微生物、土壤和植物对径流雨水进行渗滤和净化，并具有一定的径流雨水储存功能。生物滞留设施净化后的雨水通过渗透补充地下水，或者通过设置于设施底部的穿孔管收集后输送到市政雨水排水系统。生物滞留设施模拟了自然水文过程中的蒸发和渗透作用，起到了净化和滞留径流雨水的功能。通常情况下，生物滞留设施可以用于处理高频的小雨量降水或者低频暴雨的初期降水。设置在生物滞留设施中的溢流系统用于排放超出其处理能力的降雨。

3) 结构类型

生物滞留设施可以分为简易型生物滞留设施和复杂型生物滞留设施。

（1）简易型生物滞留设施

简易型生物滞留设施由蓄水层、覆盖层、原土层、溢流口和检查井等构成，图 4-44 为简易型生物滞留设施结构示意，图 4-45 为简易型生物滞留设施实景。

（2）复杂型生物滞留设施

复杂型生物滞留设施由蓄水层、覆盖层、换土层、透水层、穿孔排水管、砾石层、防渗膜、溢流口和检查井等构成。图 4-46 为复杂型生物滞留设施结构示意，图 4-47 为复杂型生物滞留设施实景。

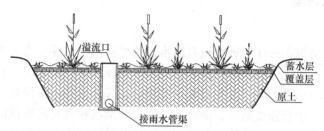

图 4-44 简易型生物滞留设施结构示意

图 4-45 简易型生物滞留设施实景

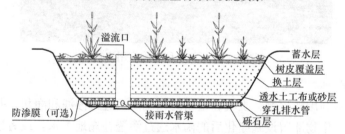

图 4-46 复杂型生物滞留设施结构示意

图 4-47 复杂型生物滞留设施实景

4）设计应用

在生物滞留设施的选择与应用方面，应满足以下要求：

（1）对于污染严重的汇水区应选用植草沟、植被缓冲带或沉淀池等对径流雨水进行预处理，去除大颗粒的污染物并减缓流速；应采取弃流、排盐等措施防止融雪剂或石油类等高浓度污染物侵害植物；

（2）屋面径流雨水可由雨落管接入生物滞留设施，道路径流雨水可通过路缘石豁口进入，路缘石豁口尺寸和数量应根据道路纵坡等经计算确定；

（3）生物滞留设施应用于道路绿化带时，如道路纵坡大于1%，应设置挡水堰或台坎，以减缓流速并增加雨水渗透量；设施靠近路基部分应进行防渗处理，防止对道路路基稳定性造成影响；

（4）生物滞留设施内应设置溢流设施。可采用溢流竖管、盖箅溢流井或雨水口等，溢流设施顶部一般应低于汇水面100mm；

（5）生物滞留设施应分散布置且规模不宜过大，生物滞留设施面积与汇水面面积之比一般为5%～10%；

（6）复杂型生物滞留设施结构层外侧与底部应设置透水土工布，防止周围原土侵入。当评估认定下渗会对周围建（构）筑物造成塌陷风险，或拟将底部出水进行集蓄回用时，可在生物滞留设施底部和周边设置防渗膜；

（7）生物滞留设施的蓄水层深度应根据植物耐淹性能和土壤渗透性能来确定，一般为200～300mm，并应设100mm的超高；换土层介质类型与深度应满足出水水质要求，还应符合植物种植与园林绿化养护管理技术要求；为防止换土层介质流失，换土层底部一般设置透水土工布隔离层，也可采用厚度不小于100mm的砂层代替；砾石层起到排水作用，厚度一般为250～300mm，可在其底部设置管径为100～150mm的穿孔排水管，砾石应洗净且粒径不小于穿孔管的开孔孔径；为提高生物滞留设施的调蓄作用，在穿孔管底部可增设一定厚度的砾石调蓄层。

生物滞留设施的植物配置应遵循以下5个原则：

（1）应遵循绿地种植设计总体要求，充分发挥植物生态、景观、游憩等功能；

（2）应充分尊重场地的原有植被，雨水设施建设不得以牺牲林荫率为代价；

（3）应结合设施内部的微环境进行合理布置，应有利于植物在短期内产生系统功能；

（4）应按照生态学原理，通过上、中、下三层植物品种的合理搭配，逐步形成稳定的植物群落。通过速生树种与慢生树种的搭配、落叶与常绿植物的搭配，增强群落稳定性，构建地带性植物群落；

（5）应正确处理植物群落的空间关系。全面考虑植物的观赏效果和季相变化，保证旱季和雨季的景观效果，并注意与周边环境相协调。

5）案例分享

（1）美国波特兰市NE Siskiyou绿色街道

美国波特兰市较早进行生物滞留设施的研究和应用，其绿色街道项目尤为突出。NE Siskiyou绿色街道是该市建成较早、效果最好的雨洪管理项目之一，它巧妙地将街道绿化与雨水管理有机地结合在一起，并充分体现了街道的绿化景观，荣获2007年美国景观师协会（ASLA）综合设计奖。NE Siskiyou绿色街道以较少的投入有效解决了雨洪问题，营造出自然优美的街道景致，并逐渐与城中其他绿色街道连成绿网，共同作用。

　　NE Siskiyou 绿色街道与周边行车道等约 930m² 的汇水面积形成的雨水径流沿坡而下，汇入 2m 宽、15m 长的生物滞留设施之中，路缘侧石间隔一定距离设有宽 45cm 左右的雨水入口，允许雨水流入扩展池中。根据道路坡度，入口处设路缘坡，方便雨水进入。并设沉积池，雨水流入并漫延过沉积池，流入 18cm 左右深的生物滞留设施进行拦截，设施由河卵石与碎石粒组成，使雨水充分聚集沉降，渗入地下。设施内连续设计多个处理单元，根据不同的降雨量，当降水超过一个单元的承载量时，水会从一个单元流入另一个单元，形成跌水景观，直到植物和土壤完全吸收水分或者单元储水饱和。当水量过多时，雨水流过各单元，最终流入城市排水系统，为防止各单元间雨水流速过快，路缘石设开口，进行二次雨水收集。设施内大多选用乡土植物，雨水在设施内被植物减速、净化和渗透。图 4-48 为 NE Siskiyou 绿色街道生物滞留设施雨水流向示意，图 4-49 为 NE Siskiyou 绿色街道生物滞留设施细节展示，图 4-50 为 NE Siskiyou 绿色街道展示。

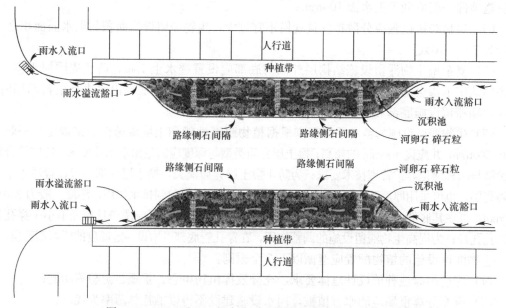

图 4-48　NE Siskiyou 绿色街道生物滞留设施雨水流向示意

图 4-49　NE Siskiyou 绿色街道生物滞留设施细节展示

图 4-50 NE Siskiyou 绿色街道展示

NE Siskiyou 绿色街道的雨水都由它的景观系统管理，很多流量模拟测试表明，NE Siskiyou 绿色街道设计具备可将 25 年一遇的暴雨流量减少 85% 的能力。波特兰 NE Siskiyou 绿色街道在设计过程中让公众充分参与，并通过标识教育使大家充分了解新型雨洪管理的应用。

（2）SZ 市 GM 新区市政道路低影响开发示范

SZ 市 GM 新区划定了多条市政道路进行低影响开发示范建设，现已有部分建成，并在雨洪管理方面取得了良好效果，形成示范先例，指导后续研究建设。SZ 市 GM 新区总面积为 155.33km²。SZ 市多年平均降雨量为 1837mm，降雨年分布极不均匀，主要集中于每年的 4～9 月。GM 新区 36 号和 38 号两条道路已基本建设完成，改善了传统道路排水弊端，实现新型道路雨洪管理，合理安排道路雨水设施，建成后达到道路综合径流系数不大于 0.60，污染物去除率达 40%～50% 的目标。

两条道路借鉴已有经验，利用道路绿化带设置生物滞留设施，路缘侧石设置开口。降雨时，雨水径流由开口处进入生物滞留设施。设施开口处设沉积池，雨水先流经沉积池进行污染净化，沉积处理，防止设施堵塞，之后进入生物滞留设施，进行收集滞留下渗。设施内设溢流口，即传统道路雨水口，过量的降雨通过溢流进入城市排水系统。此外，完成建设的两条路面均采用透水沥青混凝土，下面依次为砾石层和路基，部分降雨可直接由路面入渗储存处理，多余雨水再汇入生物滞留设施。图 4-51 为 SZ 市 GM 新区低影响开发市政道路断面示意，图 4-52 为生物滞留设施展示，图 4-53 为路缘侧石开口与沉砂池展示。

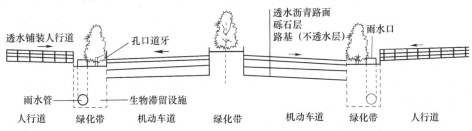

图 4-51 SZ 市 GM 新区低影响开发市政道路断面示意

图 4-52 生物滞留设施展示

图 4-53 路缘侧石开口与沉砂池展示

6）应用与发展

生物滞留设施多用于小区、城市道路、停车场、城市绿地与广场等的绿化。最早有两种方法确定其规模：一种采用初期雨水量标准的"半英寸"原则，即可以处理汇水面上 12.5mm 径流量所需要的面积；另一种用汇水面积与径流系数乘积的 5%～7% 作为设施面积。对于现阶段我国在生物滞留设施方面的应用情况，提出如下 4 点建议：

（1）国内关于生物滞留设施的研究较为集中，但不够深入。在借鉴国外成功经验的基础上，还应运用正确的方法，有针对性地研究。应强化对生物滞留设施的认知，充分认识其功能、作用、机理与效益等，结合各地自然条件与场地特征，加强前期分析与调查，以便更好地进行设计。对设施本身而言，其设计规模、填料构成、设计深度、和植物栽植等因素都会影响运行机理与效果。我国各地条件差异较大，在充分研究基础资料的前提下，明确设计目标，完善设计与施工，增强设施的控制效果和适用性。

（2）充分分析设施的运行和效果，加强后期监测和评估，不断提升生物滞留设施的应用。加强设施景观效果建设，将设施设计建设与地形、场地功能、景观小品、植物绿化等要素结合起来，进一步美化城市环境，对设施应及时进行维护管理，研究出适合国内的设计方法和维护更新频率，做到"学其形知其意"，多角度、多方法地研究，全面深入了解生物滞留设施，有条件的地区可以辅以实验或实例研究。

（3）国外生物滞留设施的广泛应用离不开管理者、设计者和使用者（公众），特别是公众的共同参与。国内受许多现实因素的限制，可选择部分公众参与其中，更好地创建为人民服务的绿色基础设施。加强对生物滞留设施基础知识的宣传教育，通过组织学习、标识宣传等方式普及生物滞留设施建设，调动公众参与的积极性，为决策者出谋划策。

（4）国外生物滞留设施的成功应用，离不开大量建设导则、政策法规、评价体系和奖惩制度的制定以及有力支撑。国内却较少有相关的政策法规出台，强制性评价和奖惩也较为匮乏，但目前已有相关文件试行或正在编制。虽然国内已在这些方面做了诸多努力，但生物滞留设施从理论到应用涉及多方面知识，需多方参与建设，园林、水利、规划和市政等多部门应综合协调，共同发挥应有的作用。

4.2.6　渗透池（塘）

1）概述

渗透池（塘）适用于汇水面积较大（大于 1hm²）且具有一定空间条件的区域。利用天然低洼地作雨水渗透池（塘）是一种经济的方法。对池的底部作一些简单处理，如铺设砂石等透水性材料，其雨水渗透性能会大大提高。渗透池（塘）应设计溢流设施，以使超过设计渗透能力的暴雨顺利排出场外，确保安全。图 4-54 为渗透池结构示意。

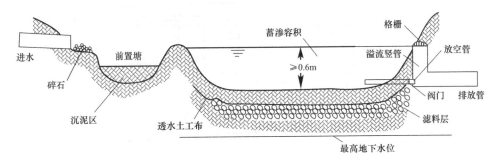

图 4-54　渗透池结构示意

2）工作原理

渗透池渗透面积大，能提供较大的渗水和储水容量，净化能力强，对水质和预处理要求低，管理方便，具有渗透、调节、净化、改善景观等多重功能。

3）结构类型

渗透池一般根据设置方式不同分为地面渗透池、地下渗透池、干式渗透塘（池）和湿式雨水渗透塘（池）四种类型。

（1）地面渗透池

当土地可得且土壤渗透性能良好时，可采用地面渗透池。池可大可小，也可几个小池综合使用，视地形条件而定。地面渗透池有的是季节性充水，如一个月中几次充水、一年中几次充水或春季充水秋季干涸，水位变化大。有的地面渗透池是一年四季均有水。地面渗透池中宜种植植物。季节性充水的地面渗透池所种植植物应既能抗涝又能抗旱，视池中水位变化而定。常年有水的地面渗透池与土地处理系统中的"湿地"相似，宜种植耐水植物与浮游性植物，可作为野生动物的栖居地，有利于改善生态环境。图 4-55 为地面渗透池外观展示。

图 4-55　地面渗透池外观展示

（2）地下渗透池

当地面土地紧缺时，就不得不利用地下渗透池，实际上它是一种地下贮水装置，利用碎石空隙、穿孔管、渗透渠等贮存雨水。渗透池也可利用底部透水渠贮水，透水渠的使用可减少所需石料并增大贮水体积。图 4-56 为地下渗透池示意，图 4-57 为带有透水渠的地下渗透池示意。

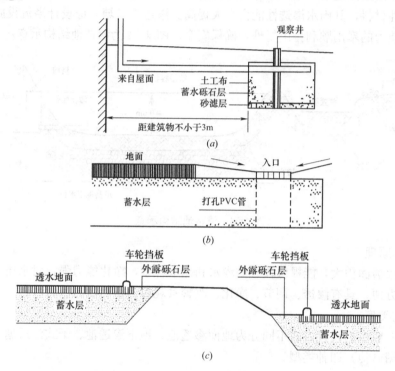

图 4-56　地下渗透池示意

（a）接纳屋面径流的地下渗透池；（b）路边的地下渗透池；（c）停车场下的渗透池

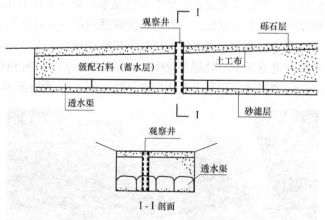

图 4-57　带有透水渠的地下渗透池示意

（3）干式渗透塘（池）

干式渗透塘（池）在非雨季常常无水，雨季时则视雨量的大小水位变化很大，图 4-58 为干式渗透塘实景。

图 4-58 干式渗透塘实景

（4）湿式雨水渗透塘（池）

湿式雨水渗透塘（池）常年有水，类似一个水塘。图 4-59 为湿式渗透塘实景。

图 4-59 湿式渗透塘实景

4）设计应用

渗透池的设计应用方面应遵循以下 8 个原则：

（1）渗透池应能容纳设计重现期降雨产生的径流量；

（2）渗透池下土壤最小渗透率取决于渗透池的位置和最大雨水量；

（3）应该保证渗透池能够安全稳定地将雨水径流引至渗透池下面的系统中；

（4）渗透塘前应设沉淀池与前置塘等预处理设施，去除大颗粒污染物并减缓流速；降雪的城市，应采取弃流与排盐等措施防止有机污染物或融雪剂等高浓度污染物进入渗透塘（池）中；

（5）渗透塘边坡坡度（垂直：水平）一般不大于 1：3，塘底至溢流水位一般不小于 0.6m；

（6）渗透塘底部一般由 200～300m 的种植土、透水土工布和 300～500mm 的过滤介质层构成；

（7）渗透塘排空时间不应大于 24h；

（8）渗透塘应设溢流设施（溢流管、雨水口、溢流井），并与城市雨水排水系统和超标雨水径流排放系统衔接，渗透塘外围应设安全防护措施和警示牌。

5）应用与发展

（1）渗透池的应用

渗透池的应用只有在土壤具有相应的渗透才可应用。渗透池不适用于高污染或沉积物堆积严重并会对地下水产生污染的区域。此外，渗透池也不能安装在对于存在渗水或进水等显著风险的区域。

（2）渗透池的日常维护

渗透池的日常维护主要包括一般维护、植被区维护、结构部件维护与其他维护等。

① 一般维护

渗透池中过滤杂物和沉淀物的部位都应该检查是否有阻塞，多余杂物和沉淀物区域，每年至少进行 4 次检修，在降雨超过 25mm 时也需进行相应的检查工作。这些部位包括底部、拦污栅、低流量渠道、出口结构、投石笼或裙带结构与清除装置。当流域彻底干燥时，应立刻进行沉淀物的去除工作。杂物、垃圾、泥砂与其他废料等应在适当的地点处理或回收。

② 植被区维护

根据现场具体的条件对植被进行有效的修剪工作。在生长季节，杂草应每月修剪 1 次。第一个生长期或植被成熟前，每隔两周对植被健康状况进行 1 次检查。每年对植被区进行 1 次全面的清理，清除不需要的树木和杂草。植被长成后，在其生长季或非生长季，每年至少 2 次对植被的健康状况和多样性等进行检查，植被的覆盖率要保持在 85％以上。如果植被的损害大于 50％，该区域要重新种植植被。为了保证植被的健康不应使用化肥、机械处理、农药等措施。植被区维护应保证最小程度的影响原有植物和渗透池下部土壤的功能。

③ 结构部件维护

每年至少对所有的结构部件检查 1 次，检查是否存在开裂、沉陷、剥落、侵蚀、变质等问题。

④ 其他维护

系统维护计划必须保证在一定的时间内渗透池下部能够排泄最大的设计雨洪量，这个通常排水时间被用来评估该系统的实际性能。检查系统排水量在通常排水时间内有无明显的增加或减少，当 72h 内系统排水量超过最大设计排水量时，应对该系统的植被土壤层、暗渠系统，以及地下水和尾水进行评估，并采取相应的措施来保证系统的合理功能。每年应对系统底部的植被土壤层检查 2 次，土壤层物质的渗透率也应再次进行测试，如果在暴雨过后的 72h 内雨水不能够得到有效渗透，则必须采取有效的措施保证土壤的渗透率。

4.2.7　渗井

1）概述

渗井是通过井壁和井底进行雨水下渗的设施，其兼备排涝、集雨、因地制宜的综合优势。传统的渗井曾经是我国古城镇通用的排水设施，但因存在坍塌的隐患，现代大城市不再采用，而对渗井进行安全性技术改造，将原有渗井以圆环体井管为器材、以井管支撑力加固井壁的方式，改变为井内加固结构由圆环体井管与四球体填充物组成，加固井壁方式由井管支撑力与圆球体填充物扩张力相结合，井上部以井管的支撑力固定式加固井壁，井的中下部以圆球体填充物的扩张力追踪式加固井壁。改造后的安全渗井，采用"雨沟—渗井"、"洼地—渗井"、"平地—渗井"基本模式，适用于城市各种地貌条件，可将城区雨水迅速地转化为地下水资源。任何一座城市，使用渗井将雨水全部引入地下，不仅能较好地解决水资源短缺问题，而且还可逐年增加地下水资源储量。图4-60为渗井示意。

图 4-60 渗井示意

2）工作原理

渗井穿过不透水层，将路基范围内的上层地下水，引入更深的含水层中，以降低或者全部排除上层地下水。

3）结构类型

根据是否设置辐射管（孔）将渗井分类为普通式渗井和辐射式渗井。图4-61为普通式渗井构造示意，图4-62为辐射式渗井构造示意。

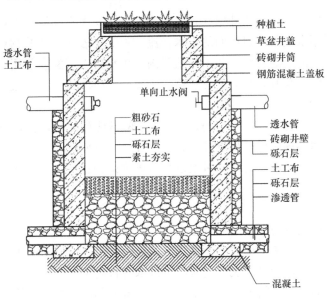

图 4-61 普通式渗井构造示意

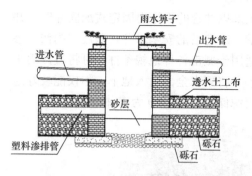

图 4-62 辐射式渗井构造示意

工程应用中 4 种典型渗井形式：

（1）渗井形式 A

渗井形式 A 由砂过滤层包裹，井壁四周开孔。雨水经过砂滤层过滤后渗入地下，雨中大部分杂质被砂滤层截留。图 4-63 为渗井形式 A 示意。

（2）渗井形式 B

渗井形式 B 在井内设过滤层，在过滤层以下的井壁上开孔，雨水只能通过井内过滤层后才能渗入地下，雨水中的杂志大部分被井内滤层截留。过滤层滤料可采用 0.25～4mm 的石英砂，其透水性应满足 $K \leqslant 1 \times 10^{-3}$ m/s。图 4-64 为渗井形式 B 示意。

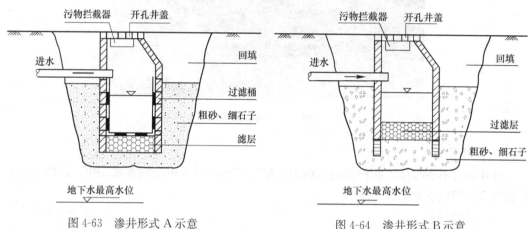

图 4-63 渗井形式 A 示意　　　　　图 4-64 渗井形式 B 示意

（3）渗井形式 C

渗井形式 C 在井壁和井底铺设无纺土工布，井内填充粒径均匀的级配碎石。井内碎石之间的空隙可滞蓄雨水，并利用井壁和井底的透水性能使雨水向周围土壤渗透。此渗井常设在雨落管附近，用来收集来自屋面的雨水径流。为防止渗井对建筑物地基造成破坏，两者之间应保持一定距离。通常此渗井需与植草沟、排水盲沟等配合使用，雨水径流通过植草沟、排水盲沟转输至渗井，然后进行渗透。图 4-65 为渗井形式 C 示意。

（4）渗井形式 D

渗井形式 D 在渗透塑料（PE）检查井侧壁与底部具有开孔，且井口设截污篮，具有截污和沉淀功能。因其选用成品检查井，施工过程较前者简单。此渗井通常用于广场与小区内道路旁的绿地内。此外，此渗井可通过与渗透管渠相连接，组成渗排一体化设施，提高雨水下渗与转输的效果。图 4-66 为渗井形式 D 示意。

4）设计应用

渗井的设计与应用应遵循以下 4 个原则：

（1）雨水通过渗井下渗前应通过植草沟、植被缓冲带等设施对雨水进行预处理；

（2）雨水渗井的出水管管内底标高应高于进水管管内顶标高；

（3）雨水渗井的进水管管内底标高不应高于上游相邻渗井的出水管管内底标高；

（4）渗井调蓄容积不足时可在渗井周边连接水平渗排管，形成辐射式渗井。

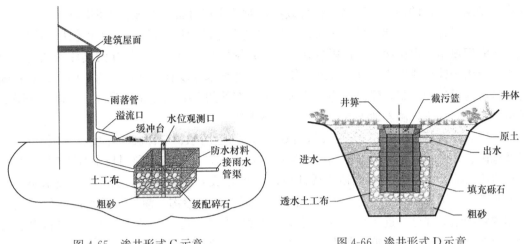

图 4-65 渗井形式 C 示意　　　　　图 4-66 渗井形式 D 示意

渗井的日常维护方面，应注意以下 4 点：

(1) 进水口出现冲刷造成水土流失时，应设置碎石缓冲或采取其他防冲刷措施；

(2) 设施内因沉积物淤积导致调蓄能力或过流能力不足时，应及时清理沉积物；

(3) 当渗井调蓄空间内的雨水排空时间超过 36h 时，应及时置换填料；

(4) 应经常检查渗井的淤积状况，并及时排除淤泥。

5) 案例分享

华北平原大部地区地势相对平坦，全年除雨季外雨水较少，水系河流与自然沟渠较少，当雨季来临时，雨水不能及时排走或下渗，故在高速公路沿线经常造成低洼处积水，使高速公路下穿通道无法横向通行，影响居民生活。目前，高速公路常用的排水设施主要有边沟、蒸发池、排水沟等，但效果都不尽如人意。河北衡大高速公路设计时采用了渗井技术，全线设置渗井路段共 80.6km，所建渗井共 201 处，路基高度降低了 1.3m，共减少永久用地 38.73hm²，减少路堤土石方数量 5361568m³，全线设置护栏长度可减少 26.92km，减少边坡防护量 88030.1m³，共节省投资 2.58 亿元。

河北省衡大高速公路于 2010 年 12 月底通车，从建设期到运营期，沿线的渗井已经历了 3 年的雨季，2010 年河北省雨季降雨较多，其中 6 月 2 日、30 日，7 月 19 日以及 8 月 9 日、10 日，河北省衡大高速公路沿线平均降雨量达到近 100mm。河北省衡大高速公路下穿邯济铁路处仅 8 月 9 日、10 日两天降雨就超过 140mm，周边部分市、县的地道桥都开始积水无法通车，而在河北省衡大高速公路下穿邯济铁路路段摊铺机与运输车辆仍在紧张施工，下穿处无一处积水。此处设置了 4 个渗井，降低路基，仅此一处就节约建设资金 6000 多万元。2011 年河北省雨季降雨有所减少，但在 8 月 24 日河北省衡大高速公路沿线平均降雨量也达到了 50mm，2012 年 7 月 9 日广平县出现暴雨天气，东部降水量 128.6mm，大名县平均降雨量达 72.3mm，河北省衡大高速公路的渗井技术发挥了应有的作用，均安全平稳度过，并为少雨季节储存了一定的水量。2013 年与 2014 年的雨季，河北省衡大高速公路也都安全平稳度过。利用渗井技术，通过地表水和地下水的联合调度，可以使地表水和地下水获得充分补给和有效利用，河北省衡大高速公路取得了显著的经济、环境和社会效益。

6) 应用与发展

在国内，渗井技术在公路排水领域应用较为成熟，较好地解决了公路的排水问题，应用中也带来了一定的经济、环境和社会效益，对于实现可持续发展、"环境友好"和"资源节约"的环保型公路建设做出了贡献。海绵城市建设领域，虽在 2014 年住房和城乡建设部《海绵城市建设指南——低影响开发雨水系统构建》中提出了渗井的具体做法与适用范围，但由于建设成本高、施工难度大等缺点渗井技术并没有得到很好的应用。针对我国海绵城市建设发展现状，建议可将渗井作为一个有效的 LID 设施纳入设计中，进一步降低城市雨水径流污染，涵养地下水源，还原生态平衡。

在国外，渗井技术应用比较广泛，包括亚洲的尼泊尔、菲律宾、印度、泰国、日本，以及德国、澳大利亚、美国、新加坡、法国等，其中日本的渗井利用技术处于领先地位。1980 年日本就开始推行雨水贮留渗透计划，1988 年成立"日本雨水贮留渗透技术协会"，1992 年颁布"第二代城市地下水总体规划"正式将雨水渗沟、渗塘与透水地面作为城市总体规划的组成部分。近年来，各种雨水入渗设施在日本也得到迅速发展，包括渗井、渗沟、渗池等，这些设施占地面积小，可因地制宜修建在楼前屋后。

4.2.8　渗管（沟、渠）

1）概述

渗管（沟、渠）指具有渗透功能的雨水管（沟、渠），可采用穿孔塑料管、无砂混凝土管（沟、渠）和砾（碎）石等材料组合而成。渗管（沟、渠）具有占地面积少，土方开挖少，修建费用低等优点。渗管（沟、渠）可代替传统的雨水管道，节省高额管道费用和土方开挖费用。此外，渗管（沟、渠）具有良好的雨水渗透性能，可涵养地下水资源，是传统排水管道所不具备的。图 4-67 为渗管与渗渠典型构造示意。

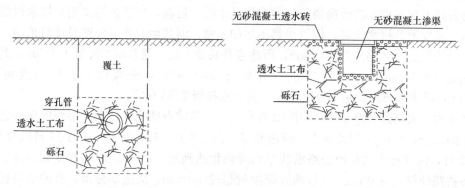

图 4-67　渗管与渗渠典型构造示意

渗管（沟、渠）适用于建筑与小区、公共绿地内转输流量较小的区域，不适用于地下水位较高、径流污染严重、易出现结构塌陷等区域。

2）工作原理

渗管（沟、渠）可收集来自地面或其他低影响设施溢流的雨水，通过具有净化功能的沉淀井或沉砂井进入具有渗透功能的管（沟、渠）内，管（沟、渠）外填充具有较大孔隙碎石或卵石，可贮存部分雨水并向四周入渗。超过渗管（沟、渠）渗透与存储能力范围外的雨水则随管（沟、渠）流向市政雨水管网。

3）结构类型

结构类型分为渗管、渗沟、渗渠 3 种。

（1）渗管

渗管管材周围填充砾石等多孔材料。多埋设于地下，周围填砾石，兼有渗透和排放两种功能。图 4-68 为渗管典型构造示意。

（2）渗沟

渗沟采用渗透方式将地下水汇集于沟内，并通过沟底通道将水排到指定地点，这种设施统称为渗沟。渗沟具有疏干表层土体，增加坡面稳定性，截断与引排地下水，降低地下水位，防止地下细颗粒土壤被冲移的作用。适用于地下水埋藏浅或无固定含水层的地层。渗沟有盲沟式渗沟、洞式渗沟与管式渗沟三种，三种渗沟均应设置排水层（沟、洞、管）、反滤层和封闭层。其中洞式渗沟常用于地下水流量较大的地段，管式渗沟常用于地下水引水较长、流量较大的区域。图 4-69 为渗沟典型构造示意。

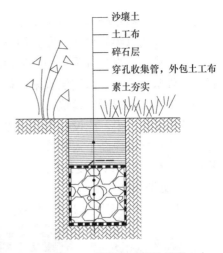

图 4-68　渗管典型构造示意

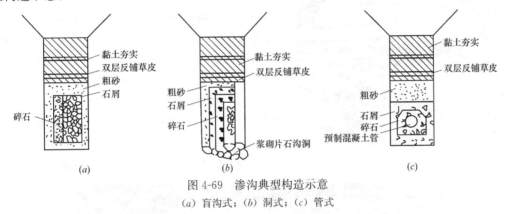

图 4-69　渗沟典型构造示意

(a) 盲沟式；(b) 洞式；(c) 管式

（3）渗渠

渗渠是指水平铺设在含水层中的集水渠，用于拦截和收集重力流动的地下水。图 4-70 为渗渠典型构造示意。

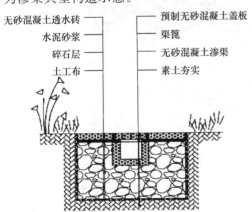

图 4-70　渗渠典型构造示意

4）设计应用

渗管（沟、渠）的设计与应用方面，应遵循以下原则：

（1）渗管（沟、渠）应设置植草沟、沉淀（砂）池等预处理设施；

（2）渗管（沟、渠）开孔率应控制在 1%～3% 之间，无砂混凝土管的孔隙率应大于 20%；

（3）渗管（沟、渠）的敷设坡度应满足排水的要求；

（4）渗管（渠）四周应填充砾石或其他

113

多孔材料，砾石层外包透水土工布，土工布搭接宽度不应少于 200mm；

（5）渗管（渠）设在行车路面下时覆土深度不应小于 700mm；

（6）渗管（渠）宜采用塑料模块，也可采用穿孔塑料管、无砂混凝土管或排疏管等材料，并外敷渗透层，渗透层宜采用砾石；渗透层外或塑料模块外应采用透水土工布包覆；渗沟宜采用无砂混凝土模块；

（7）渗管（渠）应设检查井或渗透检查井，井间距不应大于渗透管管径的 150 倍。井的出水管口标高应高于入水管口标高，但不应高于上游相邻井的出水管口标高。渗透检查井应设不小于 0.3m 深度的沉砂室。

5）案例分享

"洼地—渗渠系统"是德国一种新型的雨水处理系统，该系统包括各个就地设置的洼

图 4-71　"洼地——渗渠系统"外观示意

地、渗渠等组成的设施，这些设施与带有孔洞的排水管道连接，形成一个分散的雨水处理系统。通过雨水在低洼草地中短期储存和在渗渠中的长期储存，保证尽可能多的雨水得以下渗。该系统代表了"径流零增长"的排水系统设计新理念，其目标是使城市范围内的水量平衡尽量接近城市化之前的降雨径流状况。该系统的优点在于不仅大大减少了因城市化而增加的雨洪暴雨径流，延缓了雨洪汇流时间，对城市防灾减灾起到了重要的作用，同时由于及时补充了地下水，可以防止地面沉降，从而使城市水文生态系统形成良性循环。图 4-71 为"洼地——渗渠系统"外观，图 4-72 为"洼地——渗渠系统"结构示意。

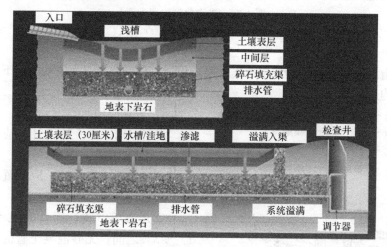

图 4-72　"洼地——渗渠系统"结构示意

从降雨径流传输与贮存技术来看，德国传输径流主要有地下管道和地表明沟两种形式，其中地下雨水管线不仅要考虑雨水传输，同时还要考虑储存雨水和减缓洪峰的功能；地表明沟则既考虑了雨水传输的功能，也考虑了对构造城市景观的作用，通常是将其模拟

为蜿蜒曲折的天然河道。降雨径流的贮存形式，家庭中一般采用预制混凝土或塑料蓄水池（箱）；居民区一般采用人工湖或构造水景观，或通过绿地、花园或人工湿地增加雨水入渗。总之，德国将雨水的传输储存与城市景观建设和环境改善融为一体，既有效地利用了雨水资源、减轻了污水处理厂对雨水处理的压力，又有效地改善了城市景观。

4.3 雨水储存

4.3.1 雨水罐

1）概述

雨水罐也称雨水桶，为地上或地下封闭式的简易雨水集蓄利用设施，可用塑料、玻璃钢或金属等材料制成。雨水罐一般具有收集、储存和回用屋面径流的功能，可减少雨水排放量与绿化灌溉等自来水的用水量。此外，雨水罐可以用来缓解目前城市水资源紧缺的局面，是一种开源节流的有效途径，但其储存容积较小，雨水净化能力有限。图 4-73 为雨水罐构造示意。

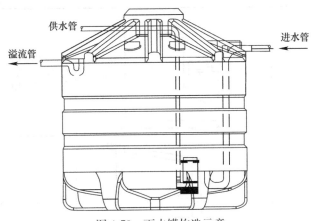

图 4-73　雨水罐构造示意

2）工作原理

通常由具有储水功能的罐体、经改造过的雨落管、雨水弃流过滤器、溢流管与雨水回用出口等组成。雨水罐施工安装方便，便于维护，它成本低、见效快，能有效地将雨水进行收集、存储，并承受更大的重量，其主要功能如下：

（1）雨水罐通常顶部开口，配有盖子，方便对储水罐清洗；

（2）罐体侧壁顶部设有进水口和溢流口，侧壁底部有雨水回用水嘴，方便接取雨水罐中收集的雨水；

（3）雨水罐进水口与雨落管相连接，雨落管通过 LID 改造，利用其底部装设的雨水弃流过滤器对初期雨水进行弃流，从而过滤雨水中的杂质；

（4）完成对初期雨水的弃流后，其余较为清洁的屋面雨水被收集到雨水罐中，过量的雨水则通过储水罐溢流管，溢流至其他 LID 设施或直接引入市政雨水管网。

3）结构类型

雨水罐多为成型产品，雨水罐通常选用塑料材质或不锈钢材质的罐体。图 4-74 为塑料材质的雨水罐，表 4-3 为雨水罐设置位置示意。

图 4-74 塑料材质的雨水罐

雨水罐设置位置示意 表 4-3

设置地点	图示	主要特点
设置在屋面上		① 节省能量，不需要给水加压； ② 维护管理较方面； ③ 多余雨水由排水系统排除
设置在地面		维护管理较方便
设置于地下室内，能重力溢流排水		① 适合于大规模建筑； ② 充分利用地下空间和基础
设置于地下室内，不能重力溢流排水		必须设置安全的溢流措施

4）应用与发展

雨水罐适用于单体建筑屋面雨水的收集利用。对于收集雨水量较小的屋面，可以采用地面式雨水罐；对于建筑外立面有特殊要求且雨水量较大、周边场地有条件时，可以采用地下式雨水罐。雨水罐作为雨水调蓄设施，一般位于低影响开发雨水系统的前端，应在所需收集雨水的建筑物周边就近布置，且以不影响建筑整体景观风貌为宜。通过雨水罐收集到的雨水资源可以冲洗厕所、浇洒路面、浇灌草坪、水景补水，甚至用于循环冷却水和消防水。

5）案例分享

作为雨水丰富的国家之一，日本在将雨水变为资源方面采取了积极举措。东京都墨田区的大街上到处都有雨水桶或置于地下的雨水罐，收集的雨水平时用于浇灌花草、清洗回收的矿泉水瓶、建立家庭菜园等。在有大规模地震灾害发生时，储存的雨水经过煮沸或过滤后，还可以作为应急的饮用水。此外，墨田区还实施了给家庭和公司利用雨水提供补贴的制度，1m³以下的雨水罐可补贴一半费用（上限是4万日元），地下大规模储水槽最高补贴100万日元，中等规模的储水槽可补贴30万日元。正是通过从政府到民间的全面努力，日本有效地利用了雨水，同时解决了洪水和缺水的问题。

德国是发达国家，住房多为独栋建筑。以首都柏林家庭为例，都安装了雨水利用设施。他们在自家庭院地下安装一个与屋面面积相当的雨水罐。雨水从屋面流下，裹挟的树枝和树叶等杂物被拦截下来，雨水则流入雨水罐。经过自然沉淀，上面干净清洁的水则通过压力输送到需要的地方，用来洗衣服、冲厕所、浇花园、洗汽车等。

4.3.2 雨水蓄水池

1）概述

雨水蓄水池作为海绵城市建设中的重要技术措施越来越被重视。雨水蓄水池是指具有雨水储存功能的集蓄利用设施，同时也具有削减峰值流量的作用，雨水蓄水池宜设置在室外地下。雨水蓄水池具有节省占地、雨水管渠易接入、避免阳光直射、防止蚊蝇滋生、储存水量大等优点。雨水蓄水池内雨水可回用于绿化灌溉、冲洗路面和车辆等，但建设费用高，后期需重视维护管理。图4-75为传统的雨水蓄水池构造示意。

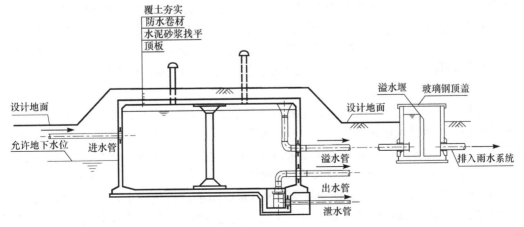

图 4-75　传统的雨水蓄水池构造示意

2) 工作原理

雨水蓄水池按其功能分为洪峰流量调蓄池、径流污染控制调蓄池、雨水集蓄利用调蓄池。与城市雨水资源利用关系最为密切的是雨水集蓄利用调蓄池。雨水蓄水池最重要的参数是确定雨水蓄水池的容积，该参数与自来水替代率是密切联系的。目前，在计算雨水利用量或自来水替代率的过程中常利用当地多年平均余额降雨量来计算。潘志辉等人认为当具备多年的逐日降雨资料时，应以每年的逐日降雨量计算出一个自来水替代率（在同样的条件下），然后再求取多年的自来水替代率平均值。现行国家标准《建筑与小区雨水控制及利用工程技术规范》GB 50400—2016 中规定需控制与利用的雨水径流总量应根据建设用地内对年径流总量进行控制，控制率与相应的设计降雨量应符合当地海绵城市规划控制指标的要求，当雨水蓄水池的有效容积大于雨水回用系统最高日用水量的 3 倍时，应设能 12h 排空雨水的装置。

3) 结构类型

雨水蓄水池可分为地上式和地下式，根据其材料结构不同，可分为钢筋混凝土蓄水池，玻璃钢蓄水池，硅砂砌块蓄水池和塑料模块拼装式蓄水池等。

(1) 钢筋混凝土水池

钢筋混凝土水池适合于较大型的建筑屋面的雨水回收工程，可以结合土建地下室的汽车坡道底部等空间进行优化设计，但需注意与室外重力流进水管线的衔接关系，以及雨水溢流的相关设计。对于空气污染较严重的城市，还须根据降雨的酸度对钢筋混凝土结构的抗酸性进行相关设计。

(2) 玻璃钢蓄水池

玻璃钢蓄水池是采用增强玻璃纤维等高强度耐酸碱材料，辅以钢结构内部支撑体系，利用大型微控玻璃钢缠绕设备一次性成型，有效地保证了产品的密封度、抗水冲击韧性。不会因为地基沉降、开裂而引起玻璃钢蓄水池断裂、破损或变形，解决了传统的雨水蓄水池渗漏的问题。

(3) 硅砂砌块蓄水池

硅砂砌块蓄水池按使用功能可分为硅砂砌块蓄水净水池和硅砂砌块调蓄水池。硅砂砌块蓄水池由钢筋混凝土底板、水池骨架、防水土工膜围护结构与钢筋混凝土顶盖构成。底板上局部布有透气防渗方格，方格内放置透气防渗砂。硅砂砌块蓄水池骨架由硅砂砌块雨水井室组成、并坐落在水池底板上。硅砂砌块蓄水池四周采用防水土工膜包围，顶部采用钢筋混凝土顶板封盖。雨水在进入硅砂砌块蓄水池前应进行截污、沉砂等预处理。小于 200m³ 容积的硅砂砌块蓄水池可将雨水的预处理工序移入水池内进行。图 4-76 为硅砂砌块蓄水池构造示意。

(4) 塑料模块拼装式蓄水池

塑料模块拼装式蓄水池是雨水利用的一种新型储水装置，它与传统的钢筋混凝土蓄水池和玻璃钢蓄水池最大区别是使用了一种储水用的塑料模块，配合不同的包覆材料，构成具有不同功能的水池。塑料模块常采用聚丙烯（PP）材料制作，塑料模块通过拼装成模块化尺寸的箱体，将每一个箱体码放成为连续的雨水"矩阵"池。因其网格化透空的结构，材料的结构占用空间不到 5%，即塑料模块的蓄水空间达到 95% 以上，雨水可以在其中自由交换流动；塑料模块拼装式蓄水池可直接安装在地面以下，不占用地表使用空间，隐蔽性好，可阻隔阳光照射，且塑料模块材料可靠。塑料模块组合拼装，简单灵活且结构坚固，单个模块承压能力高，安全可靠；塑料模块拼装式蓄水池施工工期短，可大量节省建设周期。图 4-77 为塑料模块构造示意。

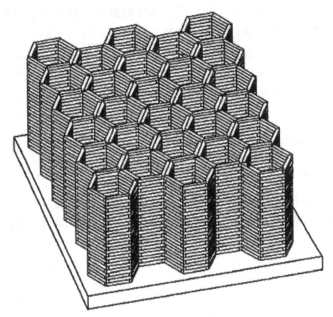

图 4-76 硅砂砌块蓄水池构造示意

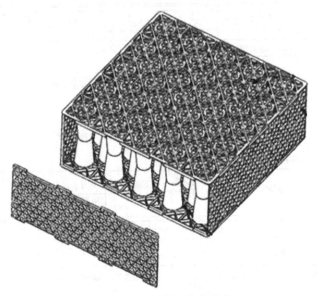

图 4-77 塑料模块构造示意

塑料模块拼装式蓄水池一般由雨水分流井、水池骨架、回用井、排污井、反冲洗设施、聚苯板保护层、溢流设施和埋地式一体化处理间组成。塑料模块拼装式蓄水池可采用溢流堰式初期雨水分流井作为初期雨水弃流设施和塑料模块拼装式蓄水池溢流设施。初期雨水径流流入雨水分流井中，经由弃流槽流入下游雨水口。当雨水径流流量大于弃流槽弃流流量后，雨水径流经由配水管流入塑料模块拼装式蓄水池中，较为洁净的雨水开始被塑料模块拼装式蓄水池收集。当塑料模块拼装式蓄水池中雨水收集满后，若继续有雨水径流汇入，雨水径流无法流入塑料模块拼装式蓄水池，继而越过雨水弃流槽挡墙，通过溢流管溢流至下游市政雨水管网中。储存在塑料模块拼装式蓄水池中的雨水通过回用井中的回用泵，泵送至埋地式一体化处理间中，埋地式一体化处理间中设有自清洗过滤器和紫外线消毒器，塑料模块拼装式蓄水池中的雨水经过滤、消毒后，被送至回用水点进行回用。雨水径流中含有一些杂质，虽经初期雨水弃流设施弃流，但雨水中仍含有杂质。因此，使用一段时间后，需对塑料模块拼装式蓄水池进行清洗。塑料模块拼装式蓄水池底部设有冲洗管，冲洗管采用侧壁均匀打孔的 PVC 塑料管。当塑料模块拼装式蓄水池进行冲洗时，通过控制设备间中的阀门启闭，使回用水泵中的雨水通过冲洗管路对塑料模块拼装式蓄水池底部进行冲洗，将塑料模块拼装式蓄水池底部沉淀的污泥扰动起来，然后通过开启排污泵，将浑浊的雨水排至下游市政污水管网中。埋地式一体化处理间中也设有排污泵，也可将过滤器过滤后的杂质排除。为防止防渗土工膜被周围石子等尖锐物体穿破，影响水池防渗性能，应将塑料模块拼装式蓄水池四周用聚苯板包裹后，再进行土方回填工作。图 4-78 为塑料模块拼装式蓄水池平面示意，图 4-79 为塑料模块拼装式蓄水池剖面示意。

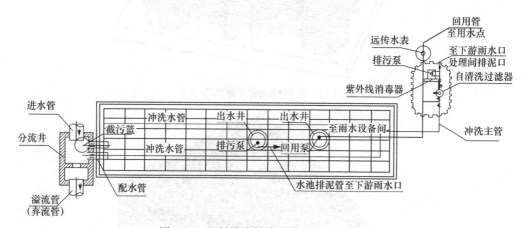

图 4-78　塑料模块拼装式蓄水池平面示意

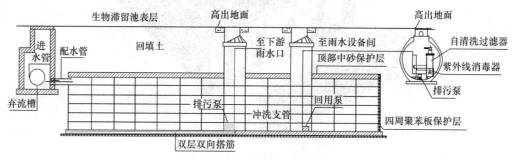

图 4-79　塑料模块拼装式蓄水池剖面示意

4）应用与发展

雨水蓄水池适用于有雨水回用需求的建筑与小区、城市绿地等，根据雨水回用用途（绿化、道路喷洒与冲厕等）不同，需配建相应的雨水净化设施；不适用于无雨水回用需求和径流污染严重的地区。

图 4-80 为整体式钢筋混凝土蓄水池外形，图 4-81 为玻璃钢蓄水池外形，图 4-82 为硅砂砌块蓄水池外形，图 4-83 为塑料模块外形，图 4-84 为塑料模块拼装式蓄水池外形。

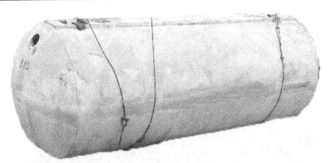

图 4-80 整体式钢筋混凝土蓄水池外形

图 4-81 玻璃钢蓄水池外形

图 4-82 硅砂砌块蓄水池外形

图 4-83 塑料模块外形

图 4-84　塑料模块拼装式蓄水池外形

4.3.3　雨水湿地

1）概述

雨水湿地指长期有水贮存且有植被覆盖的洼地，它可以通过一系列的生态功能实现对雨洪管理和水质净化。雨水湿地一般是在地表低洼处经人工改造而成的，通过防渗处理保证其长期保有一定容积的水量，从而保证雨水湿地中的植物正常生长。雨水湿地与天然湿地和沼泽具有很多相似特性，是一种综合、高效的低影响开发雨洪管理设施。雨水湿地可以减小雨水洪峰流量，为雨水径流中的杂质提供一个相对稳定的沉降环境。雨水湿地通过多种多样的动物、植物和微生物协同作用提高水分蒸发和过滤能力，通过物理和生物作用净化雨水。雨水湿地较高的美学价值和丰富的生物多样性特点，可唤起人们保护水资源的意识，具有良好的教育意义。雨水湿地适用于具有一定空间条件的建筑与小区、城市道路、城市绿地、滨水带等区域。

2）工作原理

雨水径流通过雨水管道或雨水转输设施（如植草沟、渗管、渗沟、渗渠等），通过进水口流入前置塘。经过物理净沉作用，雨水中夹杂的粒径较大的杂质被沉淀至前置塘池底。经过了沉淀作用，较为洁净的雨水径流交替进入浅、深沼泽区，在沼泽区植物的作用下，雨水径流流速被减慢，保证了沼泽区中的微生物对雨水径流进行生物净化的作用时间。经过了物理、生物净化作用，雨水水质得到了很大的提高，洁净的雨水被暂存在出水池中。为保证雨水湿地中的植物正常生长，需保有一定量的常水位。常水位线至溢流口以下的容积为雨水湿地的蓄存容积，该部分水可通过蒸发、植物吸收等作用而被消耗。溢洪道出口以下至溢流口位置处的容积为雨水湿地的调节容积，通过雨水湿地的调节容积，使超标径流雨水暂时贮存在湿地内，实现雨水径流的"慢排缓释"。超出雨水湿地调节水位的雨水直接由溢洪道排除。

3）基本组成

雨水湿地一般由进水口、前置塘、沼泽区、出水池、溢流口、溢洪道、维护通道等七部分组成。雨水湿地中的植物应选择耐淹、耐污染的水生植物，如灯芯草、杨柳、狗尾草和芦苇等植物。为防止土壤受到雨水的冲刷而被侵蚀，通常于雨水湿地进水口和出水口处采取卵石消能措施。溢流口和放空管前端应设拦污栅，防止杂质堵塞管道，影响雨水湿地的正常排水。图 4-85 为典型雨水湿地构造示意。

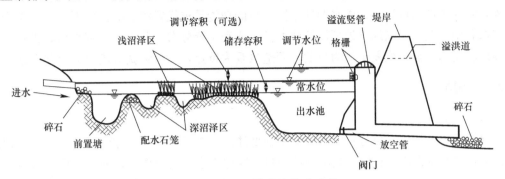

图 4-85 典型雨水湿地构造示意

4）设计应用

雨水湿地的设计与应用应注意以下 5 个方面：

（1）进水口和溢流出水口应设置碎石、消能坎等消能设施，防止水流冲刷和侵蚀；

（2）雨水湿地应设置前置塘对径流雨水进行预处理；

（3）沼泽区包括浅沼泽区和深沼泽区，是雨水湿地主要的净化区，其中浅沼泽区水深范围一般为 0～0.3m，深沼泽区水深范围为一般为 0.3～0.5m，根据水深不同种植不同类型的水生植物；

（4）雨水湿地的调节容积应在 24h 内排空；

（5）出水池主要起防止沉淀物的再悬浮和降低温度的作用，水深一般为 0.8～1.2m，出水池容积约为总容积（不含调节容积）的 10%。

5）案例分享

ZGC 公园是 HD 区平原地区造林工程的重点建设项目，总面积 158hm²。公园内共分布雨水湿地 12 处，每个雨水湿地依据汇水区域大小和接纳公园外雨水量的多少，面积从 0.2～0.8hm² 不等，总面积约 5.1hm²。雨水湿地设计相对深度不超过 1.5m，所有集水区域均不做防渗处理，并种植大量湿生植物，通过植物根系和土壤的过滤，洁净的雨水渗入地下，补充地下水。雨水湿地在解决了雨水排放和净化问题的同时还创造了优美的景观环境空间。图 4-86 为雨水湿地分布示意。

图 4-86 雨水湿地分布示意

雨水湿地具有不同功能组成部分，包括进水区、前置塘、沼泽区、出水池、护坡和驳岸等，湿地植被的设计针对雨水湿地不同部位的功能需求配置相应的植物群落，并结合景观需求和雨水湿地周围的立地环境调整群落组成和位置分布。其中，特别是植物设计以实现湿地功能为前提，恢复生境为目的，营造景观为重点，是海绵城市建设中的重要方面。

4.3.4　湿塘

1）概述

湿塘是一类能常年保持一定水面面积的低洼区。在降雨时，一方面可以拦截和调蓄降雨径流，具有调蓄雨水径流，削减峰值流量，净化雨水径流的作用；另一方面又可以美化景观，提供居民休憩娱乐场所，提供动植物栖息地。适用于建筑与小区、城市绿地、广场等具有空间条件的场地。图 4-87 为湿塘构造示意。

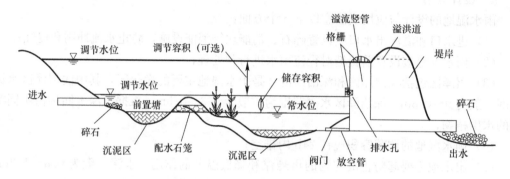

图 4-87　湿塘构造示意

2）工作原理

湿塘的主要补水水源是雨水。湿塘能够调蓄雨水、削减峰值流量且具有一定的污染物去除功能。在场地设计时应多功能综合利用宝贵的土地资源，结合开发空间和绿地等条件对湿塘进行合理布局，使得湿塘在高频小雨时储蓄雨水和补充景观用水，在暴雨时调蓄雨水、消减峰值流量，平时具有休闲娱乐和景观作用。湿塘能够有效削减较大区域的径流总量、径流污染和峰值流量，但对场地条件要求较严格，建设和维护成本高。

3）基本组成

湿塘一般由进水口、前置塘、主塘、溢流出水口、护坡与驳岸、维护通道等构成。图 4-88 为湿塘实景。

4）设计应用

湿塘的设计应用中须注意以下 8 个方面：

（1）进水口和溢流出水口应设置碎石、消能坎等消能设施，防止水流冲刷和侵蚀；

（2）前置塘为湿塘的预处理设施，起到沉淀径流中大颗粒污染物的作用；池底一般为混凝土或块石结构，便于清淤；前置塘应设置清淤通道与防护设施，驳岸形式宜为生态软驳岸，边坡坡度（垂直：水平）一般为 1：2～1：8；前置塘沉泥区容积应根据清淤周期和所汇入径流雨水的 SS 污染物负荷确定；

（3）主塘一般包括常水位以下永久容积和储存容积，永久容积水深一般为 0.8～2.5m；储存容积一般根据所在区域相关规划提出的"单位面积控制容积"确定；具有峰值流量削减功能的湿塘还包括调节容积，调节容积应在24~48h内排空；主塘与前置塘间宜设置水生植物种植区（雨水湿地），主塘驳岸宜为生态软驳岸，边坡坡度（垂直：水平）不宜大于1：6；

图4-88 湿塘实景

（4）溢流出水口包括溢流竖管和溢洪道，排水能力应根据下游雨水管渠或超标雨水径流排放系统的排水能力确定；

（5）湿塘应设置护栏、警示牌等安全防护与警示措施；

（6）湿塘用于储存雨水时，储存雨水的有效容积应为景观设计水位或湿塘常水位与溢流水位之间的容积；当雨水储存设有排空设施时，宜按24h排空设置，排空最低水位宜设于景观设计水位和湿塘的常水位处；前置区和主水区之间宜设水生植物种植区；湿塘的常水位水深不宜小于0.5m；

（7）湿塘也适宜作调蓄排放设施。当作为调蓄排放设施时，应在下方的调节水位处设置排水口，该口的排水能力应小于设计峰值流量控制值；

（8）防渗层可选用SBS卷材土工布、PE防水毯、GCL防水毯、黏土等作为防渗材料。

4.3.5 调节塘

1）概述

调节塘也称干塘，以削减峰值流量功能为主，也可具有渗透功能，对地下水补充和雨水净化起到一定的作用，适用于建筑与小区、城市绿地等具有一定空间条件的区域。图4-89为调节塘构造示意。

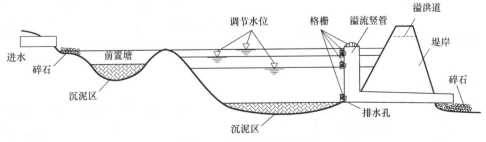

图4-89 调节塘构造示意

2）工作原理

调节塘建设与维护费用较低，但其功能较为单一，宜利用下沉式公园与广场等与湿塘、雨水湿地合建，构建多功能调蓄水体。

3）基本组成

调节塘一般由进水口、调节区、出口设施、护坡与堤岸构成。图 4-90 为调节塘实景。

图 4-90　调节塘实景

4）设计应用

调节塘设计应用须注意以下 6 个方面：

（1）进水口应设置碎石、消能坎等消能设施，防止水流冲刷和侵蚀；

（2）雨水进入调节塘前应设沉淀池、前置塘等预处理设施，去除大颗粒的污染物并减缓流速。有降雪的城市，应采取弃流和排盐等措施防止融雪剂等高浓度污染物进入调节塘；

（3）调节区深度一般为 0.6～3m，塘中可种植水生植物以减小流速、增强雨水净化效果；

（4）当塘底设计成可渗透时，塘底部渗透面距离季节性最高地下水位或岩石层不应小于 1m，与建筑物基础水平净距不应小于 3m；

（5）调节塘出水设施一般设计成多级出水口形式，以控制调节塘水位，增加雨水水力停留时间（一般不大于 24h），控制外排雨水量；

（6）调节塘应设置护栏、警示牌等安全防护与警示措施。

4.3.6　景观水体

1）概述

景观水体是指以水体为中心，由具有结构与功能整体性的生态学单位构成的自然水系统。景观水体包括具有景观功能的天然与人造的河流、湖泊、水库、公园水系、景观水池等。适用于建筑与小区、广场、公园与绿地等地方。景观水体以其独特性与多样性等特点已成为许多城市的一道亮点。

2）工作原理

将生态雨水利用方式与城市的景观设计有机地结合起来，不仅可节约自来水等水资源，减少暴雨径流，降低径流中携带的大量污染物排入系统所造成的污染，削减洪峰流量，减轻防洪压力，还可以改善景观效果，是一种双赢的水资源利用方式。收集处理好的雨水，可按照景观水体的耗水量按时按量地对景观水体进行补水。在旱季降雨较少、仅依靠雨水补水不足时，还可采用其他水源（如再生水）补充，使景观水体水量得到平衡。在雨季雨水充沛，除了景观水体与绿化用水外，收集的多余雨水还可用于洗车、循环冷却水与消防储水等。

3）设计应用

景观水体小型的有喷泉、叠流、瀑布、涌泉、水雾等；中型的有溪流、镜池等；大型的有水面、人工湖等。图 4-91 为景观水体实景。

图 4-91　景观水体实景

4）案例分享

（1）水量平衡计算。水量平衡设计是个复杂的过程，是景观水体水量保障的基础，一般需要经过多次反复核算而确定最优技术方案。采用逐月水量平衡设计有利于与实际工程相吻合，还有利于进行丰枯水期水量调节。月均水量平衡计算要根据当地水文、气象资料与实际用水情况，供需水量进行逐月计算，列出逐月水量平衡表。景观水体水量的流入和消耗按月逐项进行分析，流入项包括分流制管网收集的雨水，水景自流区流入的雨水，水面降雨量。消耗项包括水面蒸发量，下渗量，雨水资源化利用量。雨水资源化利用量包括建筑小区内的绿化与道路浇洒用水量。图 4-92 为景观水体水量平衡计算分析流程。

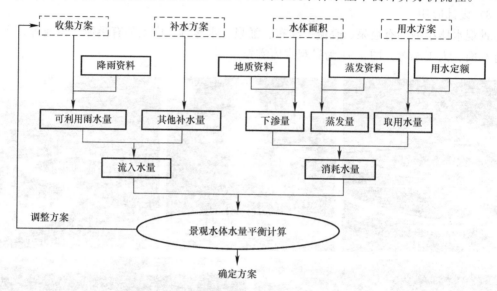

图 4-92　景观水体水量平衡计算分析流程

（2）景观水体设施位置选择。景观水体设施一般位于建筑小区排水系统的末端，市政雨水管道的起端，一方面可控制建筑小区面源污染，另一方面可削减进入市政雨水管网的峰值流量。建筑小区景观水体设施的选址一般需要结合多方面的因素进行考虑。充分利用现有的河道、池塘等地形条件，可降低建设费用，取得良好的社会效益。设计阶段宜采用SWMM、Infoworks 等雨水管理模拟软件对建筑小区低影响开发雨水系统进行模拟，对景观水体与其他低影响开发设施及其组合进行科学合理的平面与竖向设计。同时充分利用建筑小区中庭等开放空间，合理构建低影响开发雨水系统。利用软件模拟不同重现期下的暴雨，统计建筑小区排水系统产生积水的位置、积水时间、积水深度等情况，景观水体设施一般宜设置在小区严重积水点的区域。

（3）景观水体设施平面设计。景观水体设施平面设计应注意水面的收、放、广、狭、曲、直等变化，尽量达到自然并不留人工造作的痕迹。在建筑小区的公共空间，水景设施视线宜开阔，突出构图与形式美；要密切结合地形的变化进行设计，充分考虑实际的地形，不仅能极大地降低工程造价，还能因地制宜；水面设计应与岸上景观、湿地景观相结合。水面直径小、水边景物高，则在水域内视线的仰角比较大，水景空间的闭合性比较强，即形成了水面的闭合空间。反之，则开敞性就会增加；处理好道路系统与水景景观、植物景观的关系。除了解决基本的交通问题，还应注意道路的迂回曲折，达到曲径通幽的景观效果。

（4）景观水体设施湖底设计。景观水体设施湖底一般需做防渗处理，以减少渗漏，影响其他的建筑物等问题。目前常用的景观水体设施湖底防渗技术主要有黏土防渗、膨润土防渗、土工膜防渗与混凝土防渗等。景观水体设施湖底防渗层通常包括基层、防水层、保护层与覆盖层构成。基层可由常规土层经碾压平整后形成，如遇到城市生活垃圾等废物应全部清除，用土回填压实。用于防水层的材料很多，主要有聚乙烯防水毯、聚氯乙烯防水毯、膨润土防水毯、土壤固化剂等。保护层是在防水层上平铺15cm过筛细土，以保护塑料膜不被破坏。覆盖层是在保护层上覆盖5cm回填土，防止防水层被撬动。

（5）景观水体设施驳岸设计。驳岸是一面临水的挡土墙，是支持陆地和防止岸壁坍塌的水工建筑物。驳岸通过不同形式的处理，增加驳岸的变化，丰富水景的立面层次，增加景观的艺术效果。按照驳岸的造型形式可分为传统式、自然式和混合式驳岸三种。传统式驳岸是指用块石、砖、混凝土砌筑的规则型岸壁。如常见的重力式驳岸、半重力式驳岸，要求用较好的砌筑材料和较高的施工技术，其特点是简洁可靠，但缺少美观和变化。自然式驳岸是指无固定形状和规格的岸坡处理，如常用的假山石驳岸、卵石驳岸、种水生植物的缓坡等。这种驳岸自然亲切，景观效果好。混合式驳岸是指传统式与自然式相结合的驳岸造型。一般为毛石岸墙，自然山石岸顶，混合式驳岸易于施工，且具有一定装饰性。

5）应用与发展

景观水体修复和治理主要针对有机污染物的削减与脱氮除磷、抑制藻类滋生等。主要为曝气增氧法、截污纳管、清淤疏浚、调配水、药剂法、生物生态法等。

（1）曝气增氧法。主要通过在水体中设置跌水坝、瀑布、喷泉等水景或采用机械设备对水体复氧，促进水体流动，提高水中溶解氧含量，从而进行污染物质的降解，增强水体自净能力，改善水体的感官性能。

（2）截污纳管。主要解决污染水体的收集问题，通常采用管网对污水收集后进入污水厂进行集中处理。

（3）清淤疏浚。主要采用人工或机械的方法清除污染底泥，将积存于底泥的污染物质移出水体外，以清除内源污染，遏制水体稳定性的退化。

（4）调配水。其是一种水资源的调度方式，充分利用动力和清水资源，通过泵站、水闸等设施进行调度，使水体定向、有序流动，从而快速稀释污染物质，增强水体的循环能力和更新速度，改善流域水质。

（5）药剂法。一般通过絮凝剂、除藻剂、增氧剂等药剂的投加，使之与水体中的污染物发生氧化反应或形成沉淀而去除。药剂法能在短时内快速净化水质，但该方法需考虑药剂对水体微生物的影响，且在水体原位实施时只能将污染物沉至水底而不能完全去除。因此，药剂法常与清淤、曝气、生态处理等方法联用进行水质净化。

（6）生物生态法。其遵循生态系统的原理，采用生物学方法修复受损的生态系统，人工培育具有抗污染和净化功能的水生动植物，利用食物链关系回收和利用资源，对水中污染物进行转化和降解，取得水质的净化、资源化和景观效果等综合效益。

生物生态法主要包括人工湿地、生态浮岛、生物膜、稳定塘、水生动植物治理等。相比物理、化学方法，生物生态法治理成本低廉、处理效果好、无二次污染、环境扰动少且有较高的观赏价值。景观水体与人们日常生活息息相关，生物生态处理为核心的净化工艺与海绵城市的要求相适应，能使城市在适应环境变化和应对自然灾害等方面具有良好的"弹性"，体现出城市与生态的自然和谐，具有显著的环境效益与社会效益。当汇水区域相对较大、原水浓度高的情况时，可采用传统污水处理流程与生态处理相结合的工艺，在集中处理后再进行尾水的生态处理。一部分景观水体经下游水泵提升，通过沉淀、人工湿地等系统处理后回到上游，再流经狭长湖面跌水、水生植物等实现水质提升。最后，在进行景观水体的设计时可以考虑人人参与的理念，利用太阳能板、休憩地人们活动（娱乐、健身等）提供的能源来辅助水质控制生态系统的运行，更具有生态效应和教育意义。

4.4 雨水回用

雨水回用是指经过处理的雨水通过雨水供水管道运输到雨水用户的过程。小区的雨水回收利用过程中，需要根据小区住户的实际需求来收集和利用雨水，且集中处理小区收集的雨水，只有把雨水处理达标之后，才能进行再利用。雨水回收利用不仅节约大量的水资源，而且能减少雨水的排放，平衡水资源生态系统，从而达到绿色建筑的目的。在住宅小区的雨水资源系统中，不同地区的雨水积蓄和受污染程度存在较大的差别，所以可以把小区雨水划分为屋面雨水、地面雨水以及初期雨水、非初期雨水。对于屋面、广场、路面与绿地等区域内污染较轻的雨水，可以回收再利用；对于污染较重的雨水，也可以考虑用来冲洗厕所、冲洗路面、冲洗车辆与浇灌植物等。

4.4.1 水质标准

回用雨水的水质指标应符合国家现行相关标准的规定。表4-4为雨水处理后COD_{cr}和SS限制指标。

雨水处理后COD_{cr}和SS限制指标   表4-4

项目指标	循环冷却系统补水	观赏性水景	娱乐性水景	绿化	车辆冲洗	道路浇洒	冲厕
COD_{cr}（mg/L）≤	30	30	20	30	30	30	30
SS（mg/L）≤	5	10	5	10	5	10	10

4.4.2 适用范围

优先作为景观水体的补充水源，其次为绿化用水、循环冷却水、汽车冲洗用水、路面与地面冲洗用水、冲厕用水、消防用水等，不可用于生活饮水、游泳池补水等。

4.4.3 相关要求

1）雨水供水管道应与生活饮用水管道分开设置，严禁回用雨水进入生活饮用水给水系统；

2）雨水供水管网的服务范围应覆盖水量计算的用水部位；

3）雨水供水系统应设自动补水，并且补水的水质应满足雨水供水系统的水质要求，补水应在雨水供水量不足时进行，补水能力应满足雨水中断时系统用水量的要求；

4）当采用生活饮用水补水时，应采取防止生活饮用水被污染的技术措施。当向雨水回用系统贮水池（箱）补水时，其进水管口最低点高出溢流边缘的空气间歇不应小于进水管管径的2.5倍，且不应小于150mm；

5）供水系统供应不同水质要求的用水时，应综合考虑水质处理、管网敷设等因素，经技术经济比较后确定采用集中管网系统或局部供水系统；

6）供水管道和补水管道上应设水表计量装置；

7）供水管道可采用塑料和金属复合管、塑料给水管或其他给水管，但不得采用非镀锌钢管；

8）雨水供水管道上不得装设取水龙头，并应采取防止误接、误用、误饮的措施。雨水供水管外壁应按设计规定涂色或标识。当设有取水口时，应设锁具或专门开启工具；水池（箱）、阀门、水表、给水栓、取水口均应有明显的"雨水"标识。

第 5 章　城市雨水水质处理

5.1　雨水水质处理设施

城市雨水在空中降落过程中携带了城市上空空气中的许多污染物，雨水降落至路面后，地表径流会携带路面的各种污染物。初期雨水的污染十分明显，在一些城市雨水径流中，河流至管道的溢流水质污染十分严重，为了保障城市水环境和经济社会发展的可持续性，必须经预处理后降低其污染物含量或达标排入城市水体，也可以直接作为城市路面绿化用水加以利用，缓解城市用水压力。本节着重介绍雨水花园、旋流式雨水分离过滤装置、雨水口截污装置、人工土壤渗滤等雨水水质处理设施。

5.1.1　雨水花园

1）概述

雨水花园（Raingarden），又称为生物滞留区域（Bioretention Area），是建设"海绵城市"、实现城市低影响开发技术类型之一。现代雨水花园概念起源于 20 世纪 90 年代的美国马里兰州乔治王子县，即绿地中具有一定渗透结构的低洼地，利用土壤和植物来管理和控制城市的雨水径流，减少雨洪灾害和径流污染的同时又能有效补给城市地下水。由于其具有易管理、景观佳、成本低、生态好等优势，在美国、澳大利亚、英国、德国等雨洪管理实践中得到广泛地推广与运用。

2）工作原理

雨水花园主要由 5 部分组成，自上而下依次为蓄水层、覆盖层、种植土层、填料层和砾石排水层，通常还包括预处理设施和溢流设施等。每层有着不同的生态和结构功能。图 5-1 为典型雨水花园构造示意。

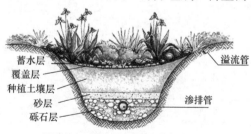

蓄水层
覆盖层
种植土壤层
砂层
砾石层
溢流管
渗排管

图 5-1　典型雨水花园构造示意

（1）蓄水层：深度介于 10～25cm 之间，用于储存暴雨径流量，沉淀部分污染物，可有效去除沉淀物中的少量金属离子、有机物；

（2）覆盖层：深度介于 5～8cm 之间，多选择树皮、树叶等，可保持植物根系湿润性，且使其渗透性能得以增强，避免水土流失。有利于微生物生长与有机物的降解，减少径流对填料与土壤的侵蚀；

（3）种植土层：常用砂子、土壤或有机质等，为植物提供营养物质与生长环境；

（4）填料层：选用的材料有着较强渗透性，可以是人工制造也可以是天然材料。区域降雨特性、规划建设面积等决定它的厚度。主要是砂质土壤、炉渣和砾石等，是系统控制暴雨径流和污染负荷的主要承担者；

（5）砾石排水层：对下渗之后的雨水径流进行收集，厚度介于20～30cm之间。由粒径较小的砾石或碎石组成，底部设排水管，排出下渗雨水。

雨水花园通过填料的过滤与吸附、微生物的降解和植物的吸收等作用，可以有效去除降雨径流中的悬浮物、重金属、油脂、COD与致病菌，但对氮磷的去除率较低，去除效果不稳定。雨水花园的生命周期可以概括为3个阶段即净化增长期（青年雨水花园）、净化稳定期（中年雨水花园）和净化衰弱期（老年雨水花园），图5-2为时间与净化效果曲线。

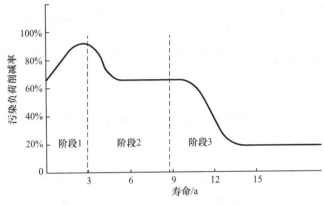

图5-2　时间与净化效果曲线

① 青年雨水花园。建设完成后的头3年内，基质对径流污染物的吸附能力较强，并且园内植物较小，微生物群落单一，植物吸收和微生物降解污染物的能力小于基质吸附污染物的能力。此时，雨水花园处于污染物净化能力增长期，对降雨径流污染负荷的削减率较高。

② 中年雨水花园。建设完成后的5～8年内，随着园内植物的生长与微生物群落的扩张，植物吸收和微生物降解污染物的能力逐渐提高，基质吸附污染物的能力与植物吸收和微生物降解污染物的能力相当，达到动态平衡状态。此时，雨水花园处于净化能力稳定期，对降雨径流污染负荷的削减率保持稳定。

③ 老年雨水花园。10～15年后，基质吸附位逐渐趋于饱和状态，吸附能力逐渐丧失，主要依靠植物吸收和微生物降解作用来去除降雨径流中的污染物。此时，雨水花园处于净化能力衰弱期，对污染负荷的削减速率会快速下降，不能发挥净化污染物的功能，寿命近似认为已终止，应考虑基质换填或新建。

3）设计应用

雨水花园设计时，应对原始用地的基本功能做好保障，兼顾游憩活动、景观与排水防涝的多重目标需求，同时发掘水文化内涵，塑造富有地域特色的场地环境；应强调雨水花园与其他雨水设施之间的组合使用，通过合理布局实现完善雨水水质处理体系。做好雨水预处理，溢流以及防渗的相关设施的协同关系。

雨水花园在实际运用中，根据所处的开放空间用地类型的不同，分为公园绿地、城市广场、建筑外环境（附属绿地）3种。

（1）公园绿地

公园绿地通常绿化用地占用比大于65%，其具备构建雨水水质处理设施的先天优势条件。根据具体的工程要求，可与其他的渗透装置进行组合，取长补短，对提高系统效率、保证安全运行的效果显著。以下是 3 种典型公园绿地雨水花园组合形式。

① 市政道路的雨水通过人行道下方的导流渠或连通管进入公园内的雨水花园，溢流雨水再经植草沟排至场地下游。为保证景观效果，在大块雨水花园内设置高点，以满足种植要求。图 5-3 为公园绿地雨水花园组合 A 示意。

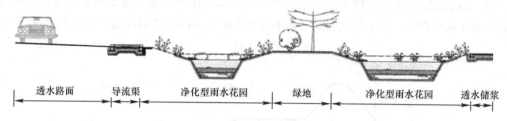

图 5-3　公园绿地雨水花园组合 A 示意

② 分散布置的雨水花园通过连通管连接，溢流雨水排至场地下游。图 5-4 为公园绿地雨水花园组合 B 示意。

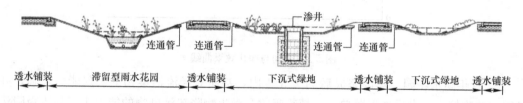

图 5-4　公园绿地雨水花园组合 B 示意

③ 屋面雨水经雨落管流入高位花池，溢流雨水经导流渠排至周围雨水花园，并在雨水花园内设置溢流口，使超过设计降雨量的雨水排至场地外市政雨水管网。通过竖向设计将生态停车场的地面雨水排向雨水花园，再通过植草沟将雨水最终汇至公园绿地中央的景观水体。图 5-5 为公园绿地雨水花园组合 C 示意。

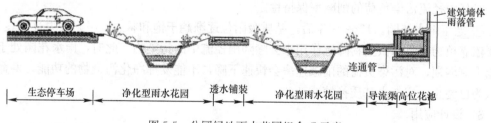

图 5-5　公园绿地雨水花园组合 C 示意

（2）城市广场

城市广场通常铺装面积较大，雨水产流较多，峰现时间短；由于人流车流量较大，使得雨水径流污染较大。但其具备充足的土地空间，能够有较大雨水收集潜力。在实际运用中，可在雨水花园底部设置穿孔管收集雨水，收集的雨水统一汇至地下储水池等雨水储蓄设施中，并通过雨水处理设施进一步进行处理，处理后的水质达到现行国家标准《城市污水再生利用 城市杂用水水质标准》GB/T 18920 的要求后回用于喷泉补水或绿化用水。同时，为雨天行人车辆安全考虑，雨水花园雨水水质处理设施内还应该增加设置溢流排放设施，使得在超过设计降雨量的情况下，过量雨水能够排放至市政雨水管网。以下是5种典型城市广场雨水花园组合形式。

① 人行道与广场采用透水路面材料，铺装上的雨水通过地表竖向汇入广场里的滞留型雨水花园，再溢流至净化型雨水花园。为减小地表坡降，在滞留型雨水花园内设置台坎或挡水堰。图5-6为城市广场雨水花园组合A示意。

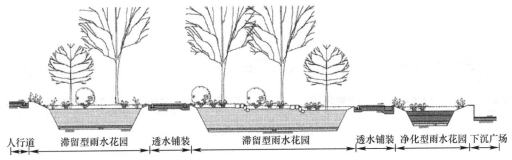

图5-6 城市广场雨水花园组合A示意

② 人行道与绿地雨水排入下凹式绿地，经地面导流渠和转输型植草沟排入净化型雨水花园，并在净化型雨水花园内设置溢流口。图5-7为城市广场雨水花园组合B示意。

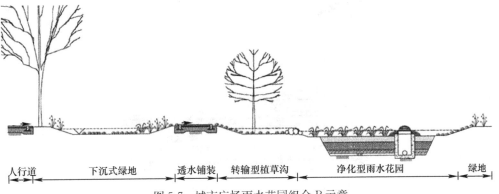

图5-7 城市广场雨水花园组合B示意

③ 广场采用透水铺装材料，铺装径流汇入净化型雨水花园，生态树池之间采用导流渠串联，生态树池的溢水排入滞留型雨水花园，并在雨水花园内设置溢流口。图5-8为城市广场雨水花园组合C示意。

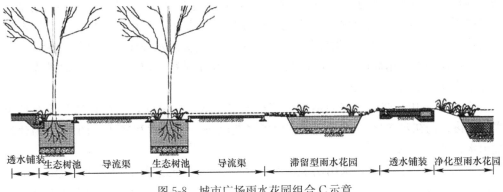

图5-8 城市广场雨水花园组合C示意

④ 停车位采用嵌草砖铺面，使铺装径流汇入停车位周边的净化型雨水花园。净化型雨水花园之间采用干式植草沟连接至净化型雨水花园，并在其中设置溢流口。图 5-9 为城市广场雨水花园组合 D 示意。

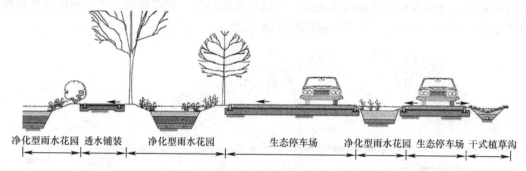

净化型雨水花园　透水铺装　净化型雨水花园　　　生态停车场　净化型雨水花园 生态停车场 干式植草沟

图 5-9　城市广场雨水花园组合 D 示意

⑤ 城市广场管理用房采用种植坡屋面，并在雨落管下设置高位花池。高位花池底部设置穿孔管排水，将雨水排至周围绿地空间。图 5-10 为城市广场雨水花园组合 E 示意。

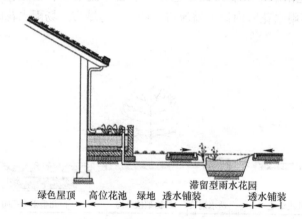

滞留型雨水花园

绿色屋顶　高位花池　绿地　透水铺装　透水铺装

图 5-10　城市广场雨水花园组合 E 示意

（3）建筑外环境（附属绿地）

建筑外环境（附属绿地）通常是指在居住用地、公共管理与公共服务设施用地、商业服务设施用地、工业用地、物流仓库用地、公用设施用地中，一般硬质下垫（建筑屋面和道路广场）占总用地比例为 70% 左右的情况下，其周边的绿化用地设计，其多具有地下空间，多使用 1.2~1.5m 覆土深度的建筑顶板绿化。在进行雨水花园设计的时，应设置在地下建筑范围线外。同时，应做好与雨水管渠系统和超标雨水溢流排放系统的衔接。具体的规模计算应根据降雨规律、雨水蒸发量、雨水回用量进行确定。以下是 3 种典型的建筑外环境雨水花园设施组合方式。

① 车行道采用承载透水路面结构，停车位采用嵌草砖铺面，使车行道与停车位上的雨水排入渗透沟初步净化，再进入净化型雨水花园进一步滞蓄和净化。图 5-11 为建筑外环境雨水花园组合 A 示意。

② 将建筑雨落管断接，采用消能池承接屋面雨水，通过导流渠将消能池溢水汇入湿式植草沟，通过连通管将湿式植草沟与净化型雨水花园连通，并在净化型雨水花园内设置

雨水溢流口，布置结合景观设计，设置儿童游戏沙坑，增加场地趣味性。图 5-12 为建筑外环境雨水花园组合 B 示意。

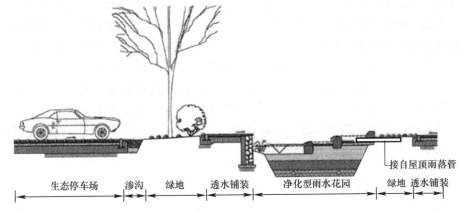

图 5-11 建筑外环境雨水花园组合 A 示意

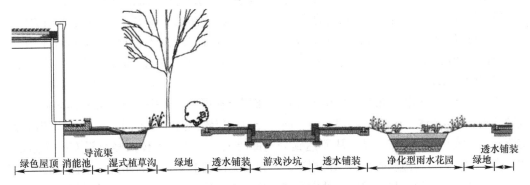

图 5-12 建筑外环境雨水花园组合 B 示意

③ 车行道采用承载透水路面结构，停车位采用嵌草砖铺面，通过竖向设计使车行路与停车位上的雨水排入渗透沟初步净化，再进入净化型雨水花园进一步滞蓄和净化。净化型雨水花园同时承接周围建筑的屋面雨水。图 5-13 为建筑附属绿地雨水花园组合 C 示意。

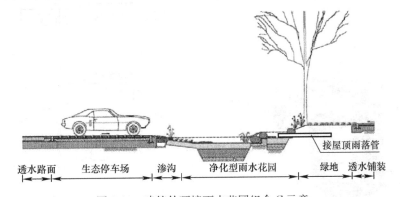

图 5-13 建筑外环境雨水花园组合 C 示意

4）应用与发展

雨水花园因具有削减暴雨径流量、降低污染负荷、补给地下水、景观价值高、建设和维护管理成本低等特点，已成为现代雨水水质处理中的一项重要技术措施。在技术发展上，可以深入研究雨水花园对雨水径流污染物的处理效能和净化过程，明确净化效果与影响因素的联系，从而改善系统水质净化效果；关注雨水花园填料优化和配比组合改良的研究，针对不同地区、土壤结构与径流水质等改良得到去污效果最佳、最稳定的填料组合；在植物选择方面结合景观要求，对植物的种类、数量进行量化研究，选择出合理、科学的植物配置。

作为海绵城市理念的一种生态措施，在实际设计中可以考虑与城市绿地公园、雨水湿地和透水铺装衔接到一起，建立基于雨水花园理念的城市雨水生态系统；也可以融合到建设智慧化海绵城市的实践中，结合云计算、大数据和遥感等信息技术手段，在线实时监测雨水径流的状况，实现智慧化管理。随着城市化进程的快速发展，雨水花园将在缓解城市面源污染和水资源紧缺方面具有广阔发展前景。

5.1.2 旋流式雨水分离过滤装置

1）概述

旋流式雨水分离过滤装置一般埋设于地下，安装于雨水调蓄池前端，用于过滤雨水径流中的杂质，具有提高蓄水池中雨水水质的功能。在发达国家，旋流式雨水分离过滤是常用的技术，占地少，可以安装在雨水排放口或雨污合流下水道溢流口，取代现有的检查井，因而不需要额外的土地，特别适合于人口密集的市区。图 5-14 为旋流式雨水分离过滤装置示意。

2）工作原理

需要分离的两相混合液以一定的速度从旋流器上部周边切向进入旋流分离器内后，产生旋转运动，由于固液两相所受的离心力、向心浮力和流体拽力大小不同，大部分固相沉淀于旋流器底，液相则由溢流口排出从而达到分离的目的。装置在壳体内竖直设有一个过滤壳体，壳体的入水口与过滤壳体入水口相连通，过滤壳体的上侧壁是封闭的，下侧壁设有过滤孔，在壳体上设有出水口，出水口处设有挡油板，去除雨水中携带的油脂或油膜；通过过滤壳体的下侧壁进行杂物的过滤；将过滤壳体偏心于壳体设置，过滤壳体入水口和壳体的入水口在同一条螺旋线上设置，进一步地减缓了雨水进入装置内的湍急情况。图 5-15 为旋流式雨水分离过滤装置示意。

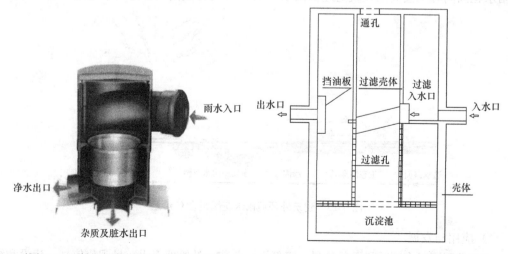

图 5-14　旋流式雨水分离过滤装置示意　　　　图 5-15　旋流式雨水分离过滤装置示意

3）设计应用

旋流式雨水分离过滤装置作为雨水预处理装置的一种，能够将污染物浓度较高的初期径流排除，以达到减少面源污染的作用。值得注意的是屋面雨水收集系统的弃流装置宜设于室外，当设在室内时，应为密闭式；地面雨水收集系统的雨水弃流设施宜分散设置，当集中设置时可设雨水弃流池，弃流雨水排入市政污水管网时应确保不发生倒灌。

4）应用与发展

城市化过程中不透水地面面积迅速增长与雨水径流量的增加，降雨径流对大气中污染物的淋洗和对地表污染物的冲刷使其成为城市面源污染的主要形式，且有日渐严重的趋势。旋流分离器在去除地表污染物，固体颗粒物中有很强的去除作用，最佳去除率可达80％以上，对城市雨水径流污染物控制起到较好的效果，将旋流分离器应用于控制城市雨水径流污染物是可行的。相对其他传统工艺，旋流式雨水分离过滤装置具有结构简单、操作容易、处理量大、占地面积小、对于较细颗粒有较好的分离效率等优点，对雨水径流这种具有流量大、SS 浓度高、含有大量固态氮磷污染物的污染源有很强的适用性。旋流式雨水分离过滤装置在各城市推广应用具有很好的前景。

5.1.3 雨水口截污装置

1）概述

雨水口截污装置是城市面源污染控制设施之一，雨水径流首先与大气和下垫面接触，其中夹杂着些许泥土、树叶、动物粪便等杂质。在雨水径流流入雨水管道前，可设置雨水口截污装置，过滤、拦截雨水径流中的一部分杂质，使较为清洁的雨水流入市政雨水管网，减轻对市政管网的维护工作，减少对雨水径流的处理费用。雨水口截污装置在小雨时能净化初期雨水，大雨时不影响雨水的顺畅排放，具有良好的承重性能、高效的雨水净化能力，安装维护便捷等特点，主要应用于建筑与小区、城市道路和广场。

2）工作原理

雨水口截污装置一般由变向面板、溢流口、截污篮和过滤袋等部分组成。雨水口截污装置可安装在雨水口雨水箅子下方，用来过滤、拦截雨水径流中的杂质和污染物质。小到中雨，雨水径流流量较小，可通过截污篮和过滤袋流入雨水管道。遇到强降雨天气，雨水径流流量较大，为防止过流不及导致积水，装置设有溢流口，过量雨水可通过溢流口直接排入雨水管道。装置中的过滤袋采用特殊材料制成，具有较好的透水性，且可吸附雨水径流中的油脂类污染物质，进一步净化雨水水质。

3）设计应用

雨水口的作用不仅仅是排水，还应对雨水径流起到净化作用。相关规范没有明确要求加装截污装置，但是为了实现雨水水质的源头污染物控制，许多国家在实际设计中通常将其与雨水口结合，并广泛使用。根据不同场地条件，不同的污染物种类、程度等级所设置的雨水口截污装置结构也有所不同，其对应的参数诸如设置间距，过滤速度水头，截污挂篮材质，同样也需要做相应调整。针对雨水口截污有传统雨水口截污改造和一体式截污雨水口两种技术。

（1）传统雨水口截污改造

① 截污挂篮雨水口

雨水口截污技术在德国应用广泛。早在 20 世纪 70 年代，上海市政养护工人用麻袋制作网兜，用钢筋制作方框，再用铁丝将网兜绕在钢筋方框上，用于雨水口截污。在雨水口维护时，只需将挂篮提出，将垃圾倒入小型卡车即可。当前雨水口截污技术不断被改进，上海市推广使用的雨水口将之前国内简单的雨水口截污挂篮产品化。该装置整体采用不锈钢结构，装置上方设置导流板，增强了雨水口的进水效率；导流板下方设溢流区，保证径流量较大时雨水口的正常泄水能力，溢流区下方设栅条状过滤网，拦截进入雨水口的污染物。由于综合考虑了雨水口截污和排水功能，该装置较之前雨水口截污挂篮有很大进步。图 5-16 为截污挂篮雨水口示意。

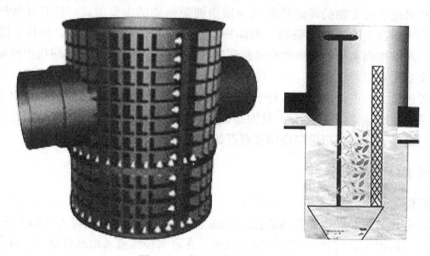

图 5-16　截污挂篮雨水口示意

② 截污除油雨水口

美国相当重视道路油类和烃类污染物的控制，2000 年美国研发了一种垃圾和烃类物质滤除装置。该装置由一侧的金属挂钩安装在雨水箅子下端的雨水口中。为达到较好的吸油功能，装置设计成双层结构，内层由金属网组成，具有截留较大污染物的功能，外层主体为不透水结构，其两侧设较低的溢流区。内外两层中间设夹层，夹层中填充吸油性好、疏水性的共聚物。进入雨水口的雨水要经过装置的过滤吸附，达到净化水质的目的。装置的双层结构截污效果好，但增大了雨水口的过流阻力，影响了雨水口的正常泄水能力。为增强除油型雨水口的过流能力，美国相关公司结合以往产品的研发经验，研发了新型除油过滤雨水口并推动产品的产业化。该雨水口整体采用不锈钢板结构，美观大方，装置上方设置吸油索，能有效吸收路面径流中进入雨水口的油脂类物质，吸油脂下方设计溢流区，与双层结构的截污除油型雨水口相比过流能力大大增强。该装置适用于高速路或停车场雨水口径流雨水中油脂的去除，能有效减少雨水后续的处理成本以及减少对城市水体的污染。图 5-17 为截污除油雨水口示意。

③ 截污防臭雨水口

随着雨水口截污技术的发展，雨水口经常溢出的臭味引发关注。臭味源自污水中的有机物在厌氧环境下分解产生的硫化氢、氨、硫醇等带有强烈刺激性气味的气体。部分气体在管道内聚集，通过雨水口溢出。为解决这一问题，上海市研制出一种雨水口防臭气外溢装置。雨水口防臭气外溢装置采用水封式防臭和翻板式防臭两种形式。防臭水封工作原理是：无水时防臭水封的封水阻止排水管道中的臭气通过连接管进入雨水口溢出；当水位超过防臭水封出水高度后，先流入下面井室，然后进入连接管。翻板防臭装置的工作原理是：当雨水口无水时，防臭翻板的活动门处于常闭状态，可有效防止排水管道中的臭气外溢；当雨水口有水流时，会在翻板的活动门前后形成一定的水位差，在水压的作用下，活动翻板被推开，使雨水口的雨水正常排放，水位越大防臭翻板的活动门打开角度越大，过流能力越大。雨水口防臭气外溢装置可以与雨水口截污装置组合，同时具有截污和防臭的功能。水封型适用于进水箅子距连接管≥800mm 的雨水口，该装置防臭效果好，维护方便，但安装比较繁琐；翻板形式防臭装置适用于进水箅子距连接管＞500mm 的雨水口，该装置与水封型防臭装置相比结构简单，清污维护比较方便，但防臭翻板易被垃圾卡住，运行稳定性较差。雨水口截污和防臭装置的结合虽然解决了雨水口的防臭问题，但是组合装置相对复杂。图 5-18 为水封式防臭雨水口示意，图 5-19 为翻板式防臭雨水口示意。

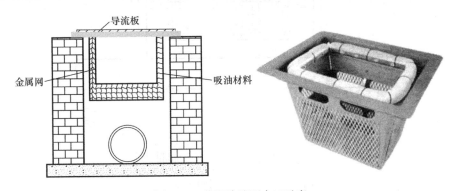

图 5-17　截污除油雨水口示意

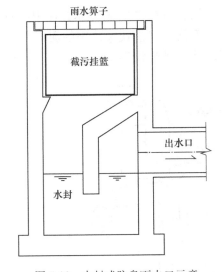

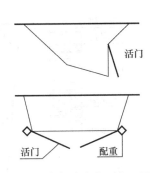

图 5-18　水封式防臭雨水口示意　　　　图 5-19　翻板式防臭雨水口示意

（2）一体式截污雨水口

虽然传统雨水口截污改造技术解决了雨水口截污、除油、防臭等问题，但雨水口截污与雨水口泄水能力之间的冲突问题一直未能很好地得到解决。近年来一体式截污雨水口打破了传统雨水口的束缚，为雨水口截污开辟了新的思路。一体式截污雨水口是一种可以替代传统雨水口、具有截污功能的新型雨水口。这种雨水口通过截污结构，可实现雨水口截污、泥砂沉降、下渗、防臭等功能，同时具有较好的水力条件。图 5-20 为一体式截污雨水口示意。

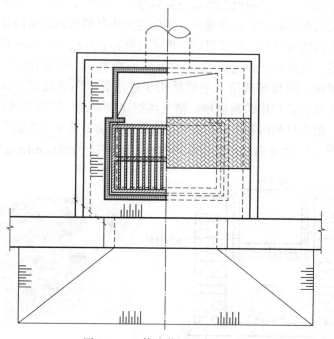

图 5-20　一体式截污雨水口示意

① 底部沉砂型雨水口

雨水口截污改造技术只能截留进入雨水口的较大垃圾物，对雨水径流中泥砂等颗粒物的去除受到传统雨水口结构的限制。底部沉砂型雨水口能使径流中的泥砂在雨水口中沉降，达到净化雨水水质的目的。图 5-21 为底部沉砂型雨水口示意。

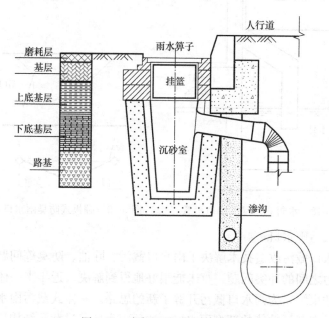

图 5-21　底部沉砂型雨水口示意

② 渗滤结合型雨水口

渗滤结合型雨水口有效截留了径流雨水中的颗粒污染物，但沉砂斗会存水，进而导致底部清理困难。为解决沉砂斗存水问题，提出了在沉砂底部设置透水设施，同时可以补充地下水。渗滤结合型雨水口主体结构分为两部分：一部分为较大的截留间，另一部分为较小的溢流间，两部分中间由溢流堰分开。截留间的顶部设雨水口截污挂篮，径流雨水通过雨水口进入，径流中的较大垃圾被截污挂篮拦截。当径流量较小时，进入雨水口的雨水被截污间截留，通过底部的渗透设施逐渐渗入周围的土壤，自然排空；随径流量增大，雨水通过溢流堰进入溢流空间，经雨水口排水管排入市政管网。渗滤结合型雨水口的优点是能截留较大污染物，又通过雨水口下渗实现了补充地下水的功能；缺点是底部渗透设施会被沉砂堵塞，需要经常清掏维护，溢流挡板对过流能力造成一定的影响。图 5-22 为渗滤结合型雨水口示意。

③ 截污、沉砂、防臭型一体式雨水口

截污、沉砂、防臭型一体式多功能雨水口整体采用混凝土预制，雨水口上方配置截污挂篮，底部设四棱台式沉砂结构，管道口处设一道防臭隔板，隔板下沿低于排水管的内底，能进一步拦截雨水中的漂浮物。沉砂斗内存有一定体积的水，与防臭隔板联合作用，形成防臭水封，防止管道中的臭气从雨水口箅外溢。截污、沉砂、防臭型一体式多功能雨水口的优点是能拦截较大量的雨水口垃圾，保证进入管道的雨水质量；缺点是防臭挡板会影响雨水口的正常泄水能力。在久旱无雨时，雨水口会因为缺水导致水封失效。图 5-23 为截污、沉砂、水封防臭一体式雨水口示意。

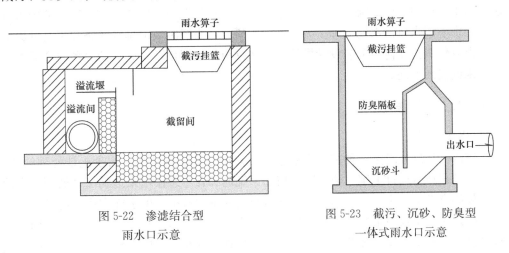

图 5-22　渗滤结合型　　　　　图 5-23　截污、沉砂、防臭型
雨水口示意　　　　　　　　一体式雨水口示意

4）雨水口应急截污防护措施

雨水口是城市地表径流进入排水管道的入口，当城市发生突发事件时，如施工原因导致雨水口堵塞或严重的泄漏事件发生时，城市的排水安全与水体安全将受到严重影响，因此，应对其影响范围内的雨水口做相应的临时防护处理。国内在雨水口防护方面，只限于雨水口垃圾的清掏。美国雨水口应急防护意识超前，民众参与程度高，当雨水口堵塞或者突发雨水口污染事件发生时，有相应的临时防护措施。雨水口临时防护措施是采用过滤织物围圈在雨水口外围，阻止土壤、砂砾等污染物进入雨水口。为防止过滤织物堵塞，过滤织物的垃圾需要经常清理。雨水口应急处置措施对防止水土流失和防止雨水口与排水管网

图 5-24　雨水口应急截污防护措施

堵塞起到了积极作用,适用于施工现场雨水口的临时防护,值得国内借鉴。图 5-24 为雨水口应急截污防护措施。

5) 应用与发展

截污雨水口作为典型的源头控制措施,国外大量截污雨水口的结构形式值得我国借鉴,虽然我国上海、深圳、天津等地已开始应用截污雨水口,但在不同地方雨水口的应用形式、规模以及截污雨水口的产业化还与国外有较大差距。良好的雨水口运行维护管理是非点源污染控制的重要组成部分,我国至今未能建立符合我国雨水径流污染控制的政策规范。我国道路雨水径流污染严重,人口众多,对雨水口的重要性认识不足,政府对将污水排入雨水口的惩罚力度不够。

目前国内外针对雨水口截污的技术主要有两种形式。一种是传统雨水口截污改造技术,该技术不改变传统雨水口结构,生产成本较低,适用于旧城区的改造和施工现场雨水口临时防护。另一种雨水口截污技术形式是一体式截污雨水口,提出了截污、沉砂、下渗、防臭等理念并举的思路,是未来新建城区雨水口截污技术发展的方向,而且目前在部分国家或地区也有相应的示范性工程。但雨水口截污措施在我国还未得到普及,应意识到解决好雨水口截污和保证雨水口正常泄水能力是一项长期而艰巨的工作,需要从雨水口截污效果和影响雨水口泄水能力等多方面做深入研究,为解决城市排水问题和恢复健康城市水环境提供保障。如何将工艺设计模块化,实际应用快捷化,售后维护服务与产品配套化将是未来的发展方向。

5.1.4　人工土壤渗滤

1) 概述

土壤渗滤处理技术是一种基于自然生态原理的生态工程技术,属于土地处理的范畴。土壤渗滤处理技术通过土壤、微生物、植物系统的综合生态作用来达到深度处理污水的目的,不仅能有效地减少有机物和氨氮,而且对病原菌也有很好的去除作用。将其应用于再生水的处理中,不仅效果好,且可较好地解决当前处理技术存在的主要问题。我国已有的土地处理工程的实际运行经验表明,土壤渗滤处理系统在我国广大地区有着良好的适应性和可行性,因此,土壤渗滤处理技术在我国将有着广阔的应用前景。对土壤渗滤处理系统的进一步研究与推广应用,对改善水质、保护水环境和雨水回用具有重要的意义。人工土壤渗滤净化雨水的效果好,可达到雨水回用水质要求,且与景观比较容易结合,但建设成本较高。当前土壤渗滤技术在实际应用中遇到的主要问题有水力负荷低、易堵塞,一般采用人工换土,即利用人工填料回填,代替土壤,增加系统的渗透与净化功能。图 5-25 为典型人工土壤渗滤构造示意。

2) 工作原理

在人工土壤中的石英砂、石灰石、少量矿石和活性炭与营养物质等构成了一个复杂的胶体颗粒体系，各种污染物（如氮类污染物）大多以胶体状态稳定存在于污水中，当污水进入土壤层，原来的两种各自独立的体系就构成了新的胶体体系，由于电解质平衡体系的破坏和土壤层腐殖质等高分子物质的不饱和特性，导致在新的体系中发生一系列的胶体颗粒的脱稳、凝聚、絮凝和相互吸附等物理化学过程，进而在人工土壤生长着的大量细菌、真菌、酵母菌、霉菌、原生动物、后生动物和蚯蚓等，将污水中的有机质与氮磷等营养素进行降解和吸收等作用而去除，从而使污水得以净化。

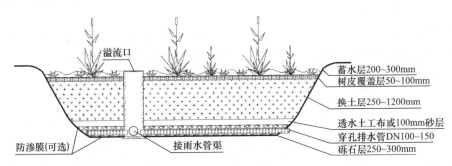

图 5-25　典型人工土壤渗滤构造示意

人工土壤渗滤工艺在土地处理工艺的基础上，借鉴了污水快速渗滤土地处理系统和构造湿地系统，并取其长避其短，逐步发展成为具有自身特色的新型土地处理技术。相较传统土壤渗透，通过人工填料代替天然土壤，增大了包气带，土壤的水力负荷，以提高净化速度，减小了设施的占地面积。

人工土壤渗透设施中存在着硝化，反硝化，磷循环，有机物质重组，有毒化学物质的降解，污泥降解，二氧化碳吸收，金属螯合作用，沉淀作用等协同作用共同对雨水水质处理的作用。人工土壤渗透设施大致可分为 4 层。由上而下依次为：人工土壤 1 层，厚度约为 40cm，人工土壤 1 层由石英砂、少量矿石和活性炭与营养物质组成；生物填料层，厚度约为 10cm，其粒径一般在 2～4mm，生物填料为生物陶粒，外表呈蜂窝状，比表面积较大，微生物易附着，吸附性强，渗透性能良好；人工土壤 2 层，厚度约为 20cm，人工土壤由石英砂、石灰石等组成；卵石层，大约有 20cm。图 5-26 为人工土壤结构示意。

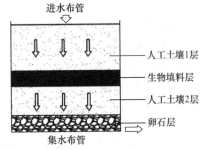

图 5-26　人工土壤结构示意

3）设计应用

在工程中应用土壤渗滤系统时，应重视改良土壤渗滤介质的配比，使改良土壤渗滤介质在保持良好的磷吸收固定能力与渗滤效果的同时，保证植物根系在改良土壤渗滤介质中的生长与延伸。根据当地的地理位置、气候环境，尽量选择耐潮湿且根系发达的植物种植，尽量使植物种类多样化。

（1）土壤性能

在土壤渗滤系统中，土壤是发挥作用的主体部分。土壤类型决定了土壤的渗透性能，从而影响污水通过土壤层的下渗速率，影响污染物的去除效果。研究表明，沙壤土相较于黏土有较高的渗透性能，但是污染物去除能力相对较差。此外，土壤水含量、阳离子交换容量、土壤容重、pH 等土壤特性也对污染物的去除效果产生影响。

（2）氧气状况

系统氧气状况影响微生物的生长状况，进而影响氮的去除。氮的去除经由氨化过程、硝化与反硝化过程转变为氮气。硝化菌是好氧细菌，氧气供应不足直接影响硝化作用的进行，相反，反硝化过程中反硝化细菌的生长需要缺氧环境，因此，系统内氧气分布状况的平衡将对氮的转化产生直接影响。

（3）介质填料选择

选择合适的介质填料对于有效发挥土壤渗滤系统净化污水的功能具有重要意义。已有的研究中多以木屑、橡胶、棉花、活性炭、沸石、锯末等作为改良土壤层的填料，并在实际的污水处理中发挥了一定的去除功效。

4）应用与发展

人工土壤渗滤工艺为新型的水处理技术。人工土壤渗滤工艺处理城市雨水可有效截留、吸附雨水径流中的污染物，滤料层能有效地延缓地表径流的产生时间、减小径流水量，从而起到"渗、蓄、治、排"的作用，减轻了雨水对水源的污染和城市洪涝灾害的发生。因此，研究以不同组合滤料与天然基质土壤渗滤结合的方式处理城市雨水，具有重要的经济与环保意义。

5.2　常用雨水处理工艺

5.2.1　屋面雨水处理工艺

1）概述

屋面作为城市不透水面积的一个重要组成部分，其面积在城市面积中占有相当的比重。并且城市屋面雨水便于收集，水质较道路、绿地径流水质好。因此，在水资源日益匮乏的今天，利用屋面雨水回灌地下水具有很大的开发潜力。

2）工作原理

影响径流水质的因素有很多，且比较复杂，综合起来主要受屋面材料、降雨量、降雨

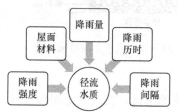

图 5-27　径流水质影响因素示意

历时、降雨强度、两次降雨间隔等因素的影响。另外，城市的空气质量也是不可忽略的因素。而且雨水径流水质还受到气温的影响，其表现特征是屋面雨水水质呈现季节性变化。图 5-27 为径流水质影响因素示意。

一般来说，处理屋面雨水的方法可分为物化处理、生化处理、生态处理和膜过滤。有研究表明屋面径流可生化性差，因此不宜采用生化处理。从技术上来讲，可采用物化处理法、生态处理法或膜过滤法。

我们着重介绍物化处理法。为去除悬浮的和溶解的污染物而采用的化学混凝沉淀和活性炭吸附的两级处理是一种比较典型的物理化学处理系统。物化处理法占地面积少；出水水质好，且比较稳定；对污染水水量、水温和浓度变化适应性强；可去除有害的重金属离子；除磷、脱氮、脱色效果好；管理操作易于自动检测和自动控制等。值得注意的是，根

据实际场景与需求的不同，可在基本处理流程的基础上加以增减或改进，设计不同的过滤系统处理屋面雨水。图 5-28 为屋面雨水径流物化处理基本流程示意。

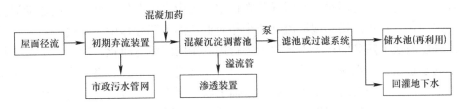

图 5-28　屋面雨水径流物化处理基本流程示意

3）案例分享

以某单位屋面花园为例，介绍一项极具特色且兼具美观与功能的屋面雨水消纳与循环系统。不同于传统的水质处理设施，本案例在设计中引入许多景观设施（如下凹绿地、水景等）来替代传统的设施，在兼顾美观性的同时，保持了雨水的滞留、收集、存储与利用环节，让雨水在降雨时完全滞蓄在屋面花园中，在降雨后通过灌溉、水景等方式对雨水资源进行循环利用，以实现屋面雨水就地处理的效果。图 5-29 为雨水收集与净化系统示意，图 5-30 为雨水收集过程流程示意。

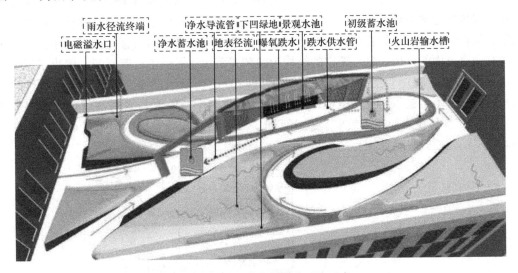

图 5-29　雨水收集与净化系统示意

图 5-30　雨水收集过程流程示意

本案例屋面绿化雨水管理主要体现在对雨水径流的削减和对雨水水质的净化两方面。对雨水径流的削减，主要依赖于屋面绿化对雨水的贮存和滞留，以达到削减径流峰值流量和总流量，延缓径流产生时间和推迟峰值时间的目的；雨水水质净化则主要利用屋面植被层、混合基质和土壤填料、土壤基质中的微生物等来实现对雨水污染的截留、吸收、吸附与分解。值得注意的是，本案例并没有用传统的混凝沉淀工艺进行水质净化，而是利用了植被以及微生物进行水质净化。

本屋面的雨水消纳思路是增大雨水在土壤中的下渗量，延长雨水在屋面的滞留时间，利用多种方式蓄积雨水。即让绿地尽量多地吸收雨水，同时利用植草沟、集雨槽等设施收集地面径流与绿地溢出的雨水，并引导其在设定的火山岩生态集雨槽中单向流动以实现对水质的初次净化，在集雨槽末端汇流到 2 个相对低洼的下凹绿地中，经过滤后，再通过导流管汇集到屋面层下隐藏的初级蓄水池中进行进一步的沉淀与净化，随后由潜水泵抽到南侧休憩亭的水景墙上，水在层层跌落的过程中实现曝气净化，最后将跌水池中的水引流到净水蓄水池中，等到需要的时候再用潜水泵抽出以实现雨水就地消纳与循环利用。

本案例的水系统循环利用思路是在解决屋面排水问题的同时利用收集的雨水来回补、灌溉绿地植被，实现雨水的循环利用，解决传统屋面花园蒸发强度高、需水量大的问题。即通过基质干湿自动控制器的监测与控制，净水蓄水池中的水被潜水泵输送到各个绿地中的旋转式喷头，进而对绿地中的植被进行自动灌溉，同时还预留有快速取水阀以应对个别特殊需水情况。

为满足水循环系统所需的滞蓄雨水功能，对于屋面结构层的纵向设计也是本案例的一个亮点。传统的屋面花园采用在屋面结构层上直接铺设花岗岩板材，并砌筑种植池以种植植物。这种花园中种植池标高高于地面标高，人的活动被限制在混凝土砌筑的硬质夹道中，而且由于结构层与覆土荷载较重，只能种植形式单一的低矮耐旱植物，无法满足滞蓄雨水、实现生态水循环的要求。本案例的屋面花园创新性地使用架空的结构形式，将雨水收集、储存与灌溉系统集合在架空的空间中，实现对屋面雨水的储存与循环利用。架空的结构有 3 个方面的作用：（1）架空的结构为隐藏式蓄水池提供了设置空间，解决了屋面雨水蓄积的问题；（2）架空的结构使路面抬升，为地面雨水向绿地汇集提供了可能性；（3）人的活动不再被限制在种植池围合成的狭小空间中，使人与景观高度融合，提升观感。图 5-31 为传统屋面花园效果示意 A，图 5-32 为传统屋面花园效果示意 B，图 5-33 为创新性屋面花园效果示意。

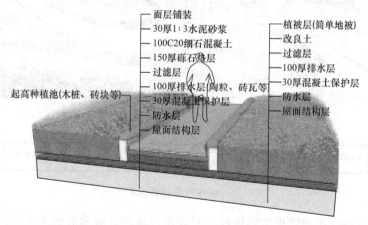

图 5-31　传统屋面花园效果示意 A

5.2.2　道路雨水处理工艺

1）概述

近年来，飞速发展的城市道路和日益频繁的交通活动，导致路面污染物骤增，在降雨冲刷的作用下，路面径流污染日益加剧。因此在城市地表径流中，与其余两种径流相比，路面雨水径流，尤其是具有较高车流量的城市交通道路路面，其径流污染强度高、污染负荷大、有毒有害物质含量多，是城市地表径流中污染效应最强的部分。

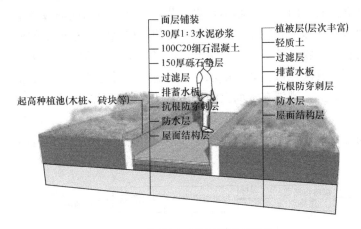

图 5-32　传统屋面花园效果示意 B

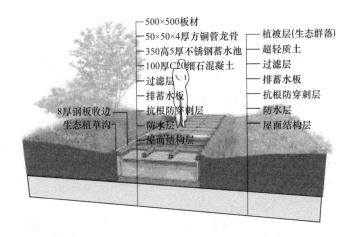

图 5-33　创新性屋面花园效果示意

相对于点源污染，道路径流的污染物具有截然不同的面源污染特征，概括起来主要有以下 3 个方面：

（1）径流产生的随机性。由于道路径流的污染物随降雨的过程产生，而降雨的过程受水文与大自然气候因素的影响，其过程往往具有很强的随机性和偶然性，这就决定了路面径流污染物产生的随机性；

（2）排放的无规律性、间歇性。污染物晴天时在路面累积，污染物只是在雨天时随路面径流而产生。而每次降雨的持续时间各不相同，降雨发生过程中雨量也不断在变化，这就导致了污染物排放的间歇性、无规律性的特征。当暴雨产生时，污染物瞬时排放量增大，为城市径流污染物控制带来了极大困难；

（3）污染物负荷的时间和空间变化幅度大。由于偶然性的存在，导致路面径流污染物负荷无规律可寻。不同城市，由于降雨频次差异、经济发展状况不同、城市环境建设情况各异、城市道路建设情况相异等因素都会使路面污染物负荷差异较大。即使是同一城市，由于气候变化，不同时间径流污染物负荷差异性也较大。

2）工作原理

道路雨水水质污染程度高，水质复杂，应先除去初期径流，再进行混凝、沉淀、除油和过滤等工艺处理。必要时增加生物活性炭工艺，然后再回用或回灌地下水。在道路和庭院雨水径流中通常有许多大颗粒杂物和油污，可使用格栅除去径流中的树叶、纸张、塑料废弃物与其他大颗粒杂物，如遇格栅被堵塞，可采用溢流装置将水溢至沉淀池。对于雨水中的油污，可采用弯管法拦截。如在雨水由沉淀池进入过滤池的管道上安装弯头，使正常水位在弯头的进水口上，漂浮在水面上的油污就被拦截在沉淀池内。

3）案例分享

以某段区间道路的雨水排水设计为例，其基本思路是在机动车道两侧总长为 61.5m 的绿化带旁，设置雨水滞蓄沟。图 5-34 为案例雨水排水工艺流程示意。

图 5-34　案例雨水排水工艺流程示意

在滞蓄沟内填入施工废弃的混凝土块和适量的砖渣等吸附性较强的土石料，再在其上铺设渗透系数较大的人工拌合土作为植被土，种植适宜的水生植物或乔木，在滞蓄沟内沿途设置雨水收水井，并将收水井井箅高程设置为高于植被土高程且低于路面高程，雨水沿道路径流至滞蓄沟内，初期雨水可通过滞蓄沟内渗透性较好的土质渗透到地下，具有一定吸附性的土石料可以对雨水中所含的污染物质起到一定的吸附作用。随着水量的增加，滞蓄沟内水位升高至雨水收水井井箅的位置时，雨水可溢流至雨水井内，通过雨水管道输送至雨水泵站，经泵站提升后排入人工湿地或其他处理设施，当雨水量超过人工湿地接纳容量时，可直接将雨水排入附近水体。图 5-35 为滞蓄沟实景。

图 5-35　滞蓄沟实景

本方案的优点是可快速的收集雨水，对雨水起到较好的渗透和滞蓄作用，也可利用经过吸附处理后的雨水对地下水资源进行补给，可有效地节省绿化用水。同时该方案有很好的景观效果，比较适合具有较宽路边绿化带的道路。

本方案同时也存在以下问题：（1）距离雨水泵站较远的初期雨水在管道内的流行需要

较长的时间，当到达雨水泵站时，可能湿地的处理容量已经饱和，则这部分初期雨水会被直接排入天然水体。当大雨或暴雨时，超过湿地处理容量的雨水无法进入湿地，也只能直接排入天然水体。虽有大量的中期雨水会对初期雨水的污染物质起到稀释作用，但仍会对天然水体造成一定程度的污染。（2）滞蓄沟内易淤积初期雨水中的泥砂等污染物。图 5-36 为方案优缺点简示。

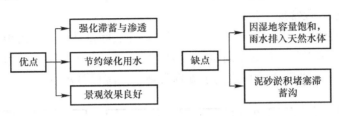

图 5-36　方案优缺点简示

5.2.3　城市雨水处理工艺

1）概述

城市初期雨水夹杂着粉尘和泥砂，水质较差，有条件时应弃流至市政污水管网，采用中后期的雨水进行收集储存，经适当的水质处理后回用。城市雨水处理工艺需结合能回收的雨水水量、雨水原水水质、用水规模、雨水回用项目对水质的要求、规划用地面积和运营管理等因素确定。

2）常规处理工艺

（1）过滤法、沉淀法

过滤法、沉淀法可除去雨水中固体悬浮物和其他易沉淀杂质，因为雨水在收集的过程中会受到收集面的污染，尤其在夏季，存在较大的悬浮颗粒与胶体，经过过滤或沉淀对雨水中较大的颗粒进行分离，达到预处理的目的。

（2）混凝法

混凝沉淀作为一种物理化学处理法，因工艺简单、效率高、费用较低等优点，在用水与废水处理中占有重要的地位。研究表明，混凝沉淀作用能有效脱除污水中 $80\%\sim95\%$ 的悬浮物质、$65\%\sim95\%$ 的胶体物质和降低水中 COD；混凝作用去除水中细菌和病毒的效果稳定，通过混凝沉淀，一般能使水中 90% 以上的微生物与病菌一并转入污泥，使处理后的水易于进一步消毒、杀菌；混凝沉淀对水体的富营养化、水体色度有很好的去除效果。

（3）吸附法

吸附法是利用多孔性的固体物质，使废水中的一种或多种物质吸附在固体表面而达到去除效果的方法。吸附处理技术是利用物质强大的吸附能力或交换作用来去除源水中污染物质。

吸附处理所用的吸附剂多种多样，目前用于水处理中的吸附剂主要有：活性炭（AC）、二氧化硅、硅藻土、沸石、活性氧化铝、离子交换树脂等，其中活性炭使用最为广泛，活性炭的微孔结构发达，吸附性能良好，比表面积大，是一种良好的吸附剂。活性炭对有机物、无机物与离子型或非离子型物质都有一定的吸附能力，而且活性炭表面还能起接触催化作用。

（4）膜分离技术

膜分离技术是 20 世纪 60 年代后迅速崛起的一门分离技术，它是利用特殊制造的具有选择透过性能的薄膜，在外力推动下对混合物进行分离、提纯、浓缩的一种分离方法。它已广泛地应用到许多生产工艺中，被认为将在 21 世纪的工业技术改造中起战略作用，是 21 世纪最有发展前途的高新技术之一。

（5）城市雨水处理常规工艺流程

以下列举了两种城市雨水处理常规工艺流程，在实际设计中，还需根据不同的水质要求，相应增减或改进工艺（如必要时也可增加生物降解法等）。图 5-37 为城市雨水处理常规工艺流程 A 示意，图 5-38 为城市雨水处理常规工艺流程 B 示意。

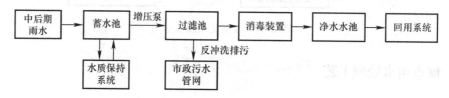

图 5-37　城市雨水处理常规工艺流程 A 示意

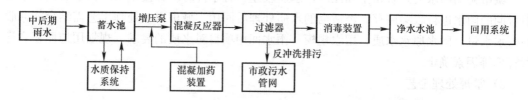

图 5-38　基本雨水处理常规工艺流程 B 示意

3）案例分享

以 HF 市 FX 县老城区初期雨水治理工程为例，介绍针对分流制城市初期雨水处理工艺方案设计。该工程水质目标为地表Ⅲ类水体，水体环境质量要求较高。因此，本工程以尽量提高出水水质为目标，以技术合理、可行为前提，适当兼顾工程经济性，推荐考核指标控制 $NH_3\text{-}N$、COD_{cr}、TP 与 SS 这 4 项指标。表 5-1 为设计进水水质指标，表 5-2 为设计出水水质指标。

设计进水水质指标				表 5-1
指标	$NH_3\text{-}N$	COD_{cr}	TP	SS
进水（mg/L）	≤15	≤200	≤3.5	≤300

设计出水水质指标				表 5-2
指标	$NH_3\text{-}N$	COD_{cr}	TP	SS
出水（mg/L）	≤2.0	≤40	≤0.3	≤10

针对本工程出水水质标准要求高、工程建设标准高，以及需应对水质变化与旱季系统维持等特点，工艺流程考虑采取"物化＋生物处理"相结合的方式，确保排放达标的前提下，采取具有针对性的工艺单元。表 5-3 为各控制指标的针对性对策与措施。

各控制指标的针对性对策与措施　　　　　　　　　　　　　表 5-3

项目	对策与措施
SS	沉淀＋过滤
TP	生物除磷＋化学除磷
NH₃-N	充分曝气，硝化
CODcr	充分曝气，生物降解

通过对进水与出水水质的特点进行分析，本工程预处理工艺采用"粗格栅＋细格栅＋曝气沉砂池"；生物处理采用"高效沉淀池＋曝气生物滤池"；深度处理采用"加砂高速沉淀池＋转盘滤池"；污泥处理采用"机械浓缩脱水"的污泥处理方案；除臭工艺采用离子氧除臭工艺。图 5-39 为工艺流程示意。

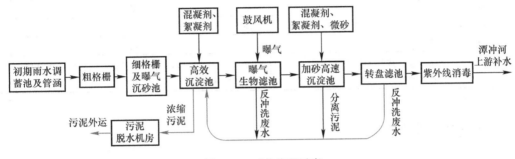

图 5-39　工艺流程示意

（1）预处理

初期雨水的特点是水质波动大、SS 较高、含有漂浮物。预处理阶段的主要处理对象为漂浮物、无机砂等。常规设计中，常采用"格栅＋沉砂"的工艺流程进行预处理。初期雨水管网内漂浮物较多，采用粗、细两道格栅，粗格栅选用反捞式格栅除污机，细格栅选用循环齿耙式格栅除污机。为更好地保留碳源，沉砂采用曝气沉砂池。

污泥处理根据当地情况，采取污泥脱水至 80% 后外运处理。本工程采用"地埋式"建设，且用地较为紧张。因此，本工程采用"机械浓缩脱水"的污泥脱水方案，该方案具有占地小、臭味外溢少、土建工程量小、无磷的二次释放问题等优势。

考虑到初期雨水性质，本工程处理设施间断运行，因此，臭气产生是间断性的。故本工程采取除臭效果好，可间断运行的离子氧除臭工艺。

（2）生物处理

生物处理单元的选择是整体工艺流程的核心，生物处理阶段主要处理对象为 COD_{cr}、BOD_5、NH_3-N 等。由于初期雨水污染物浓度相对较低，但变化波动明显，冲击负荷时有发生。根据此特点，传统生活污水处理中应用广泛的活性污泥法不太适合，而生物膜系列工艺成为较为合适的工艺。为节约用地，需要选择容积负荷较高，且能承受较高水力负荷的工艺。目前，曝气生物滤池与生物接触氧化池等生物膜法工艺，由于生物滤料（载体层）纳污能力强、水力负荷高等特点，在水环境整治类项目中有较多的应用经验。

（3）深度处理

为确保 TP 与 SS 达标，生物处理后增加深度处理工艺，其目的主要是通过混凝沉淀与过滤等物理化学过程，去除难溶解与难生物降解的 SS 和 TP 以及少量的 CODcr。TP 的去除主要依靠化学除磷,化学除磷构筑物采用加砂高速沉淀池。SS 的去除,最为有效且能稳定达标的工艺为过滤工艺。滤池根据运行方式、结构形式以及滤料的不同可分为多种形式。根据本工程特点与要求,适合的过滤工艺包括转盘滤池、砂滤池与纤维滤池。转盘滤池在总投资、运行费用、管理与本工程适应性上都具有较为明显的优势。因此,采用转盘滤池作为本次工程过滤工艺。表 5-4 为滤池各类因素比较。

滤池各类因素比较   表 5-4

比较内容	转盘滤池	砂滤池	纤维滤池
适用进水	对于硬度高、硫酸盐含量高的污水,滤布易结垢堵塞造成运行困难	适应各类进水水质	适应各类进水水质
运行管理	简单,对自控要求较高	简单,对自控要求较高	简单,对自控要求较高
大规模水厂应用	多	较多	多
总投资	低	较高	较高
年运行费	低	较高	较高
对本工程适应性	间歇运行或长期停用易造成滤布通量下降	间歇运行或长期停用易造成滤料板结	间歇运行或长期停用易造成滤料板结

5.3 雨水处理站

雨水处理站是集雨水收集、储存和处理的综合设施,其位置应根据建筑总体规划,综合考虑与中水处理站的关系确定,并应有利于雨水的收集利用。雨水处理站优点在于体积小,集成度高,材料新,土建工程量小,占地面积少,安装维护省时省力。本节以高速公路上设置的雨水处理站与铜冶炼厂雨水处理站为例,着重介绍雨水处理站的现状与应用。

5.3.1 高速公路雨水处理站

1)概述

随着越来越多的高速公路穿越水源保护区,在公路建设的同时保护周边环境、生态系统原貌和下游居民饮用水水源的水质安全等工作显得越来越重要。在高速公路沿线设置了雨水处理站,可达到处理初期路面径流雨水中的污染物质和收集突发应急状况下的重污染雨水的目的。

2)工作原理

在我国雨水处理站多设置于穿越水源保护区的高速公路附近或会产生雨水污染的工厂旁,对相应地区的初期雨水进行针对性的收集处理后排放。雨水处理站一般设有进水渠、配水井、应急池、水生物滤池 4 个主要单元。图 5-40 为初期雨水处理站处理工艺流程示意。

图 5-40 初期雨水处理站处理工艺流程示意

中后期雨水经配水井直接进入排水管,就近于低洼处排放;在突发交通事故下能截流重污染雨水,通过应急池储存。一般情况下,雨水处理站按以下 4 个流程进行工作:

（1）初期路面或桥面雨水通过路基集水井或沿桥墩落水管收集后汇入雨水处理站的进水渠，在进水渠道上经过格栅进入配水井，配水井在3个不同的方向设置高度不同的配水孔并配有电动闸门；

（2）进入配水井的雨水通过底部的配水孔进入水生物滤池进行处理。其中通往水生物滤池和出水槽的配水孔上的闸门处于常开状态，通往突发事故应急池的配水孔上的电动闸门处于常闭状态；

（3）过滤层表面种植适合在当地生长的水生植物，滤池滤料按照不同的粒径分3层铺设以过滤初期雨水中的悬浮物和油类物质。过滤后的水继续向土壤中渗透，使溶解在水中的剩余有机物在土壤微生物的作用下得到进一步分解；

（4）经过砂滤以后的雨水在向土壤渗透的过程中得到进一步净化，补充地下水或经地下渗流至附近水体，作为水资源重复利用。

3）案例分享

DG高速公路某标段在穿越LX河水库和HLD水库等2级水源保护区时，在线路沿线设计并建设了一定数量的雨水处理站来处理路面和桥面收集的雨水。

（1）设计理念

桥面雨水通过路基集水井或沿桥墩落水管收集后汇入雨水处理站的进水渠，在进水渠道上经过格栅进入配水井，配水井在3个不同的方向设置高度不同的配水孔并配有电动闸门。进入配水井的雨水通过底部的配水孔进入水生物滤池进行处理。其中通往水生物滤池和出水槽的配水孔上的闸门处于常开状态，通往突发事故应急池的配水孔上的电动闸门处于常闭状态。过滤层表面种植适合在当地生长的水生植物，滤池滤料按照不同的粒径分3层铺设以过滤初期雨水中的悬浮物和油类物质。过滤后的雨水在向土壤渗透的过程中得到进一步净化，补充地下水或经地下渗流至附近水体。图5-41为DG高速雨水处理站平面设计示意，图5-42为DG高速雨水处理站纵剖面设计示意。

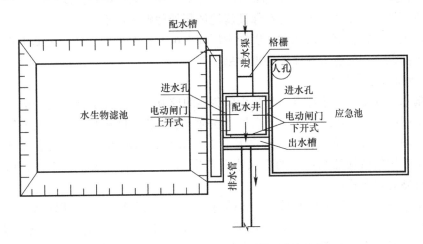

图5-41　DG高速雨水处理站平面设计示意

（2）工艺设备设计

① 应急池

当计算出应急池体积后，应根据实际情况灵活调整其实际设计的大小，建议在高速公路穿越地面起伏较大的山岭时单座应急池体积设计不要超过 2000m³，以减少雨水处理站挡土墙的建设造价，同时应根据地形情况合理选择方形或矩形蓄水池来达到减少挖填方量和挡土墙工程量的目的。可通过合理划分收水桩号范围的方法来控制应急池体积的大小和尺寸，建议设计前先按 2000m³ 应急池体积反推最大收水长度，根据线路平面图、纵断面图来划分收水桩号范围。

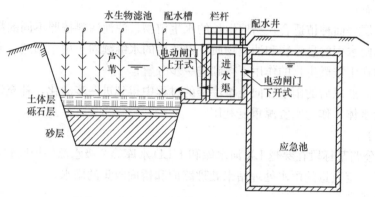

图 5-42　DG 高速雨水处理站纵剖面设计示意

② 水生物滤池

滤池中的水生植物应根据当地气候等自然情况选择，可选择喜湿宜生长的高大植物如芦苇，并根据芦苇的生长特性设计最大水深 0.85m。根据划分的收水长度计算滤池体积，滤池中滤料层的长宽比取 2：1，根据滤池体积推算出滤料层长和宽。滤池的边坡按 1：2 原土夯实，根据滤料宽度和滤料与上口设计高差等数据计算出上口的长宽、底长与底宽尺寸。滤池过滤层采用 3 层布置：第 1 层为厚度 0.05m 的种植土壤覆盖层（树叶，树皮等）；第 2 层为厚度 0.9m 的植被与种植土层（50%砂性土和 50%粒径为 2.5mm 左右的炉渣混合组成）；第 3 层为厚度 0.15m 的砂砾石过滤层。其中第 2 层和第 3 层间铺设 200g/m³ 土工布。

根据既有地形的复杂情况，可在保证滤池体积处理雨水量不变的情况下调整滤料层的长宽比例，进而调整各部分的比例，以减少厂坪挖填方和雨水处理站挡土墙工程量，在很大程度上可降低工程的造价并保证处理效果不变。

③ 纵断面与道路设计

根据雨水处理站的工艺特点，为减少应急池的挖方，应保证上开式闸门的孔洞上边缘和下开式闸门的孔洞下边缘在同一标高处。在确定了应急池体积和水生物滤池体积的基础上，可确定雨水处理站断面各部分标高及其对应关系。滤池水深根据地形的复杂程度选择，应保证选用的植物处在适应的生长水深范围内，一般最大水深 0.6~0.8m。图 5-43 为雨水处理站高程布置示意。

根据单座雨水处理站的收水长度、道路宽度、径流系数和 5 年重现期暴雨强度，确定雨水汇水秒流量，推算闸门的高度和宽度。为保证闸门的尺寸尽量统一方便采购和安装，可根据实际情况适当调整闸门的高度和宽度。

雨水处理站的进站道路可根据现场情况修建，尽量与既有道路相连，其路面结构采用泥结石道路，面层厚度 15cm，宽度 3.5m；厂内道路由构筑物外边线再向外拓宽修建，采用泥结石道路，面层厚度 15cm，宽度 2.5m 左右。在厂内道路外侧修建 1 圈宽 0.3m，高 1.2m 的植物篱笆围墙，要求篱笆围墙无空隙以防非工作人员误入雨水处理站。

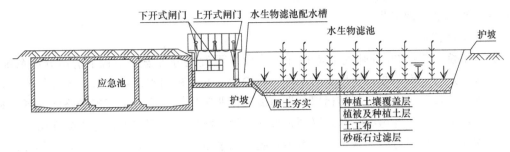

图 5-43 雨水处理站高程布置示意

④ 雨水处理站管道与附属设施

雨水处理站管道管径大小可根据 5 年重现期暴雨强度的雨水汇水流量计算（不应根据 15min 最大降雨量计算，因为 15min 最大降雨量不能瞬时被收集进入管道，计算得出的管径偏大，不经济）。地形较平坦地段雨水管宜选用钢筋混凝土圆管，管径可根据经济流速和汇水秒流量反推；地质条件不好或地形较陡地段宜选用球墨铸铁管。当雨水管敷设坡度较大地段时，由于管中流速超过 5m/s，不仅造成管道冲刷严重，而且还会导致检查井压力偏大使雨水溢出，所以该段管材宜选用球墨铸铁管、明敷，且减小 1～2 级管径，并在该段管道末端设置消能井，用来降低雨水管道下游流速和冲刷影响。

（3）案例设计时存在的问题与建议

① 应重视水源保护区内路面径流雨水的处理

运营期内高速公路污染源包括交通噪声、固体废弃物和水污染物，其中水污染物人们主要关注于服务区与收费站产生的水污染物，而忽视了路面径流污染物。在短距离公路穿越水源保护区与纵向坡度等条件允许下，可以将路面径流雨水收集并排出水源保护区外进行处理；而在长距离公路穿越水源保护区路线时，则需沿线建设雨水处理站来处理初期雨水和收集突发应急情况下的重污染雨水，以保护水源保护区的水质和生态原状。

② 建议设置的雨水处理站实行"三同时"制度

在高速公路穿越水源保护区路段，建议雨水处理站和路线土建部分同时设计、同时施工且同时投产使用，这对公路和保护区内的环境保护有着至关重要的意义。

5.3.2 冶炼厂雨水处理站

1）概述

按照 2010 年 5 月 1 日实施的中华人民共和国国家环境保护标准《清洁生产标准 铜冶炼业》HJ 558—2010 中第 5 条、"废物回收利用指标"中第 8 款"生产区初期雨水处理后回用可达到一级国际清洁生产水平，进入废水处理系统可达到二级国内清洁生产先进水平和三级国内清洁生产基本水平"的要求，铜冶炼厂等需设置生产区初期雨水处理项目。

2）工作原理

冶炼厂雨水处理站的处理原理与污染源有着很大的关系，针对不同种类的冶炼厂应采用针对性的处理工艺。

3）案例分享

本案例为常见的铜冶炼厂初期雨水处理站的改造项目。案例中为确保铜冶炼厂初期雨水处理站出水水质稳定达标，同时能适应进水水质波动，将原使用 DTCR 脱除重金属工艺改造为生物制剂处理工艺。

（1）案例背景

该铜冶炼厂年产 20 万吨铜冶炼在开工建设过程就充分考虑并布置了清污分流系统，对初期雨水进行全面回收，特别是对冶炼、收尘和制酸过程雨水汇水进行单独收集统一处理。但铜冶炼过程中大量物料转运以及烟道清灰作业等仍然会造成生产现场路面、屋面和管道上都散落有烟灰等污染物料，降雨过程又将污染物质带入雨水中，造成初期雨水长时间重金属超标。据运行两年来统计，重金属超标雨水量占总水量的 49.6%，除去部分直接回用外每年仍需处理废水量超过 240000m³，处理压力大。

铜冶炼场现建有一座处理能力为 4000m³/d 的初期雨水处理站，工艺采用"重金属捕集（DTCR）＋絮凝＋膜过滤"工艺。运行过程发现，重金属捕集药剂 DTCR 对 Cu、Pb 和 Zn 等都能有效去除，但对砷去除效果不明显，导致出水水质中总砷无法稳定达到现行国家标准《铜、镍、钴工业污染物排放标准》GB 25467—2010/XG1-2013 中排放限值，需要将处理后的水重新返回到厂区另外一座废水处理站进行深度处理，造成处理成本增加，处理负荷加大。另外运行过程添加絮凝剂 PAM 导致膜过滤表面经常出现堵塞，整体运行效果不佳。

为了确保初期雨水处理后出水直接稳定达标，经过方案比选，最终确定选用重金属废水生物制剂处理工艺。生物制剂是以硫杆菌为主的复合功能菌群代谢产物与其他化合物进行组分设计，通过基团嫁接技术制备了含有大量羟基、巯基、羧基、氨基等功能基团。生物制剂处理工艺与其它重金属废水处理方法相比，具有高效净化重金属、抗冲击负荷强、运行稳定等优势。

（2）改造思路

通过测试，确定生物制剂处理工艺可有效脱除初期雨水中的 Cu 和 As，为此对原工艺进行改造，根据现场实际情况，要求在尽可能减少改造成本前提下，改造主要思路如下。

① 新增一个容积为 50m³ 生物制剂储槽，配置相应泵与管道至生物制剂投料槽，便于加药操作；

② 将中间水池用耐酸砖隔开成三级沉淀池并配吸泥机；

③ 新增一个稀硫酸储槽，用作出水 pH 值调节，配套出水 pH 连锁程序；

④ 初期雨水处理站底泥流入中间池后由泵抽回厂区废水处理站一并处理；

⑤ 生物制剂与液碱管道改造，将药剂送至相应反应池内；

⑥ pH 值监测点移至水解反应池出口处，便于碱液调节。

（3）改造示意图表

表 5-5 为工艺改造项目，图 5-44 为改造前 DTCR 工艺布置示意，图 5-45 为改造后生物制剂工艺布置示意。

工艺改造项目　　　　　　　　　　　　　　　　　　表 5-5

序号	改造项目	数量	备注
1	新增生物制剂储槽（$V=50m^3$）	1 个	玻璃钢材质
2	生物制剂转运泵（$Q=20m^3/h$）	1 台	
3	新增过滤器	1 套	防腐化工泵
4	新增 pH 值回调系统	1 套	
5	改造现有沉淀池	1 个	耐酸砖
6	生物制剂与液碱投加管道改造	1 批	

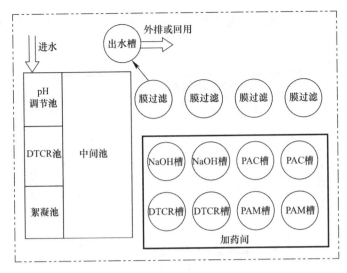

图 5-44 改造前 DTCR 工艺布置示意

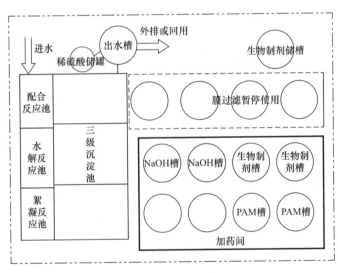

图 5-45 改造后生物制剂工艺布置示意

（4）改造效果评估

工程改造后，对生物制剂工艺进行调试，确定运行参数，在稳定运行条件下，对出水的 Cu、As 进行连续检测，图 5-46 为改造后处理站对总铜去除效果，图 5-47 为改造后处理站对总砷去除效果。

由图 5-46 和图 5-47 可知，改造后采用生物制剂工艺对初期雨水中总铜和总砷的处理效率高，分别达到 90.3% 和 87.7%，同时对出水中的总铅、总锌和总镉进行检测，结果均显示为无法检出，生物制剂能对铜冶炼现场初期雨水中含有的重金属进行有效脱除，出水水质远低于排放限值。因此生物制剂工艺还可适应铜冶炼生产运行多年后，由于设备老化和管道跑冒滴漏等造成初期雨水水质恶化问题，确保处理后水质稳定达标。

（5）存在问题与分析

① 生物制剂反应产生的矾花小而轻，沉降差，适宜采用斜板沉降槽沉淀，受现场条

件限制，工程改造仅将中间池分隔为 3 个 2m×11m×3.5m（有效水深为 3m）沉淀池，出水水质不够清澈。

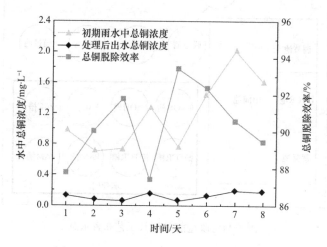

图 5-46 改造后处理站对总铜去除效果

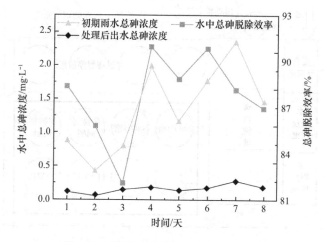

图 5-47 改造后处理站对总砷去除效果

② 初期雨水偏弱酸性，生物制剂反应条件为碱性，需要加片碱，反应后出水 pH 又进一步升高，需要用硫酸调至中性，为此 pH 反复调节造成药剂成本上升，建议研究和调配出在中性或者弱酸性条件下可直接有效参与反应的生物制剂，节约成本。

5.3.3 雨水处理站应用与发展

1）相关要求

（1）雨水处理站位置应根据项目的总体规划，综合考虑与中水处理站的关系确定，并应有利于雨水的收集、储存和处理；

（2）雨水处理构筑物与处理设备应布置合理、紧凑，满足构筑物的施工、设备安装检修、运行调试、管道敷设与维护管理的要求，应留有发展与设备更换余地，并应考虑最大设备的进出要求；

（3）雨水处理站设计应满足主要处理环节运行观察、水量计量、水质取样化验监（检）测的条件；

（4）雨水处理站内应设给水、排水等设施；通风良好，不得结冻；应有良好的采光与照明；

（5）雨水处理站设计中，对采用药剂所产生的污染危害应采取有效的防护措施；

（6）对雨水处理站中机电设备运行噪声和振动应采取有效的降噪和减振措施，并应符合现行国家标准《民用建筑隔声设计规范》GB 50118 的规定。

2）维护管理

雨水处理站日常维护管理需要注意以下 4 点：

（1）禁止含有有毒、有害物品的雨水进入雨水处理站；

（2）雨后及时清除格栅上的杂物，定期清除排水沟、配水井、配水槽、检查井内的沉淀物；

（3）每年对水生物滤池内的滤料进行 2～3 次清洗或者更换，并将截留在表层的油类物质清除；

（4）配备一定数量的活性炭以应对有毒有害液体的泄漏处理。

第6章 城市雨水收集利用典型案例

6.1 雨水收集利用系统分类

雨水收集利用系统并不是一成不变的，需针对不同场地类型特点，如场地植被覆盖率、硬化铺装覆盖率、当地土壤渗透系数、有无景观水体与湿地、洼地等综合影响因素确定该场地适宜的雨洪调控技术，包括：渗透、滞留、调蓄等调控技术，选定与之对应的城市雨水利用系统。然后，根据场地实际情况，结合竖向设计与原有植被、排水管道等，因地制宜的选取该系统中的一种或几种雨水单项技术，作为该场地雨洪调控的核心技术。最后，选择其他技术体系中的单项技术作为辅助技术，并通过转输技术将以上技术合理贯穿，构成适宜该场地的雨水收集利用系统。以期最大限度减少雨水径流量，延长洪峰产生的时间，有效控制雨水径流污染，减小对原有城市排水管道的压力，改善城市水环境、维护受纳水体生态环境，实现城市健康水循环。

6.1.1 住宅区雨水收集利用系统

住宅区雨水收集利用系统可以分为新建住宅区收集利用系统和老旧住宅区收集利用系统。

1）对于新建住宅区，建筑主要为多层或高层建筑为主，且住宅区内绿化覆盖率较高，部分住区还设有景观水体。根据以上情况，选用雨水渗透、雨水蓄存与净化技术体系作为雨洪控制的核心技术体系，并选择绿色屋面、下凹式绿地、透水铺装作为核心渗透技术。对于有景观水体的住区优先利用景观水池作为雨水蓄存技术，没有景观水体的住区可通过建造蓄水池或储水罐来收集雨水，并将收集的雨水回用于住区内绿地浇洒用水或道路、公共设施的清洁用水。同时，可因地制宜的选用雨水生态滞留技术和转输技术，提高住区景观效果，强化对住区内雨水径流的控制作用。图6-1为新建住宅区雨水收集利用系统流程示意。

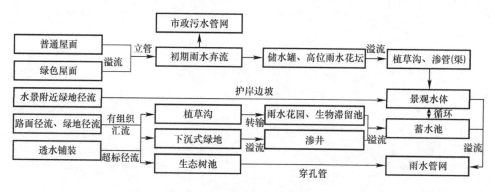

图 6-1 新建住宅区雨水收集利用系统流程示意

2）对于老旧住宅区，建筑主要为多层或单层建筑，且住区内绿化面积偏低，通常无景观水体。因此，可采用绿色屋面和透水铺装路面提高雨水径流渗透量，并采用小型储水罐蓄存雨水。为提高老旧住区环境，可将原有绿化带改造为雨水花园、生物滞留带，滞留、净化部分雨水。图 6-2 为老旧住宅区雨水收集利用系统流程示意。

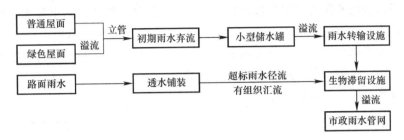

图 6-2　老旧住宅区雨水收集利用系统流程示意

6.1.2　学校雨水收集利用系统

对于学校，可通过渗透技术体系中的绿色屋面设施增加屋面雨水径流渗透量，同时采用透水铺装、下凹式绿地增加学校道路和绿地内的雨水径流渗透量。对于教学楼屋面雨水径流，可通过在教学楼附近设置储水罐，通过立管雨水弃流装置，对屋面初期雨水进行有效弃流，收集屋面较为洁净的雨水。此外，通过设置雨水花园、生物滞留池等生物滞留设施，调节校园雨水径流的同时，增加校园生物多样性，对学生有很好的教育意义。由于学校具有较大面积的操场或运动场，雨季容易形成较多径流。对操场雨水径流的常规处理方式是通过操场周围的排水沟将雨水直接排至管网内，这造成雨水资源巨大的浪费。针对这一问题，可通过改造操场排水沟，使其接入雨水渗透或蓄存设施中，提高对雨水的利用率。图 6-3 为学校雨水收集利用系统流程示意。

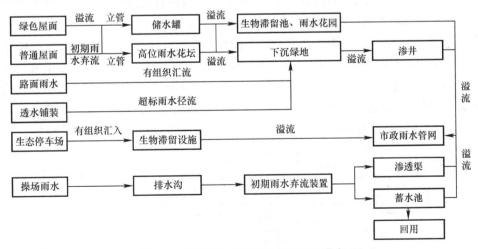

图 6-3　学校雨水收集利用系统流程示意

6.1.3　医院雨水收集利用系统

对于医院，由于该功能区硬化铺装地面较多，同时还应为患者营造良好舒适、有利于身心健康的环境。因此，针对医院雨水径流，主要采用雨水渗透技术、雨水生态滞留技术进行有效控制与利用。对硬质铺装地面，采用透水铺装改造，增加雨水渗透量。对于屋面，为给患者提供一个安静、空气新鲜的休闲环境，同时有效控制屋面雨水径流的产生，可通过修建花园式绿色屋面设施来实现。对于原有绿化带，可将其改造为生物滞留设施或雨水花园，通过分散的源头控制措施，结合路面竖向设计，使路面雨水径流有组织的汇入生物滞留设施中，进而达到增加下渗、水质净化、径流量控制的目的。对于降雨较多地方，还可通过设置储水罐、蓄水池等雨水蓄存设施，对医院雨水径流进行收集回用。为保证雨水水质洁净，在雨水径流进入雨水蓄存设施前，应对初期雨水进行有效弃流。图 6-4 为医院雨水收集利用系统流程示意。

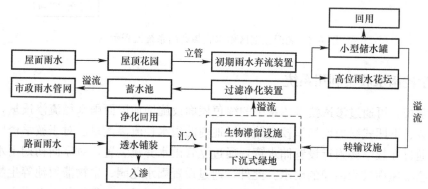

图 6-4　医院雨水收集利用系统流程示意

6.1.4　商业中心雨水收集利用系统

对于购物中心、写字楼等商业建筑，可将雨水开发利用技术同场地景观相结合，提高场地景观效果、增加城市生物多样性的同时，达到对雨洪的有效控制作用。为追求美观与实用，商业建筑区域排水沟可选择线性排水沟或地缝式排水沟，铺装地面可选择彩色透水铺装。为增加雨水渗透、滞留设施，可在建筑周围设置生物滞留带、雨水花园、生态树池等具有较好景观效果的低影响开发设施，增加生物多样性，为枯燥的城市生活增添生机。有能力的商业建筑还可修建地下蓄水池或渗透水池，一方面提高雨水资源利用率；另一方面还可利用雨水补充景观水体，节省市政用水。此外，还可将建筑屋面改造为屋面花园。屋面花园不仅能滞蓄雨水，还可以让游人驻足休憩，亲近自然。图 6-5 为商业中心雨水收集利用系统流程示意。

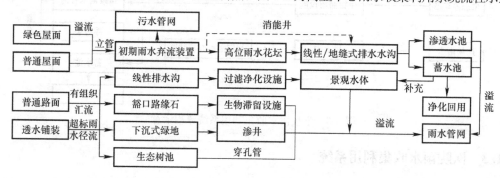

图 6-5　商业中心雨水收集利用系统流程示意

6.1.5 机关单位雨水收集利用系统

机关单位的特点为硬化铺装地面和屋面面积较大,植被覆盖率较少,雨水径流主要依靠市政排水管网进行排除。针对这种情况,主要采取雨水渗透技术,通过将雨水渗入地下,减少雨水径流总量,延缓峰值时间,减轻对市政排水管网的压力。对于硬化铺装地面进行透水铺装改造,行车道可采用透水水泥混凝土铺装或透水沥青混凝土铺装,人行道可采用透水砖铺装。屋面采用"粗放式"绿色屋面设施,通过土壤、植物的作用,减少屋面雨水径流的产生。对于现有绿地进行下凹式改造,并对路缘石进行切口改造,结合路面坡度,使路面雨水径流坡向下凹式绿地。此外,还可通过雨水储水罐、生态树池、生物滞留设施等,作为辅助设施,加强对场地雨水径流的控制作用。图 6-6 所示为机关单位雨水收集利用系统示意。

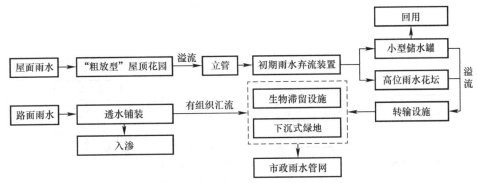

图 6-6 机关单位雨水收集利用系统

6.1.6 广场雨水收集利用系统

城市广场作为居民休闲、娱乐的场所,应具有较高的景观性和生物多样性特点。广场硬化地面可采用彩色透水水泥混凝土铺装,通过不同颜色的搭配,提高观赏性。广场绿地间的小径,可采用透水砖铺装,增加透水能力。广场周边绿地应进行下凹式改造,增加对雨水的蓄存、入渗能力。对原有花坛进行生物滞留池、雨水花园改造,通过对植物的合理选配,提高广场生物多样性。将原有树池进行改造,变为具有生态滞留能力的生态树池。对于有水景的广场,还可利用景观水池作为雨水蓄存设施。图 6-7 为广场雨水收集利用系统流程示意。

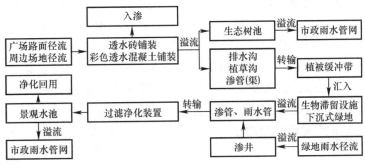

图 6-7 广场雨水收集利用系统流程示意

6.1.7　公园雨水收集利用系统

公园一般具有较高的植被覆盖率，硬化路面较少，通常具有景观水体，地形上具有一定高差。因此，适合公园的雨水核心开发利用技术有雨水渗透技术、雨水生态滞留技术与雨水蓄存技术。针对公园绿地，应做下凹式改造，提高绿地雨水滞留量和下渗量。对于公园硬化路面，可采用彩色透水水泥混凝土铺装和透水砖铺装，减小路面雨水径流。同时，利用公园现有的景观水池，调蓄雨水径流。利用公园自身地势地形，将雨水径流引入地势低洼处，对雨水径流起到调蓄作用。根据公园现场情况，选取合适的位置，设置雨水花园、生物滞留池等雨水生物滞留设施，使雨水径流水量、水质得到有效控制。对于面积较大的公园，可根据现有设施构造，根据地形特点，建造雨水湿地。并将景观水体、调节塘和雨水湿地利用转输设施或雨水管道有效衔接，使三者之间的水体相互补充，构成多功能雨洪调蓄设施。图6-8为公园雨水收集利用系统流程示意。

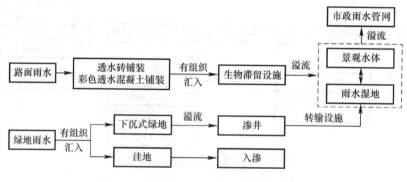

图6-8　公园雨水收集利用系统流程示意

6.1.8　道路雨水收集利用系统

城市道路分为机动车道、非机动车道与人行步道。对于城市道路，主要通过雨水净化技术、雨水渗透技术和雨水生态滞留技术，对路面雨水径流进行有效调控，进而净化雨水水质，促进雨水下渗，减少雨水径流量，解决城市道路低洼处积水问题。对城市道路雨水径流调控的思路主要以入渗为主，通过透水铺装、渗透设施等增加雨水径流下渗量，减少路面积水问题。设计时，城市道路应横向坡向绿化带，便于雨水径流进入滞留、渗透设施。为便于路面径流及时排解，可对路缘石进行切割豁口，豁口处可设卵石消能，防止入流对土壤的侵蚀、冲刷。因路面径流污染较重，对其初期雨水弃流量可适当增加，此外，可采用带截污篮的雨水口，拦截路面径流中的杂质。机动车道应采用透水沥青混凝土或透水水泥混凝土铺装，降雨初期，雨水首先落在透水路面，下渗地下。随着降雨历时的增加，雨量逐渐增多，透水路面蓄水能力达到饱和，路面开始出现径流。径流依地势坡向生物滞留带、下凹式绿地，进行滞留下渗。若道路周边有雨水湿地，可通过渗管（渠）、植草沟等设施，将雨水径流转输至雨水湿地。人行道应采用透水砖铺装，配合周边生态树池、下凹式绿地、生物滞留设施等，可以有效滞留、下渗雨水，缓解路面积水问题。图6-9为道路雨水收集利用系统流程示意。

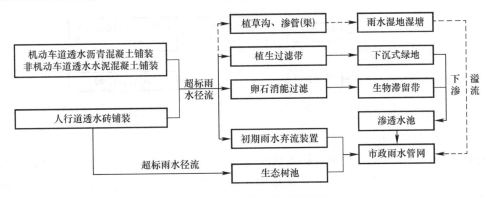

图 6-9　道路雨水收集利用系统

6.1.9　停车场雨水收集利用系统

传统停车场因具有大量硬化铺装地面，且植被覆盖率低，使得雨水径流量与径流污染得不到有效控制，对周边和受纳水体环境造成很大的威胁。针对这种情况，对传统停车场进行改造，通过雨水开发利用设施将场地雨水就地净化、消纳，同时提高停车场植被覆盖率，提高景观效果，构建生态停车场。

1）绿化带集中型停车场雨水收集利用系统

对于绿化带集中型停车场，可将雨水开发利用设施集中设置成"带"状，使其处于相邻两排停车位之间。同时，设计场地坡度坡向中间绿化带内，雨水径流通过路缘石豁口，进入绿化带内进行过滤、入渗。对于距离集中绿化带相对较远的停车位，可通过植草沟、渗管（渠）等，将雨水径流转输至集中绿化带内，然后对雨水径流进行过滤、入渗。若场地内雨水径流量较大，无法通过集中绿化带完全消纳，可考虑将停车位改造为植草砖铺装，增加场地对雨水径流的调控能力。图 6-10 为绿化带集中型停车场雨水收集利用系统流程示意。

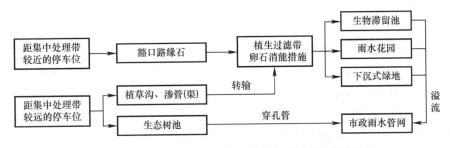

图 6-10　绿化带集中型停车场雨水收集利用系统流程示意

2）绿化带分散型停车场

对于绿化带分散型停车场，可通过分散布置下凹式绿地、生物滞留池和雨水花园等设施，对场地内雨水径流进行分散式的源头控制，以达到降低径流污染物浓度，减少径流量的目的。在这种分散绿化布置形式下，停车位雨水径流可就近汇入周边雨水开发利用设施中，能更好地实现对雨水径流的控制效果。若通过生物滞留设施无法达到对场地雨水径流的控制要求，可采用透水铺装，进一步消纳雨水径流。图 6-11 为绿化带分散型停车场雨水收集利用系统示意。

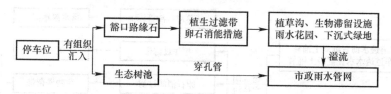

图 6-11　绿化带分散型停车场雨水收集利用系统

3) 低绿化率停车场

若停车场绿化率较低,可通过提高场地透水地面面积、设置地下储水池等方法,增加雨水下渗、提高雨水滞蓄量,达到对场地雨水径流的消纳。图 6-12 为低绿化率停车场雨水收集利用系统流程示意。

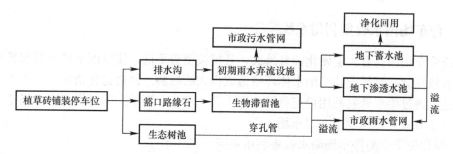

图 6-12　低绿化率停车场雨水收集利用系统流程示意

6.2　屋面雨水收集利用案例

6.2.1　住宅建筑屋面雨水收集利用系统

1) 项目概况

TFMC 小区建于 2003 年,占地 $36.84hm^2$,集中绿化率 28%,属于 SHZ 市基础设施较为完善的现代化小区。小区原建有一个景观水池,水池半径 44m、深 1m,池底为水泥地坪,其上铺有一层卵石。水池用水来自 SHZ 市自来水厂。目前,由于水资源短缺与水费问题,水池自建成以来常年无水,没有起到美化和改善小区生态环境的作用。为使该水池发挥它原本的生态作用,对其进行了生态工程设计改造,以期利用自然降水实现原设计中水池的生态服务功能,并实现屋面降水的资源化利用。

2) 设计内容

利用提取的 TFMC 小区现状 CAD 图,通过 Sketchup 软件设计出符合当地特点的小区屋面降水利用系统,图 6-13 为 TFMC 小区屋面降水利用系统设计示意。

3) 主要设计指标

小区屋面降水利用系统由景观集水池和储水装置两部分组成。其中,景观集水池设计半径为 44m、深 3m。整体由混凝土池壁、木栈道、石笼台阶、降水配水结构、石龙挡墙、两个石英砂过滤层、淤泥层、混凝土池底与出水口等九部分组成。其中,筒状混凝土池壁高 3m、厚 20cm、池壁内圆半径 44m。木栈道由宽 10cm、厚 8cm、长 1m 的木板拼接而

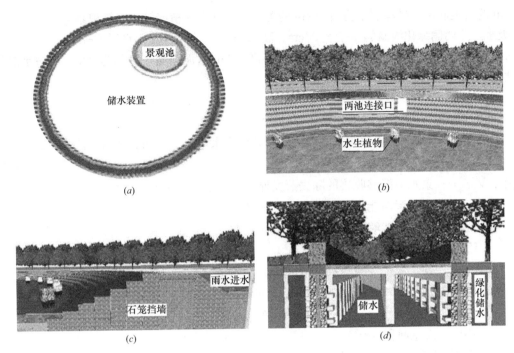

图 6-13 TFMC 小区屋面降水利用系统设计示意

（a）整体图；（b）景观池与储水装置连接处；（c）景观池剖面图；（d）储水装置剖面图

成，木栈道环绕景观池一周，景观池内圆半径为 39m、外圆半径 44m。石笼台阶由石笼网箱内装碎石构成，共 7 层，每层台阶宽 90cm，其中前 6 层每层台阶高 37.5cm、最后一层台阶高 75cm、总高 3m。景观池降水配水剖面为倒梯形结构，上底长 3m、下底长 1.2m、高 1m、斜边长 2m，与地平面的倾斜角为 30°，该结构环绕景观水池一周。在配水装置下部与内侧均设有石英砂过滤层，其中下部石英砂过滤层剖面高 1.6m、宽 1.2m，内侧石英砂过滤层剖面高 2.7m、宽 2m。在景观池的配水结构和石英砂过滤层之间填充有部分石笼挡墙。为了加强景观池对所收集降水的净化能力与提高亲水效果，研究为景观池加入了 50cm 的淤泥层基质，专用于水生植物种植，在淤泥层基质下为 20cm 厚的防水混凝土池底。景观池的出水口与储水装置相连接，出水口剖面为正方形，内部直径 80cm、壁厚 20cm，出水口处设有网孔 3cm² 的格栅，其顶部与地表相接。景观水池蓄水深度最大 1.5m，该设计深度有利于保障人们亲水时的安全。当景观池储水量达到一定体积，水位超过 1.5m 时，经屋面收集的降水将通过出水口排入储水装置进一步净化储存。储水装置由两个相互连通的储水带、砂滤带和绿化灌溉水储水带构成。为了充分利用公共用地，储水带被设置在小区原有的环形路下，该设计对小区交通和道路绿化不会造成不利影响。其中两个相互连通的储水带的总宽度为 6m、高 2.5m，在两个储水带中间有一水泥隔墙，宽 40cm、高 2.5m，每隔 30m 有一连通口，连通口长、宽各 2m。储水带上方为水泥盖板，厚 25cm，其上为 20cm 厚的砂石层，最顶部为 5cm 的柏油路面。砂滤带两侧分别为格网状水泥挡墙，其中路基下的格网水泥挡墙因承重需要，每隔 50cm 有一长×宽×高分别为 50cm×40cm×2m 的水泥立柱，其上为高 50cm 的水泥带，水泥带顶部与水泥盖板相接。填充的砂滤填料分三层，内外层分别为宽 30cm、高 2.5m 的碎石层，中间为宽 20cm、高

2.5m 的石英砂层。砂滤层上方有 50cm 的覆土层，其上种植绿篱，绿篱根系可直接从砂滤层吸水。路两侧绿化灌溉储水带宽 80cm、高 2.5m，上部为 10cm 水泥盖板、35cm 覆土和 5cm 草皮。整个储水装置最外层为厚 20cm、高 2.5m 水泥隔墙，底部为 20cm 厚防水混凝土层，在储水装置以外种植树木绿化。

4）效益分析

（1）TFMC 小区屋面降水收集计算公式

① 小区（景观池）能够收集的除去蒸发外的净水量 V_{total}，可按式（6-1）计算。

$$V_{total} = V_{roof} + V_{pool} - V_{er} - V_{ep}$$ (6-1)

式中：V_{total}——景观池能够收集的除去蒸发外的净水量（m^3）；

V_{roof}——小区屋面能够获取的降水总量（m^3）；

V_{pool}——景观池能够获取的降水总量（m^3）；

V_{er}——屋面蒸发的降水总量（m^3）；

V_{ep}——景观池蒸发的降水总量（m^3）。

② 小区屋面能够获取的降水总量 V_{roof}，可按式（6-2）计算。

$$V_{roof} = A_{roof} \times W_p$$ (6-2)

A_{roof}——小区屋面总面积（m^2）；

W_p——SHZ 市年平均降水总量（mm）。

③ 景观池能够获取的降水总量 V_{pool}，可按式（6-3）计算。

$$V_{pool} = A_{pool} \times W_p$$ (6-3)

A_{pool}——景观池表面积（m^2）。

④ 小区屋面蒸发的降水总量 V_{er}，可按式（6-4）计算。

$$V_{er} = A_{er} \times E_{er}$$ (6-4)

A_{er}——屋面蒸发的计算面积（m^2）；

E_{er}——屋面积雪蒸发量（mm）。

⑤ 景观池蒸发的降水总量 V_{ep}，可按式（6-5）计算。

$$V_{ep} = A_{ep} \times E_{ep}$$ (6-5)

A_{ep}——景观池蒸发的计算面积（m^2）；

E_{ep}——景观池水面年平均蒸发量或雪面蒸发量（mm）。

（2）TFMC 小区屋面降水收集总量计算

① 基础资料

表 6-1 为 1952～2017 年 SHZ 市降雨资料统计数据。

1952～2017 年 SHZ 市降雨资料统计数据　　　　　　　　　　　表 6-1

月份	最大日降水量（mm）	月降水量最大值（mm）	月降水量最小值（mm）	月降水量平均值（mm）	日降水量≥0.1mm月平均日数（天）	累年月蒸发量（mm）
1 月	19.6	40.2	0.2	8.95	9	6.6
2 月	18.7	37.8	0.0	9.52	7	12.6
3 月	21.9	51.2	1.9	15.06	6	54.7
4 月	36.0	65.6	3.0	27.51	6	164.3

续表

月份	最大日 降水量（mm）	月降水量 最大值（mm）	月降水量 最小值（mm）	月降水量 平均值（mm）	日降水量≥0.1mm 月平均日数（天）	累年月 蒸发量（mm）
5 月	36.7	82.6	1.6	28.64	7	229.9
6 月	27.3	54.0	1.5	21.92	8	261.7
7 月	31.4	62.4	1.0	21.41	9	263.7
8 月	39.2	84.1	0.7	18.98	7	231.7
9 月	23.3	44.1	0.0	14.96	5	153.2
10 月	30.4	60.4	0.0	17.28	5	75.6
11 月	26.8	48.9	2.5	17.68	6	22.4
12 月	13.3	32.2	0.0	11.75	10	7.4

② TFMC 小区屋面能够获取的降水总量 V_{roof}

TFMC 小区屋面面积 A_{roof} 值为 95164.21m²，根据表 6-1 可知，SHZ 市年平均降水总量 W_p 值为 213.66mm，因此小区屋面获取的总水量 V_{roof} 值为 20332.79m³。

③ TFMC 小区景观池能够获取的降水总量 V_{pool}

TFMC 小区景观池的设计半径为 44m，景观池表面积 A_{pool} 值为 6082.12m²，年平均降水量为 213.66mm，因此景观池本身直接获取的水量 V_{pool} 值为 1299.51m³。

④ TFMC 小区屋面蒸发的降水总量 V_{er}

通过分析可知，屋面蒸发的降水总量 V_{er} 由两部分构成：

第一部分，只考虑降雪月（11～3 月份）屋面的积雪蒸发量。通过文献可知 SHZ 市内部积雪蒸发量约为降水量的 7.37%。由表 6-1 可知，11～3 月份降水量（平均值）之和为 62.96mm，对应雪面蒸发量为 4.64mm。已知小区屋面面积为 95164.21m²，故屋面的积雪蒸发量为 441.58m³。

第二部分，假设小区屋面降雨都由管道系统流入景观池中，对雨天（4～10 月份）的蒸发量可以忽略不计。

TFMC 小区屋面蒸发的降水总量 V_{er} 为 441.58m³。

⑤ TFMC 小区景观池蒸发的降水总量 V_{ep}

通过分析可知，景观池蒸发的降水总量 V_{ep} 由两部分构成：

第一部分是（11～3 月份）积雪的蒸发量，其蒸发面积为景观池表面积 A_{pool}，该面积为 6082.12m²；雪面蒸发量 4.64mm，积雪蒸发的降水总量 28.22m³。

第二部分是（4～10 月份）水面的蒸发量，其蒸发面积为景观池第三级台阶处横断面面积，该面积为 4144.19m²。水面年平均蒸发量 1380.1mm（见表 6-1），水面蒸发的降水总量 5719.40m³。

TFMC 小区景观池蒸发的降水总量 V_{ep} 为 5747.62m³。

⑥ TFMC 小区（景观池）能够收集的除去蒸发外的净水量 V_{total}

$$V_{total} = V_{roof} + V_{pool} - V_{er} - V_{ep} = 15443.11m^3$$

表 6-2 为小区降水利用系统收支平衡情况。

小区降水利用系统收支平衡情况　　　　　　　表 6-2

月份	小区屋面		景观用水		获取的有用水（m³）
	接收	蒸发	接收	蒸发	
11～3 月（降雪）	5991.54	−441.58	382.93	−28.22	5904.67
4 月	2617.97	0.00	167.32	−680.89	2104.40
5 月	2725.50	0.00	174.19	−952.75	1946.94
6 月	2086.00	0.00	133.32	−1084.53	1134.79
7 月	2037.47	0.00	130.22	−1092.82	1074.87
8 月	1806.22	0.00	115.44	−960.21	961.45
9 月	1423.66	0.00	90.99	−634.89	879.76
10 月	1644.44	0.00	105.10	−313.30	1436.24
求和	20332.79	−441.58	1299.51	−5747.62	15443.11

　　与现有的设计相比较，TFMC 小区屋面降水利用系统不受温度的影响，不需要高地势落差，运行维护简单。SHZ 市经营服务及其他用水价格为 2.1 元/m²，若将 TFMC 小区屋面降水利用系统投入运行，则每年可为 TFMC 小区节约水费 3.24 万元，若 SHZ 市 52 个小区均将屋面降水有效收集并资源化利用，则 SZH 市每年可节省水费开支约 168.62 万元。SHZ 市乔木片层年蒸散需水量为 320mm，灌草片层为 700mm。通过 TFMC 小区屋面降水收集，可以满足目前 TFMC 小区所有乔木和 26% 的灌草用水（计算中扣除了绿地表面所能接收的年均自然降水 213.65mm）；若所有的屋面降水直接过滤收集，不建景观水池，减少蒸发损耗，则小区储水装置中可用于绿化的年均水量为 19891.21m³（20332.79m³−441.58m³），目前该水量可以满足 TFMC 小区所有乔木和 77% 的灌草用水。从该小区绿化灌溉需水和屋面集水收支平衡看，仍然存在着水资源匮乏问题。对于该问题，可以进一步通过两个途径加以解决：一是节水灌溉，如绿化都采用滴管灌溉，提高水分利用效率；二是扩大水资源的获取范围，如进一步完善小区下水道系统，将居民生活用水所产生的黑水和灰水通过管道分流，将其中利用价值较高的灰水通过调蓄池、厌氧池、砂滤池处理后用于小区绿化。通过以上多种措施相结合，能有效缓解我国缺水地区水资源供需矛盾，在确保农业用水，减少地下水开采，增加自然植被生态需水的基础上，改善当地人们的居住环境。

6.2.2　公共建筑屋面雨水收集利用系统

1）项目概况

　　本项目以大学西校区 12 层 1 号教学楼为例，进行屋面雨水收集利用系统的方案设计。1 号教学楼屋面总面积 890m²，本项目取其中 1 根雨水立管，其控制的汇水面积为 144.86m²。该雨水立管设计流量 Q＝4.87L/s（17.53m³/h）。

2）设计内容

　　初期雨水弃流装置是屋面雨水利用的一个关键装置，其设计关键在于弃流雨量的确定和初期后期雨水的分离。

　　该屋面为钢筋混凝土屋面，由于楼层较高，屋面没有落叶，只有一些空气降尘堆积，屋面雨水水质较好。图 6-14 为屋面雨水收集与处理利用工艺流程示意。

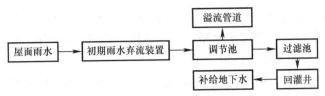

图 6-14　屋面雨水收集与处理利用工艺流程示意

在设计方案中，屋面雨水经过雨水立管进入初期弃流装置，经过前期弃流之后，初期较脏的雨水排至污水管道，后期雨水通过管道进入调节池，然后进入过滤池，最后通过管道进入回灌井，整个工程运行都采用重力自流形式。

3）主要设计指标

（1）初期雨水弃流装置

考虑到后期雨水利用对水质要求较高，初期弃流量按 6mm 降雨量设计，根据所收集屋面的大小，结合初期雨水弃流装置的特征，确定所需弃流装置的容积。经过初期弃流后的雨水，大大提高了过滤池的处理效果，最终实现达到利用要求。

屋面雨水弃流装置采用分流式原理，进水口连接雨水立管，雨水进入第一个圆柱形桶，设置有 6 个溢流孔对雨水进行 6 等分，依次设有 3 个圆柱形桶对初期雨水进行分流。当弃流池中的体积达到设计值，此时弃流池中的水具有一定的重量，通过杠杆原理，控制阀门转向，使弃流管的阀门关闭，不再弃流，后期雨水进入收集管道。对于已经收集在弃流池里的初期弃流，降雨结束后可以打开阀门使其全部排尽，为下一次降雨做准备。图 6-15 为初期雨水弃流装置结构示意。

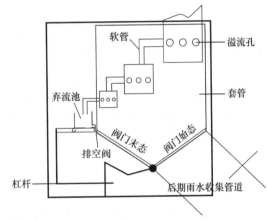

图 6-15　初期雨水弃流装置结构示意

（2）调节池

调节池是雨水进入过滤池之前的缓冲设施，同时具有一定的沉淀作用。调节池的设计需要考虑有效容积的确定。雨水由屋面汇集沿雨水立管流下，经过弃流装置，由地埋管（汇水管）通向调节池。屋面雨水立管高度为 45m、管道内径 110mm，地埋管长度为 26.7m、管道内径 150mm。调节池的体积不能小于所有管道满管时的水量，经计算所有管道满管时体积为 0.9m³。因此，调节池体积 $V \geqslant 0.9\text{m}^3$，故调节池设计为矩形柱体（长×宽×高为 1.0m×1.0m×1.3m）。

（3）过滤池

过滤池的处理效果是实现雨水回灌地下的重要保障。在工程设计中，选择过滤效果较好的沸石作为滤料。表 6-3 为沸石吸附氨氮浓度随时间变化。

沸石吸附氨氮浓度随时间变化　　　　　　　　　　　　表 6-3

水样	氨氮浓度（mg/L）			
	0h	0.25h	0.5h	1h
降雨 6mm 前	3.3	1.8	1.3	0.1
降雨 6mm 后	2.2	1.0	0.1	0

实验结果表明，对初期弃流 6mm 后的屋面雨水，30min 的去除率达到 95％。所以采用上述收集处理工艺流程，其出水水质（氨氮浓度）能满足国家标准《地下水质量标准》GB/T 14848—2017 中Ⅲ类水体标准。

过滤池设计滤速为 3.3m/h，过滤池为装配式的矩形柱体，底面积为 4.8m² 矩形（长 2.4m×宽 2.0m），过滤池总高度为 2.3m，沸石滤料厚度 1.5m。

过滤池出水采用顶部溢流的形式。沿着过滤池顶部内围一圈设有一个集水槽，然后通过管道通向回灌井。在通向井里的管道上安装一个水表，监测最终回灌到地下的水量。由于井台高程为 0.7m，因此，在过滤池底部应建一个同样高的水泥墩或支架，保证过滤池底部高于回灌井的井台。

（4）回灌井

过滤池出水采用管道通向回灌井。回灌井采用一个已经闲置的机井，由于井壁已经生锈，如果直接从井口回灌，会将井壁上的铁锈冲下。根据井中常年地下水位埋深，采用直径 30mm 的软管直接通向地下水位以下。

4）效益分析

表 6-4 为屋面雨水收集系统方案设计主要工程量统计。设计中对该雨水利用进行多种方案设计比较，经初步经济比较发现，该方案工程造价为 56000 元。

屋面雨水收集系统方案设计主要工程量统计　　　　表 6-4

名称	尺寸或型号	数量
初期雨水弃流装置	0.6m×0.26m×1.0m	1 个
调节池	1.0m×1.0m×1.3m	1 座
过滤池	2.4m×2.0m×2.3m	1 座
沸石	1.0～1.8mm	6t

该方案的工程造价比较高，比起传统的直接排放，没能直接体现出经济上的优势，但雨水收集利用对社会、环境和生态效益具有更广泛的意义。

6.2.3　住宅建筑小区雨水收集利用系统

1）项目概况

本项目总的规划用地面积约 12.6 万 m²，地块西侧为现状河道；本项目被中间南北向道路分为东、西两个地块；本项目主要由 3～11 层住宅组成，本项目绿地率约 35％。

2）设计内容

（1）本项目将整个小区屋面、道路、草坪的雨水统一汇流至东侧地块西南角，雨水经过预处理后排入地下室雨水蓄水池，再经过过滤和消毒处理后达到城市杂用水水质要求，储存于地下室雨水清水池。

（2）雨水最终用于整个小区的绿化浇灌、道路冲洗和景观用水。图 6-16 为雨水收集回用系统流程示意。

3）主要设计指标

（1）设计雨水径流总量

根据该市近 30 年降雨量统计资料，年降雨厚度为 1100mm，年降雨次数为 100 次，现每次降雨量按 11mm 计。根据国家标准《建筑给排水设计规范》GB 50015—2003（2009年版）第 4.9.6 条，选取径流系数。表 6-5 为本项目雨水径流量计算。

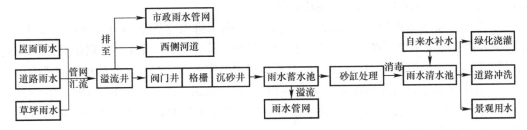

图 6-16　雨水收集回用系统流程示意

本项目雨水径流量计算　　表 6-5

汇水类型	径流系数	汇水面积（m²）	径流量（m³/次）
屋面	0.9	35000	346.5
沥青路	0.9	27000	267.3
铺装路	0.4	25000	110
草坪	0.15	44000	72.6
径流总量			796.4

初期雨水弃流量按 3mm 计，每次降雨弃流总量为 186m³（35000m²×0.003m/次＋27000m²×0.003m/次），设计雨水蓄水池容积为 600m³。

（2）雨水利用需水量

根据国家标准《建筑给排水设计规范》GB 50015—2003（2009年版）第 3.1.4、3.1.5、3.1.7 条，选取各项用水定额。根据各专业景观设计单位提供小区的室外景观日循环总水量为 400m³。表 6-6 为雨水利用需水量。

雨水利用需水量　　表 6-6

用水项目	用水定额	数量	需水量（m³/d）
绿化浇灌	2.0L/(m²·d)	44000m²	88.0
道路冲洗	2.5L/(m²·d)	47000m²	117.5
景观用水	循环水量的 10%	循环水量 400m³/d	40.0
未预见水量	需水量 10%	—	24.6
需水总量	—	—	270.1

设计雨水清水池容积取雨水利用需水量的 35%，则雨水清水池容积为 100m³。

（3）雨水排水管网设计

① 小区综合径流系数取各种汇水类型的加权平均值，计算可得为 0.55；

② 根据国家标准《建筑给排水设计规范》GB 50015—2003（2009年版）第 4.9.5 条，选取小区雨水设计重现期为 3a；

③ 根据该地区暴雨强度公式和设计雨水流量公式，计算可得整个小区的设计雨水流量为 1600L/s；

④ 室外雨水管采用 UPVC 双壁波纹管，管径为 DN300～DN700；

⑤ 室外雨水井采用混凝土模块式井；

⑥ 小区的雨水蓄水池、雨水清水池和雨水处理机房设置于东侧地块的西南角地下室。东、西两个地块的雨水经过室外雨水管网汇流至雨水蓄水池。中间设置 DN700 雨水过路管，以便西侧地块雨水汇流至东侧地块；

⑦ 当雨水蓄水池水位达到设计最高水位时，雨水进水总管上的电动闸阀自动关闭，此时小区雨水通过 4 个雨水溢流口直接排放。其中 3 个 DN500 溢流口分别排至小区中间和南侧道路市政雨水管网，1 个 DN700 溢流口通过八字式雨水口排至西侧现状河道内；

⑧ 雨水蓄水池的西北角外墙上，贴池顶设有 600mm（高）×800mm（宽）的检修人孔，同时兼做蓄水池的溢流口。当蓄水池水位超过最高水位时，雨水通过此溢流口直接排入小区室外雨水管网。

（4）雨水处理工艺

① 雨水处理工艺流程

小区雨水利用时，水质要求执行国家标准《城市污水再生利用 城市杂用水水质》GB/T 18920—2002。本项目雨水经过预处理去除较大杂质后，排入雨水蓄水池，再经过砂缸过滤器过滤和消毒处理后，将达到杂用水水质要求的雨水储存于清水池内。图 6-17 为雨水处理工艺流程示意。

图 6-17　雨水处理工艺流程示意

② 雨水预处理工艺流程

降雨开始后，小区雨水通过管网收集、汇流至溢流井前。为了弃流初期雨水，此时进水管路上电动闸阀处于关闭状态，溢流管上的电动闸阀处于开启状态，初期雨水通过溢流管直接排入市政雨水管网。当弃流雨水累计流量达到设定值时，溢流管上电动闸阀关闭，进水管路上电动闸阀打开。雨水进入格栅井和沉砂井，雨水中夹杂的较大杂质和颗粒物经过格栅和沉砂处理后被去除。图 6-18 为雨水预处理构筑物剖面示意。

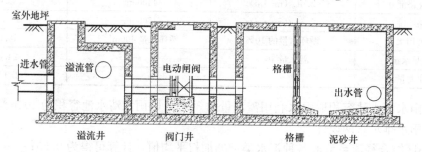

图 6-18　雨水预处理构筑物剖面示意

格栅采用间距 10mm 细格栅，过水尺寸为 800mm×800mm，安装在格栅槽内，可以通过吊环拉起进行清淤。沉砂井底部设 500mm×500mm 存砂斗，人工定期清掏格栅井和存砂斗内的杂质，以保证雨水排水管网的顺畅。

③ 雨水过滤消毒处理

选用对杂质有一定通过能力的立式污水泵从蓄水池中吸水，加压的雨水通过并联的 2 组砂缸过滤器，实现对雨水中细小杂质的进一步去除。单台砂缸过滤器处理能力为 30m³/h，能实现自动反冲洗。过滤后的雨水储存于雨水清水池，采用二氧化氯自动加药罐对清水池中雨水进行消毒处理，加药计量泵的加药能力为0.25m³/h。图 6-19 为雨水处理机房平面布置示意。

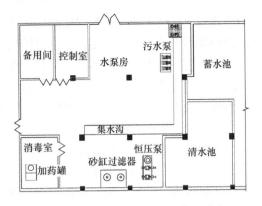

图 6-19　雨水处理机房平面布置示意

4）效益分析

表 6-7 为降雨量＞3mm 的有效降雨次数、储存雨水量、绿化浇灌等用水量、自来水补水量等数据。

小区雨水收集利用　　　　　　　　　　　　　　　　表 6-7

月份	有效降雨次数（次）	储存雨水量（m³）	用水量（m³）	自来水补量（m³）
1 月	2	700	1000	300
2 月	4	1000	1050	50
3 月	4	1500	1350	0
4 月	5	1800	1400	0
5 月	6	2000	1500	0

初始运行的这 5 个月共利用雨水量为 5950m³，按该地区自来水水价 4.5 元/m³、雨水利用运行费用 0.8 元/m³ 计算，则用水节约费用为 22015 元。

6.2.4　公共建筑雨水收集利用系统

1）项目概况

本项目距离主城 15km。项目建设规划总用地 6.9hm²，规划净用地 4.65hm²。由行政办公区、广播电台技术区、电视台技术区与辅助功能 4 个部分组成。总建筑规模159652m²，由一栋 25 层主楼与三栋 9～10 层的裙楼组成，绿化面积 1.99hm²。

根据气象资料，KM 年降雨量大约 1004mm。从气象资料显示，从 5～10 月降雨量都在 80mm 以上，非常适合雨水的收集利用，是非常好的杂用水水源。

2）设计内容

根据《KM 市城市雨水收集利用的规定》"民用建筑、工业建筑的建（构）筑物占地与路面硬化面积之和在 1500m² 以上的建设工程项目，应当按照节水三同时的要求同期配套建设雨水收集利用设施"，本项目按照《KM 市城市雨水收集利用的规定》计算雨水收集设施设计规模为 618.63m²。

根据本项目实际情况，拟采用雨水入渗回补和调蓄排放综合处置办法，雨水收集设施设计规模主要由 3 部分组成：

（1）入渗

为便于雨水的收集利用，在设计施工时在停车场、人行道路与广场铺设透水砖或植草砖、碎石地面，透水性混凝土或沥青路面等。就地将降落雨水渗透，利用表层土壤对雨水的净化能力达到土壤涵养的间接利用雨水的目的。透水砖地面的硬质道路在设计重现期范围内的降雨不产生地表径流，且可接纳周边硬化地面的雨水量。

道路上的雨水入渗利用方式由塑料渗透式集水井和渗排一体化系统两部分组成。塑料渗透式集水井用于管线之间的转换连接，便于定期对埋地雨水管中的沉砂作清掏。采用塑料渗透式集水井既可节能（以塑代砖、以塑代混凝土）又可提高施工效率。

（2）下凹绿地调蓄排放

本项目周边设有大量绿地，设计时考虑为下凹绿地，将周围铺装地面上的径流雨水汇集进来，充分利用绿地的下渗能力和蓄水能力。根据资料：当下凹深度为 50～150mm，下凹式绿地占全部集水面积比例为 20％时，可以使外排径流雨水量减少 30％～90％，甚至实现无外排雨水。绿地的设计应在满足植物正常生长要求的前提下，尽可能选用渗透速率和吸附净化污染物能力较大的土壤填料。

（3）水景调蓄

本项目景观设计结合项目场地特点，在绿化景观带设置了水景，美化环境的同时也为雨水收集利用提供了便利。

（4）其他

本项目车库顶板在建筑主体以外部分均有 0.7～1.7m 的降板，降板上为覆土绿化，设计时与建筑专业配合在此部分降板区域内均设置有雨水渗透沟，屋面雨落管在室外均直接接至渗透沟，相对清洁的屋面雨水经盲沟接至周边的景观水体。景观水体成为雨水生态塘，兼有储存、净化与回用雨水的目的，并按照标准要求设计有溢流口排放暴雨。雨水边沟设置为渗透沟，该渗透沟为水平沟，主要用于建筑单体屋面、外立面与附近地面的雨水收集排放，超过设计范围或超过设计重现期的雨水可通过渗透沟排至道路雨水管网。渗透沟出口处设雨水渗透井，沟底低于渗透井进水管管底 0.2m。

本项目设置有中水处理系统，雨水收集经处理后洁净雨水进入中水清水池，共用一套回用系统以供室外绿化浇洒。雨水收集池采用聚丙烯模块组合水池。在储水池的旁边构筑沉井作为雨水处理间，其中包括过滤器、水泵与相关自动控制设备。将收集的雨水经过简单快捷的物理过滤处理。图 6-20 为聚丙烯储水模块。

图 6-20 聚丙烯储水模块

3）主要设计指标

（1）雨水收集设施设计规模

① 相关计算面积参数

本项目建筑占地面积为 12676m²；道路与广场硬化面积为 13900m²；绿化面积为 19995m²。

② 雨水收集设施设计规模计算

按照《KM 市城市雨水收集利用的规定》第八条第一款规定的公式与取值，结合计算汇水面积，确定雨水收集设施设计规模。雨水收集设施设计规模可按式（6-6）计算。

$$W = 10^{-3} \cdot b \cdot (A_1 \cdot a_1 + A_2 \cdot a_2) \tag{6-6}$$

式中：W——雨水收集设施设计规模（m³）；

b——日设计降雨厚度，取 25.5mm；

A_1——项目内硬化屋面和路面的汇水面积，以项目建筑物占地面积和路面硬化面积计（m²）；

A_2——项目内绿地的汇水面积，以绿地面积计（m²）；

a_1——硬化屋面和路面的雨量径流系数，取 0.8；

a_2——绿地的雨量径流系数，取 0.15。

本项目雨水收集设施设计规模：

$$W = 10^{-3} \times 25.5 \times (26576 \times 0.8 + 19995 \times 0.15) = 618.63(\text{m}^3)$$

（2）雨水利用的方式

本项目除建筑物占地外硬地面主要为车道、人行道，周边设置了大量的绿地与水景，土壤渗透性良好。根据本项目实际情况，拟采用雨水入渗回补和调蓄排放综合处置办法，雨水收集设施设计规模主要由 3 部分组成：

① 入渗

入渗对透水铺装地面基本要求：a. 透水铺装地面应设透水面层、找平层和透水垫层。透水面层可采用透水水泥混凝土、透水面砖、草坪砖等；b. 透水地面面层的渗透系数均应大于 1×10^{-4} m/s，找平层和垫层的渗透系数必须大于面层；c. 面层厚度宜根据不同材料、使用场地确定，孔隙率不宜小于 20%，找平层厚度宜为 20～50mm，透水垫层厚度不宜小于 150mm，孔隙率不应小于 30%；d. 铺装地面应满足相应的承载力要求。本项目按路面透水砖厚度 60mm，孔隙率 20%；透水垫层厚度 200mm，孔隙率 30%计。考虑到部分孔隙使用中会存在堵塞情况，按所有孔隙 70%可用，透水路面截留雨水能力为 0.05m³/m²，本项目内共设置透水铺装地面 220m²，雨水储存容积为 $Q_1 = 220\text{m}^2 \times 0.05\text{m}^3/\text{m}^2 = 11\text{m}^3$。

② 下凹绿地调蓄排放

本项目的绿化面积为 19995m²，沿道路周边设置总面积为 3000m² 的下凹绿地，为雨水收集利用提供了便利。下凹绿地表面底于路面 80～100mm。雨水口设置于下凹绿地内，并且雨水算子高于绿化地面 30～50mm。按绿地下凹 80mm，雨水算子低于路面 30mm 计算出下凹绿地中可以储存高度为 50mm（0.05m）的雨水，下凹绿地可滞留的水量为 $Q_2 = 3000\text{m}^2 \times 0.05\text{m} = 150\text{m}^3$。

防止超过设计收集量时下凹绿地积水过多和对植被的破坏，需结合区内整体的雨水排水管网对下凹绿地设置排水设施。在各下凹绿地内设置渗透式雨水口或渗透式雨水井，排出大于收集设计量的雨水同时通过井壁上的过水孔增大雨水渗透效率。下凹绿地渗透量可按式（6-7）计算。

$$W_\mathrm{s} = a \cdot K \cdot J \cdot A_\mathrm{s} \cdot T_\mathrm{s} \tag{6-7}$$

式中：W_s——渗透量（m^3）；

   a——综合安全系数，一般取 0.5～0.8，本项目 $a = 0.7$；

   K——土壤渗透系数（m/s），本项目 $K = 5.6 \times 10^{-6}\,\mathrm{m/s}$；

   J——水力坡降，一般 $J = 1.0$；

   A_s——有效渗透面积（m^2），本项目 $A_\mathrm{s} = 3000\,\mathrm{m}^2$；

   T_s——渗透时间（s）。

下凹绿地每秒渗透量：$W_\mathrm{s} = 0.7 \times 5.6 \times 10^{-6} \times 1.0 \times 3000 \times 1 = 0.012$（$\mathrm{m}^3/\mathrm{s}$）

本项目设置的下凹绿地雨水储存总量 Q_2 为 $150\,\mathrm{m}^3$，雨水入渗时间为 $T_\mathrm{s} = 150\,\mathrm{m}^3 \div 0.012\,\mathrm{m}^3/\mathrm{s} = 12500\,\mathrm{s} = 3.47\,\mathrm{h}$，即本项目下凹绿地雨水储存总量约需 3.5h 的入渗时间。

③ 水景调蓄

设计中应注意的事项是：a. 合理设置水景溢流水位，可以充分发挥水景的区域调蓄排放功能，削减雨水洪峰径流量，减少雨水外排。不同区域水景溢流水位按高于水景最高水位 0.05～1m 设计；b. 水景附近的道路与绿化带通过景观处理坡向水体，扩大水景雨水收集面。在地下室顶板覆土层内做滤水层，进行暂时存水，加强雨水入渗，减少雨水的地表径流。

本项目在绿化景观带设置了 $150\,\mathrm{m}^2$ 的水景，按水景可滞留 20cm（0.2m）深的水量计算，水景滞留雨水量为 $Q_3 = 150\,\mathrm{m}^2 \times 0.2\,\mathrm{m} = 30\,\mathrm{m}^3$。

④ 其他

在地下室顶板防水层上有 100～150mm 厚滤水层，滤水层目前一般采用塑料滤水板，滤水厚度按 150mm（0.15m）计算，孔隙率 40% 左右，考虑到使用一段时间后有部分泥砂进入，按孔隙率 25% 计算，地下车库顶板覆土面积 $8713.12\,\mathrm{m}^2$，地下车库顶板滤水层可以存水量为 $Q_4 = 8713.12\,\mathrm{m}^2 \times 0.15\,\mathrm{m} \times 25\% = 326.74\,\mathrm{m}^3$。

（3）雨水利用设施

本项目雨水收集总规模：$Q = Q_1 + Q_2 + Q_3 + Q_4 = 11\,\mathrm{m}^3 + 150\,\mathrm{m}^3 + 30\,\mathrm{m}^3 + 326.74\,\mathrm{m}^3 = 517.74\,\mathrm{m}^3$。

为满足雨水收集设施设计规模 $618.63\,\mathrm{m}^3$ 的要求，不足部分 $100.89\,\mathrm{m}^3$（$618.63\,\mathrm{m}^3 - 517.74\,\mathrm{m}^3$）需要另设置雨水储水设施。本项目地块内设置一座 $102\,\mathrm{m}^3$ 的模块储水池，储存雨水经过过滤、消毒后补充中水清水池回用。

本项目雨水收集总有效容积为 $619.74\,\mathrm{m}^3$（$517.74\,\mathrm{m}^3 + 102\,\mathrm{m}^3$）$> 618\,\mathrm{m}^3$，满足《KM 市城市雨水收集利用的规定》要求。

4）效益分析

（1）本项目区域内可实现 KM 市要求的 25.5mm 的降雨厚度范围内雨水零外排，减少市政管网排水压力与市政管网的建设维护费用，同时减少城市内涝的发生。初期雨水同时也在区内消化，减少城市污水处理厂处理水量。本项目中采用了源头弃流以及过滤的处理措施，大大减少了污染雨水排入水体，也减少了因雨水的污染而带来的水体环境的污染。

（2）提高防洪标准而减少的经济损失。城市洪涝灾害的形成有多种原因，包括降雨分布不均、降雨异常频率增加、排水管网建设落后、维护管理不到位、城市开发使不透水面积大幅度增加等，使洪水在较短时间内迅速形成，洪峰流量明显增加，使城市面临巨大的防洪压力，洪灾风险加大，水涝灾害损失增加。而雨水渗透、回用等措施可缓解这一矛盾，延缓洪峰径流形成的时间，削减洪峰流量，从而减小雨水管道系统的防洪压力，提高设计区域的防洪标准，减少洪灾造成的损失。

（3）减少地面沉降带来的灾害。很多城市为满足用水量需要而大量超采地下水，造成了地下水枯竭、地面沉降和海水入侵等地下水环境问题。由于超采而形成的地下水漏斗有时还会改变地下水原有的流向，导致地表污水渗入地下含水层，污染了作为生活和工业主要水源的地下水。实施雨水渗透方案后，可从一定程度上缓解地下水位下降和地面沉降的问题。

（4）本项目绿化每天绿化用水量约 $19995m^2 \times 3L/m^2 = 59.98m^3$，雨水收集池收集的雨水约能满足两天的用量。KM 市雨期为 5～10 月，如按收集池满蓄天数为 80d 计算，可节约的水量约为 $8160m^3$，如按 3.5 元/m^3 的水价计算，一年约可节约 2.85 万元，考虑节水消除污染而减少的社会损失和节省城市排水设施的运行费用等间接效益将更高。

6.3 道路雨水收集利用案例

6.3.1 人行道雨水收集利用系统

1）项目概况

SMKXY 东路全长约 750m，红线宽 24m，道路等级为城市支路，是园区内雨水利用与水环境改善示范工程试验路段。

试验路段未采用传统的雨水排除方式，道路范围内雨水完全通过道路横纵坡与路面结构变化，并辅以适当的雨水工程措施，实现道路范围内雨水收集与利用。

2）设计内容

道路雨水利用工程分为 4 个试验段，试验段 A 采用雨水下渗的方式，试验段 B～D 采用雨水渗蓄结合的方式。A 区两侧步道采用普通渗透砖，主路单向坡，东侧道边采用"风积砂渗透砖"，雨水只渗透，不收集；B 区两侧步道采用普通步道砖，主路单向坡，东侧边采用"环保雨水口"，雨水不渗透，被全部收集；C、D 区两侧步道采用普通步道砖，主路单向坡，东侧道边采用"风积砂渗透砖"与边沟相结合的模式，东侧步道采用"风积砂渗透砖"，雨水渗透后被收集。图 6-21 为 SMKXY 东路雨水利用工程示意。

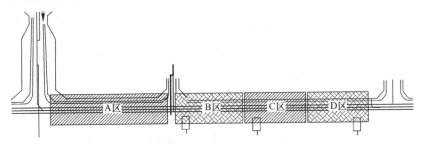

图 6-21　SMKXY 东路雨水利用工程示意

3）主要设计指标

（1）试验段 A

试验段长 236.18m，道路范围内取消市政雨水管道排水系统，雨水完全通过路面下渗达到雨水利用的目的，图 6-22 为试验段 A 雨水利用工艺流程示意。

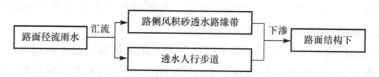

图 6-22　试验段 A 雨水利用工艺流程示意

该段道路机动车道东侧采用路侧风积砂透水平石与 C30 无砂混凝土基层组成的透水路缘带，人行步道面层采用透水型步道方砖，基层 C15 无砂混凝土，并在基层下设置 20cm 厚级配砂石透水层。机动车道路缘带透水基层与人行步道下透水基层相连，道路范围内雨水均通过道路东侧人行步道范围下渗。为了减少机动车道透水性基层对道路基层的影响，在透水性基层与石灰粉煤灰砂砾层之间设置不透水的复合土工膜，防止雨水下渗至道路二灰底基层。

（2）试验段 B

试验段长 161.03m，道路范围内采用不透水型路面结构，雨水通过弃流后经管道收集至蓄水池达到雨水利用的目的，图 6-23 为试验段 B 雨水利用工艺流程示意。

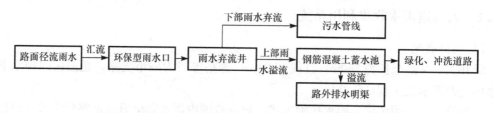

图 6-23　试验段 B 雨水利用工艺流程示意

该段道路机动车道东侧设置环保型雨水口，路外设置雨水管道、雨水弃流井与钢筋混凝土蓄水池。其中环保型雨水口内设置截污挂篮，主要拦截路面树叶、悬浮固体和泄漏溢漏的油类，避免随雨水进入雨水系统内；雨水弃流井为全过程弃流，即在弃流井下部设雨水管道与道路污水管线连接，上部设溢流管与钢筋混凝土蓄水池相连，在降雨过程中弃流井下部雨水排入污水管线，超过溢流水位的雨水进入蓄水池，雨水弃流量由下部雨水管道管径决定。

（3）试验段 C

试验段长 130.47m，道路范围内取消市政雨水管道排水系统，雨水通过下渗然后收集的方式达到雨水利用的目的，图 6-24 为试验段 C（试验段 D）雨水利用工艺流程示意。

机动车道东侧采用路侧风积砂透水 U 型槽盖板与混凝土 U 型槽结构组成的透水路缘带，雨水渗透进入混凝土 U 型槽再汇入装有生态砂的雨水收集检查井过滤后进入蓄水模块内。人行步道面层采用透水型步道方砖，面层下设置渗排水板，并填充中砂，便于雨水经人行道面层渗流至渗排水板层。渗排水板下设置复合土工膜（不透水），经人行道面层下渗的雨水至复合土工膜层横向导流至人行道下埋设管径为 150mm 的渗排水管。渗排水管顶部渗水，其余部分不透水。雨水自渗排水管顶部渗入后汇入设置于人行道外侧的雨水管道，然后经装有生态砂的雨水收集检查井过滤后进入蓄水模块内。

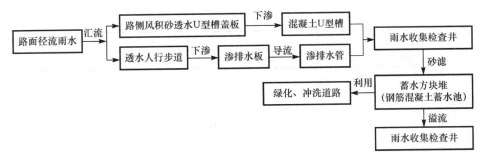

图 6-24 试验段 C（试验段 D）雨水利用工艺流程

（4）试验段 D

试验段 D 长 144.93m，同样采取雨水下渗然后收集的方式达到雨水利用的目的，工艺流程与试验段 C 相同，蓄水设施改为钢筋混凝土蓄水池，目的为了比较两种蓄水设施对收集雨水水质的影响效果。

（5）道路横断与路面结构设计

道路雨水利用工程的实施需处理好道路横断面与路面结构的设计。

① 横断面

为了便于路面径流雨水迅速汇集至雨水利用设施，将机动车道道路横坡设置为单面坡，道路横坡采用直线型路拱型式，坡度为 2%，坡向道路东侧。同时将人行步道横坡改为单面坡，坡度为 1.5%，坡向行车道一侧，图 6-25 为道路横断面设计示意。

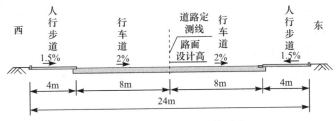

图 6-25 道路横断面设计示意

② 路面结构

试验段人行步道与行车道路面结构均采用标准城市支路路面结构，道路东侧雨水收集设施范围内与东侧人行步道采用试验性路面结构。表 6-8 为雨水利用工程试验段路面结构设计数据。

雨水利用工程试验段路面结构设计数据　　　　　　　　　　表 6-8

试验段	道路东侧		道路西侧	
	行车道	步道	行车道	步道
A	风积砂透水平石 6.5cm； 透水型粘接找平层 2cm； C30 无砂混凝土 21.5cm 复合土工膜（不透水）； 热拌沥青石灰粉煤灰稳定砂砾 16cm； 9% 石灰土处理地基厚 15cm	透水型步道方砖 6cm； 1：5 水泥中砂干拌 2cm； C15 无砂混凝土 15cm； 粗砂垫层 5cm； 级配砂石 20cm	细粒式沥青混凝土 Ac-134cm； 粘层油； 粗粒式沥青混凝土 Ac-256cm； 乳化沥青封层； 透层油； 石灰粉煤灰砂砾混合料 36cm； 9% 石灰土处理地基 15cm	同东侧步道路面结构

续表

| 试验段 | 道路东侧 | | 道路西侧 | |
	行车道	步道	行车道	步道
B	同试验段 A 道路西侧行车道路面结构	彩色步道方砖（不透水）6cm； 1：3 水泥砂浆卧底 2cm； 石灰粉煤灰砂砾混合料 20cm	同试验段 A 道路西侧行车道路面结构	同东侧步道路面结构
C、D	风积砂 U 型槽盖板（透水）6.5cm； 透水型粘接找平层 3cm； 抹素灰一道预制混凝土 U 型槽（不透水）27cm； 1：3 水泥砂浆卧底 2cm； 石灰粉煤灰稳定砂砾（原设计底基层刨除 6.5cm 厚）7.5cm； 9％石灰土处理地基厚（原设计路床处理）15cm	风积砂透水步道砖 6.5cm； 1：5 水泥中砂干拌 2cm； 渗排水板复合土工膜（不透水）二灰稳定砂砾 20cm	同试验段 A 道路西侧行车道路面结构	同试验段 B 东侧步道路面结构

4）效益分析

（1）实际应用分析

试验段 A 在高标准降雨条件下短时间内会出现积水；试验段 B 工程造价最低，但初期雨水弃流设施需做进一步改进；试验段 C 的工程造价最高；试验段 D 工程造价适中。综合比较，试验段 B 和 D 值得在类似道路工程中推广应用，试验段 A 与试验段 C 宜慎重采用。此外，路面入渗后收集的雨水水质较常规收集的雨水水质更好。表 6-9 为各试验段比较。

各试验段比较　　　　　　　　　　　　　　　　　　　　　　　　　表 6-9

试验段	道路给水分析	工作投资	维护间隔
A	高标准降雨短期路面出现积水	适中	长
B	无积水现象	低	短（环保型雨水口易淤堵）
C	无积水现象	高（蓄水模块价格高）	长
D	无积水现象	适中	长

（2）道路使用情况

① 试验段路面在竣工验收时无破损、翘动现象出现，路面弯沉与平整度等技术指标均能达到城市支路设计要求；

② 道路在运行期间，雨季路面水能够较快排除，未出现道路积水现象。经过 4 个雨季后，目前道路外观良好无破损，同时路面弯沉、平整度检测结果亦能达到设计要求。

（3）工程效益

由降雨监测数据分析，基于 SWMM 模型的道路雨水利用工程模拟分析，表 6-10 为各段产生直接效益。

各段产生直接效益 表6-10

试验段	年利用雨水量（m³）		直接效益（万元）				
	渗透	收集	年节约用水费用	年消除污染的节约资源费用	年减少排水设施运行费用	雨水利用带来的年财政收入	合计
A	3969.84	—	—	1.08	0.035	2.18	3.295
B	1029.88	1555.6	0.44	0.70	0.02	1.42	3.33
C	787.76	1363.96	0.38	0.58	0.017	1.18	2.767
D	787.76	1363.96	0.38	0.58	0.017	1.18	2.767
合计	6575.24	4283.52	1.20	2.94	0.089	5.96	10.189
总计	10858.76		10.189				

注：①年节约用水费用：年收集雨水量与用水单价的乘积，用水单价以 BJ 市自来水价格计（2.8 元/m³）。②年消除污染带来的节约环境资源费用：年利用雨水量与治理单位雨水径流污染的成本乘积，治理单位雨水径流污染的成本按排污费的 3 倍考虑。以 BJ 市为例，该费用为 2.7 元/m³。③年减少排水设施运行费用：年利用雨水量与管网运行费用的乘积，管网运行费用按 0.08 元/m³。④雨水利用带来的年财政收入：年利用雨水量与单位体积的水产生的收益的乘积。经调查分析，节约 1/m³ 水意味着创造 5.48 元的收益。

6.3.2 跨水系桥梁雨水收集利用系统

1）项目概况

YC 市 BJ 路延伸道路工程路线起于 BJ 东路与 YA 中心路交叉口东 300m，终点位于 W 四路与 J 一路交叉口东南 650m，全长约 20.287km，其中路基长约 5.644km，桥梁长14.643km，包括跨 H 河特大桥 1 座，长 3.972km；全线设置互通两处，分别为 BH 大道互通和 J 一路互通，并预留 2 处互通立交，分别为 JZ 高速公路互通立交和东线快速公路互通立交。

2）设计内容

YC 市 BJ 路延伸道路工程以桥梁形式跨越 YC 市东郊水源地一级保护区，根据水源地保护要求与环境评价报告，桥面的水流禁止直接散排，针对现场地形条件，经过方案比选与论证，设计采取了如下措施：（1）在跨越水源区域公路桥两端设置警示标志，严格禁止运输危险化学品的车辆通过；（2）桥面设置统一排水收集系统，将桥面雨水收集至桥侧设置的多功能水处理池，对初期雨水进行集中处理，并在多功能水处理池设置危险品储存池，确保泄漏危险品的收集，保证水源地的水质安全，图 6-26 为桥面径流收集处理系统流程示意。

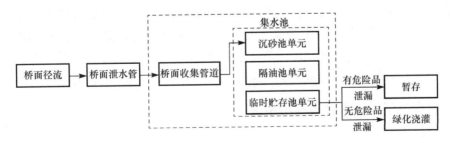

图 6-26　桥面径流收集处理系统流程示意

3）主要设计指标

（1）桥面雨水收集系统设计

本项目在桩号 K5+656～K7+620 处以桥梁形式跨越 YC 市东郊水源地一级保护区。

设计在桥梁一侧设置雨水管道，集中收集雨水。

根据计算，在 YC 市东郊水源地范围内，泄水管标准间距为 10m，并采用 355mm 的纵向排水管收集桥面排水，沿双向纵坡将排水管向两侧引出水源地范围外，并落地接入多功能水处理池中，图 6-27 为雨水收集系统示意。

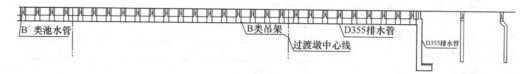

图 6-27　雨水收集系统示意

本项目泄水管均采用 159mm×6mm 的无缝钢管，泄水管与格栅井采用焊脚尺寸为 4mm 的周圈角焊缝连接，并在泄水口周边用双组份聚氨酯嵌密实。在外侧防撞护栏与格栅井之间的桥面铺装层范围内，沿桥跨方向通长布置 1.2mm×15mm×1.8mm 的渗水弹簧钢管，材质为 304H 不锈钢丝；渗水弹簧钢管在每个泄水管位置处，沿格栅井侧壁围绕一周后引入泄水口，其端部需伸入泄水口 50mm。

除空心板桥、匝道桥以及桥台位置处的泄水管采用横向排水外，其余泄水管均采用竖向排水。根据桥面汇水面积与桥梁结构形式的不同，泄水管又分为 A、B、B′、C、D、D′ 和 E 类 7 种类型。根据排水管的管径与荷载不同，160mm 排水管对应 A 类吊架与 A 类管卡，355mm 排水管对应 B 类吊架与 B 类管卡，其中 A 类管卡的竖向间距不大于 5m，B 类管卡的竖向间距不大于 3m。为保护管道，在管卡部位的排水管周圈衬垫 3mm 厚的橡胶层。355mm 纵向排水管与泄水管连接处设置异径三通，作为溢流孔备用；同时，在对应桥梁伸缩缝位置处应设置伸缩节，伸缩量与桥梁伸缩缝相同。

（2）多功能水处理池系统设计

为了保证水流的顺畅，多功能水处理池的平面布置中的长边（即水流方向）与桥墩排水管平行布置。桥墩排水管 DN400mm 承接桩号 K6＋656～K7＋280 中 61 号、113 号桥墩的桥梁集中排水管的雨水，将雨水输送至多功能水处理池，经沉淀后排放至周边下洼地块。

4）效益分析

在设计过程中，对跨水源保护地道路沿线进行详细的踏勘，选择合适的多功能水处理池设置位置。综合考虑桥梁外形美观、受力均匀与施工便捷，设置集中收集雨水管道系统，随桥敷设。多功能水处理池的工艺设计综合考虑危险品泄漏处理、后期养护、超标雨水溢流等问题，避免对水源造成污染，同时尽量减少对周边地块的影响。

6.3.3　城市高架桥雨水收集利用系统

1）项目概况

某市一条南北向的城市快速路，是该市南北交通的主要通道之一，道路全长为 2.575km。本次雨水利用工程拟保留现状桥面与路面，仅对桥下绿化带进行改造。项目前期对现状道路、管线情况进行了全面调查与勘测，桥下绿化带宽为 10m，无任何市政管线，具备改造的条件。初步确定采用雨水收集利用与雨水下渗相结合的工艺，经水量分析后明确道路改造划分，最终确定工艺方案。

2）设计内容

根据水量分析、现场地形、道路纵坡等，拟分为4段进行改造，其中Ⅰ段、Ⅳ段（大部）采用雨水收集利用工艺，Ⅱ段、Ⅲ段（大部）采用雨水下渗工艺，表6-11为各路段相关技术措施。

各路段相关技术措施   表6-11

路段	高架长度（m）	桥面面积（hm²）	绿化面积（hm²）	现状	措施
Ⅰ K0+000～K0+450	449.1	1.13	0.415	雨水直接排放	雨水收集利用
Ⅱ K0+450～K1+019.236	570.1	1.43	0.51	雨水直接排放	雨水下渗
Ⅲ K1+019.236～K1+525	505.7	1.27	0.44	雨水直接排放	雨水下渗
Ⅲ K1+670.482～K1+775	145.5	0.36	0.15	雨水由高架落水管排到地面	保持现状
Ⅳ K1+775～K2+275	104.5	0.26	0.10	雨水直接排放在中央分隔带	雨水下渗
Ⅳ K1+775～K2+275	500	1.25	0.50	雨水直接排放在中央分隔带	雨水收集利用
Ⅳ K2+275～K2+400	125	0.31	0	雨水由高架落水管排到河中	保持现状
Ⅳ K2+400～K2+575	175	0.44	0.18	雨水直接排放在中央分隔带	雨水下渗

3）主要设计指标

本项目分段分别采用雨水收集利用（砂滤系统＋雨水花园＋地下储水处理系统＋自动喷灌）与雨水下渗（砂滤系统＋雨水花园）工艺。

（1）雨水收集利用工艺

雨水经过高架桥现状落水管进入砂滤系统，溢流后进入雨水花园（水力停留时间为48～72h），经生物处理后（超标雨水溢流进入市政管道），下渗进入地下储水系统，用一体化玻璃钢雨水池保存，使用时通过过滤净化系统深度处理后达到回用水的质量要求，连接自动喷洒系统，进行自动绿化喷灌。

（2）雨水下渗工艺

雨水经过高架桥现状落水管进入砂滤系统，溢流后进入雨水花园（水力停留时间为48～72h），经生物处理后下渗补充地下水（超标雨水溢流排至雨水溢流检查井）。图6-28为雨水收集利用与雨水下渗工艺流程示意。

（3）砂滤系统

利用砾石对雨水进行过滤，过滤后的雨水溢流进入雨水花园。前端砂滤系统主要过滤较大颗粒的污染物。图6-29为砂滤系统示意。

（4）雨水花园

通过人工挖掘的浅凹绿地，汇聚并吸收来自高架桥面的雨水，通过植物、砂土的渗透、过滤作用使雨水得到进一步净化并最终渗透进入地下储水系统。超过标准的降雨将通过雨水花园中的溢流口排放进入市政排水系统。设计水力停留时间为 48～72h，植物选择耐旱、耐涝、无需永久灌溉的植物。图 6-30 为雨水花园（收集利用段）示意，图 6-31 为雨水花园（下渗段）示意。

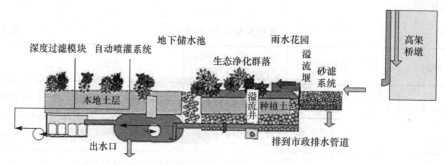

图 6-28　雨水收集利用与雨水下渗工艺流程示意

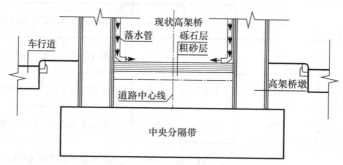

图 6-29　砂滤系统示意

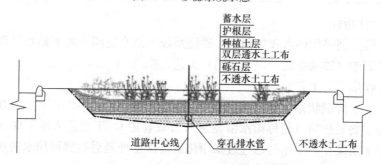

图 6-30　雨水花园（收集利用段）示意

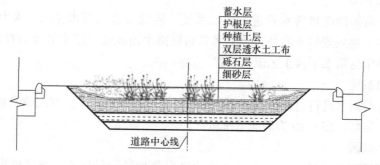

图 6-31　雨水花园（下渗段）示意

（5）一体化玻璃钢雨水池

水池系统通常有钢筋混凝土池、一体化玻璃钢雨水池、PP模块组合池。本项目采用一体化玻璃钢雨水池，一体化玻璃钢雨水池可以进入内部清扫垃圾、不需要反冲洗。

4）效益分析

本项目总投资为277.3万元，其中：砂滤系统为35.6万元，雨水花园为93.4万元，地下储水处理系统为91.2万元，喷灌系统为27.4万元，其他费用为29.7万元（含设计费、调试费等）。

实际直接运行成本：电费为0.35元/m³，药剂费为0.05元/m³，故此系统总直接运行成本为0.4元/m³（未包括设备折旧、检修维护等费用）。

6.4 绿地雨水收集利用案例

6.4.1 公园雨水收集利用系统

1）项目概况

NGS公园包括山地公园与中央绿轴公园两大部分，选址面积为51.6hm²，FB一支河从园区中心由北往南穿过。本项目所在区域存在较为严重的水安全（内涝）、水环境（水体黑臭）和水生态问题。NGS公园兼有山地、滨水和绿地公园特色，有较好的海绵城市改造条件，因此，本项目需要在提供优美景色和传统休闲娱乐功能的同时，兼顾城市基础设施功能和生态环境效益，充分发挥海绵城市建设的作用，提高片区居民居住环境质量。图6-32为公园平面示意。

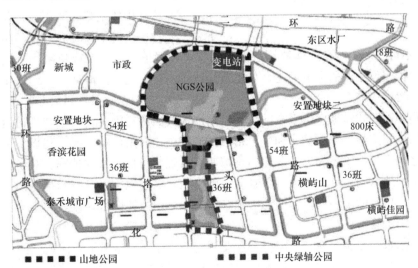

图6-32 公园平面示意

（1）土质土壤

公园主要由杂填土、淤泥、粉质黏土、淤泥质土、残积黏性土与全风化花岗岩组成。其中渗透系数：杂填土为 $(0.015\sim2.5)\times10^{-2}$ cm/s，淤泥为 $(0.018\sim3.8)\times10^{-5}$ cm/s，粉质黏土为 $(0.35\sim1.0)\times10^{-5}$ cm/s，淤泥质土为 $(0.023\sim3.5)\times10^{-5}$ cm/s，残积黏性

土为 $(0.3\sim1.8)\times10^{-4}$cm/s。

（2）气候水文

① 园区所在区域每年 5～6 月为雨期，台风季在 7～10 月，月最高降雨日为 18d，年平均雨天为 149d，多年平均降雨量为 1359.6mm；

② 园区北部山地公园场地内地表水主要为位于谷底的水塘，水深约 1.30～2.70m，其水源主要为泉水和径流雨水。现状水体除总氮超标外，其他指标均能满足地表水Ⅳ类水质标准；

③ 地下水混合水位的年变化幅度一般为 2.50m，场地近 3～5 年最高地下水位埋深为 0.80～25.50m，历年地下水最高水位埋深为 0.50～23.00m。综合评价为场地地下水大部分地段较贫，局部较丰富；

④ 南部绿轴公园场地地下水稳定水位埋深在 0.8～2.6m 之间（沿线地势起伏较大，稳定水位罗零高程为 3.00～22.90m），为各含水层的混合水位，近 3～5 年变化幅度约 4.0m。

2）设计内容

（1）设置生态缓坡，增加河道过水与蓄洪断面。构建滨河植草生态式岸边带，采用缓坡处理，并在岸边设置洪水期水位警戒线。图 6-33 为生态缓坡。

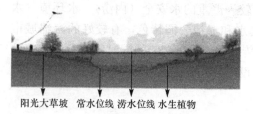

图 6-33　生态缓坡

阳光大草坡　常水位线　涝水位线　水生植物

枯水期岸边绿坡可作为居民休闲嬉戏的场所，雨期利用缓坡可作为行洪通道，最大限度地起到滞洪、蓄洪作用。同时在河道下游设置小型人工湖面，作为旱季上游水体的蓄水补水来源，同时增大水系整体蓄洪面积。

（2）依托山体地势，利用植被布设水土涵养带。山地雨水峰值流量大，含砂量高，消能（沉砂）必不可少。可结合山体地势，因地制宜地设置植被拦水带或鱼鳞坝。同时利用自然冲沟，模拟建设生态的径流通道，如植草旱溪等，目的是降雨时在产流过程中自然地消能、撇砂、渗滤与滞存。

（3）利用下凹式绿地、水系空间，控制周边地块面源污染。在园区与周边道路交界处的绿化带间构建滨河植草渗滤带和生态植被缓冲带；在有条件的情况下建设滨河湿地，湿地与河道之间采用石笼坝隔离，湿地内种植兼有景观与净化效果的植物。对于园区的共建排水，由于绿地空间充足，可通过前置塘、雨水花园、湿地等生态技术控制雨水径流。对于周边地块小口径的雨水口，可调整雨水管网排水方向，使雨水径流通过重力流方式进入公园，并在雨水管网出口处设置沉砂井和初期雨水弃流装置，对入园雨水径流进行净化处理。随后，雨水经公园绿地、旱溪与雨水花园进一步净化，最后汇入河道。

（4）设置初期雨水调蓄池，消除雨水集中排放带来的点源污染。将四个大口径雨水排放口分别合并处理，通过设置埋地式初期雨水调蓄池对初期雨水进行处理，同时对后期雨水起到一部分调蓄作用。

（5）建立雨水回用系统，解决园区用水需求。NGS 公园内的用水需求主要为绿化浇灌、道路浇洒、厕所用水，可以充分利用蓄滞雨水，建立雨水回用系统，提高雨水回收利用率。

3）主要设计指标

（1）山地公园改造

山地公园总面积为35.38hm²，植被覆盖率高达85%以上，为丘陵地貌，地形起伏较大，公园北侧、东侧、西侧均为山体，南部山坳有一处水塘，水深约1.30～2.70m，池底高程约为8.45～9.32m，水面标高约9.80m，根据汇水面积划分，仅山体南面山坳地块降雨汇集至水塘，汇水面积为8.74hm²。根据小流域洪水计算公式对水塘山地洪峰流量进行校核，得到15、25、50、100年重现期对应的洪峰流量分别为3.8、4.7、6.4、9.4m³/s。

可见受汇水面积限制，山体水塘的洪峰流量不大；相比较于FB—支河6.8km²的流域汇水面积与河道约15×10⁴m³的蓄洪空间，对园区内的河道行洪与洪峰叠加产生的影响相对较小。因此本次海绵设计主要针对强降雨给山地带来的水土流失与冲刷污染问题。

生态海绵措施布置结合现场地貌，本次设计依托山体地形在坡头处设置植被拦水带，在山体中部设置阶梯式流水草阶，并在坡底设置鱼鳞坝，对山体地表径流起到最大限度的消能与沉砂作用。图6-34为山体生态海绵措施布置。

其他海绵措施布置在沿山步道一侧连续布设渗透式集水沟，将向山一侧雨水集中收集后再点式排放至背山一侧的生态绿带，沟面敷设卵石，实现对上游来水的沉砂、消能与渗滤；集水沟连接管采用开孔率为5%的穿孔PE管，可实现自然补给周边绿地用水。图6-35为渗透式集水沟示意。

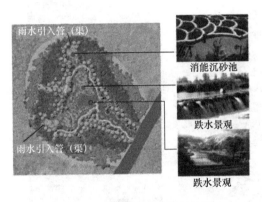

图6-34　山体生态海绵措施布置

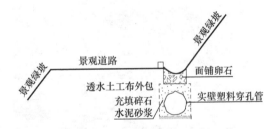

图6-35　渗透式集水沟示意

（2）绿轴公园设计

河道沿线散排面源污染控制绿轴公园的地表径流需进行净化的有两部分：一是周边片区的客水，主要为公园绿地沿线接壤的地块与道路地表径流；二是公园内产生的雨水径流。客水为周边小区地面和屋面收集的雨水以及道路路面冲刷雨水，降雨初期水质较差，可在沿河道路与河道岸线的绿化带间，构建滨河植草滤带和生态植被缓冲带的方式（见图6-36a），进行梯级生物处理，处理后的清洁雨水再排入河道。并可利用石笼（见图6-36b）构建拦水坝和人造湖心岛，将上游来水部分引入湿地处理，出水引入下游河道，洪水期通过大面积溢流满足行洪要求。河畔湿地可采用水平流人工湿地，水力负荷为0.4～0.8m³/(m²·d)，水力停留时间为1～3d，处理水量为0.02m³/s。图6-36为生态岸边带与石笼拦水坝示意。

园区内部降雨通过绿地渗滤、滞存后，形成的地表径流经由沿园区内道路敷设的植草边沟与斜向设置的旱溪收集，先就近排入雨水花园、湿地等，经过生态自然处理后进入河道，图 6-37 为园区内径流系统。

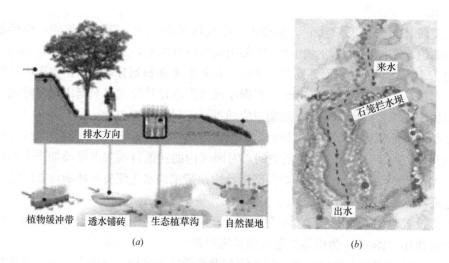

图 6-36　生态岸边带与石笼拦水坝示意
(a) 生态岸边带；(b) 石笼拦水坝

图 6-37　园区内径流系统

市政管道排放点源污染控制根据相关规划，HL 片区市政雨水系统由两侧往中央的 FB 一支河排放，其中西侧地块汇水面积为 81hm²，东侧地块汇水面积为 33hm²，雨水排出口主要集中在 TT 路跨河道两端。考虑到雨水管汇集的初期雨水污染与地块雨污混接、错接带来的生活污水污染，在公园内新增两座初期雨水调蓄池，目的是截留污水同时起到调蓄部分洪峰流量的作用。河道单侧雨水出口合并后集中排入调蓄池。调蓄池为埋地式一体化自动控制，有效池容分别为 4500m³ 和 2000m³。

园区生态排水通道构建园区内绿地系统雨水收集排放路径。图 6-38 为绿地系统雨水收集排放路径示意。

针对园区地貌进行微地形设计，调整道路坡度，消除道路积水点，沿道路两侧布置植草沟，下凹深度为 200mm，蓄水深度为 150mm，边坡坡度取 1：4、纵坡为 0.3～1%。

图 6-39 为公园内道路植草边沟示意。

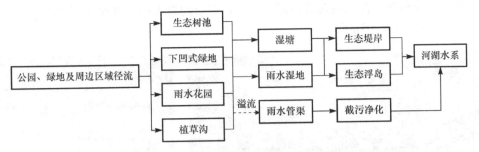

图 6-38 绿地系统雨水收集排放路径示意

图 6-39 公园内道路植草边沟示意

园区内雨水花园总面积为 2070m²。蓄水深度设计为 100mm，设置 100mm 砂层防止砂质壤土流失，设置 300mm 砾石层便于排水和调蓄，采用穿孔管引导溢流雨水下渗至下游管道，其总调蓄容积为 207m³。图 6-40 为雨水花园径流示意。

图 6-40 雨水花园径流示意

园区内主路采用彩色透水沥青混凝土路面，步道采用面层石板预留透水缝、下铺无砂混凝土垫层透水，图 6-41 为园区内透水铺装。

生态停车场将停车场建设为植草格停车位与透水沥青混凝土停车位，雨水通过植草砖与透水路面下渗，达到蓄存、净化的目的。并将停车场绿化带改造为生物滞留设施，雨水通过路面、停车位进入滞留设施进行滞留净化，多余的雨水则通过穿孔管就近排至市政管网。图 6-42 为生态停车场平面示意。

(a)   (b)

图 6-41 园区内透水铺装

(a) 沥青透水路面；(b) 透水砖步道

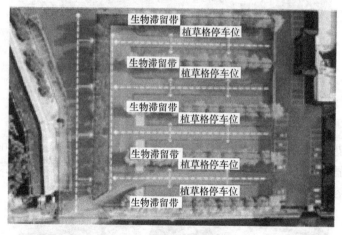

图 6-42 生态停车场平面示意

4）效益分析

（1）通过以上布置，在对山地公园海绵设施进行选型与平面布置后，计算校核其径流总量控制率，表 6-12 为山地公园径流总量控制指标。

山地公园径流总量控制指标

表 6-12

下垫面类型	面积（m²）	雨量径流系数	比例（%）
绿地	319558.8	0.15	84.9
道路	10693	0.40	4.4
广场	11279	0.55	7.1
水体	3724	1.00	1.1
建筑	3226	0.80	1.0
安置宗祠	5330	0.80	1.5
合计	353810.8	0.19	100

经计算，山地公园的径流总量控制率综合达到81%，满足本项目水生态指标中山体径流总量控制率综合达到66%的要求。

（2）通过以上布置，对绿轴公园海绵设施进行选型与平面布置后，计算校核其径流总量控制率。表6-13为绿轴公园径流总量控制指标。

绿轴公园径流总量控制指标　　　　　表6-13

下垫面类型	面积（m²）	雨量径流系数	比例（%）
绿地	122388.7	0.15	73.1
道路	14801.5	0.40	8.8
广场	8820	0.55	5.3
水体	12623	1.00	7.5
建筑	2910.8	0.80	1.7
安置宗祠	5812	0.40	3.5
合计	167.356	0.27	100

经计算，绿轴公园的径流总量控制率综合达到73%。结合山地公园与绿轴公园的综合雨量径流系数，用加权平均法计算NGS公园的雨量径流系数为0.22。根据水生态指标中年径流总量控制率综合达到84%，对应设计降雨量为33.8mm的要求，NGS公园应具有的调蓄容积，即控制容积3875.39m³。

6.4.2 绿地雨水收集利用系统

1）项目概况

YX花园绿地呈条带状，被河道与桥体划分为4部分，该绿地属城市河道防护型公共绿地，始建于2003年5月，长约300m、宽60m，总面积17700m²，栽植银杏、法桐、油松、桧柏等乔木20种780株，栽植太平花、石榴、珍珠梅等灌木24种3150株，萱草、荷兰菊等地被花卉等5种10500株，野牛草12200m²，渗水砖铺装3680m²。目前按照特级绿地养护管理标准进行养护，据近2年来统计结果，该绿地年用水量达21240m³，年平均养护管理投入达16.71元/m²，其中自来水投入达4.44元/m²，占总投入的26%以上。图6-43为YX花园平面示意。

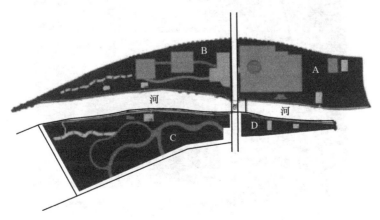

图6-43　YX花园平面示意

2）设计内容

按绿地现状分布情况，由逆时针依次分为 A、B、C、D 号共 4 部分进行雨水收集利用试验，从雨水的收集、截污、过滤、储存、渗透、提升、回用等环节进行了实践研究。在 A 号地建设汇水沟 60m、地上沉砂池 1 处、地下蓄水池 1 座；在 B 号地建设汇水沟与甬路式汇水渠 90m、地上沉砂池 1 处、景观水面 1 处、地下蓄水池 1 座、人工压水蓄水槽 1 处；在 C 号地建设汇水沟与甬路式汇水渠 110m、地上沉砂池 1 处、地下蓄水池 1 座、人工压水蓄水亭 1 处；在 D 号地建设卵石汇水渠 36m、地下蓄水渗水池 2 座。表 6-14 为 YX 花园绿地分块与预计一次性雨水收集量统计。

YX 花园绿地分块与预计一次性雨水收集量统计　　　　　　　　　表 6-14

绿地编号	绿地面积（m²）	预计汇水面积（m²）	径流系数	日最大降水量（mm）	设计最大集水量（m³）	地下蓄水池数量（个）	地上汇水管渠（m）	沉砂池容量（m³）	实际最大蓄水容量（m³）
A 号	4800	3840	0.4	69.3	133.06	1	60	5	146
B 号	5100	4080	0.4	69.3	141.37	1	90	45	172
C 号	6900	5520	0.4	69.3	191.27	1	110	5	156
D 号	900	720	0.4	69.3	24.95	2	36	—	32
合计	17700	14160	—	—	490.64	5	296	55	506

3）主要设计指标

（1）收集利用程序

根据该绿地特点，利用自然坡度把绿地内和部分周边居住区、道路形成地表径流的雨水汇集到汇水管道和雨水收集渠，在汇水口或收集渠沿线分别设置、截污盖（网）、过滤沉砂池，汇集的雨水经过滤处理后储存于地下蓄水池内。地下蓄水池可分为不可渗水和可渗水 2 种，不可渗水蓄水池内需作防水处理，设人工维护梯、水位水量指示牌等，需定期进行人工清淤维护，收集的雨水用于绿地浇灌或景观用水，容量相对较大；可渗水蓄水池主要是针对相对狭小的绿地，池内作可渗水处理，收集的雨水用于绿地渗灌和地下水补给，容量相对较小。图 6-44 为雨水收集模型。图 6-45 为 D 号绿地储渗水池结构示意。

图 6-44　雨水收集模型

收集后的雨水利用方式主要有：提取后用于绿地植物的浇灌、营造人工水景观、创造水源文化，从下部向植物根系提供水分代替人工浇水，直接回灌地下补充地下水等。

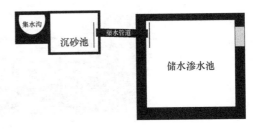

图 6-45 D 号绿地储渗水池结构示意

（2）雨水收集量统计

根据水务局等有关部门提供数据，绿地和渗水铺装地面径流系数按 0.4 计算，近 6 年来本区域日最大降雨量平均值为 69.3mm。经计算，该绿地内一次性可收集雨水总量为 490.64m³。

4）技术措施的运用

充分考虑了管理、人为活动、景观需求等因素，每块绿地结合周边环境与管理条件、绿地形式与状况等分别采用了不同的雨水收集或再利用表现形式。技术措施运用重点围绕实用、高效进行设计，力求用最有效的投入解决存在的实际问题，并最大限度地发挥出园林绿地的功能。

（1）雨水收集方式

① 借助绿地地形普遍向河道倾斜的特点，在靠近河岸边绿地内建设雨水收集汇水渠。

② 在 B、C 号绿地内，利用人为踩出的裸露土地进行卵石铺设处理，形成甬路式汇水渠，有效收集地表径流，同时解决了绿地景观和群众通行的矛盾。图 6-46 为 B 号地甬路式汇水渠与沉砂水景。

图 6-46 B 号地甬路式汇水渠与沉砂水景

③ 通过简单的管道引流和沉砂处理，把周边居住区和道路的地表径流雨水汇集到收集系统内。图 6-47 为 B、C 号地外部径流汇水管。

④ 在 D 号绿地内运用了卵石渠汇水处理方式，在收集道路径流雨水的同时，解决了周边油松因栽植过深容易积水的问题。图 6-48 为 D 号地卵石汇水渠。

⑤ 蓄水井口保护处理上，运用了种植低矮植物、点缀人造石、设立观赏花架等手法。图 6-49 为 B 号地地上蓄水景观墙。

图 6-47　B、C 号地外部径流汇水管

图 6-48　D 号地卵石汇水渠

图 6-49　B 号地地上蓄水景观墙

（2）雨水再利用方式

① A 号绿地靠近管理班点，电源与保护条件方便，蓄水井位远离群众活动区域，采用了简单的潜水泵抽取方式直接用于浇灌植物。

② B、C 号绿地蓄水井位离群众活动区域近、缺乏电源条件，巧妙地运用了地上储水罐和人工抽水形式。在方便群众锻炼同时将所收集水抽取到储水罐内，形成水位压力差，用于绿地浇灌或水系循环，是节约水电能源同时充分发挥人力资源的表现。在汇水渠内间断性设置可渗水铺装，尽量回灌地下。

③ 在 B 号绿地结合地上储水池、沉砂过滤池、循环水处理巧妙建设了景观墙、休息座椅、小型人工水面景观等，丰富了园林景观，提供了多种生物的生长繁衍环境。

④ 在 C 号绿地储水罐和汇水口处理上，巧妙地创造出"宝石亭"和"古井"景观，既保证了储排水功能、提升了景观、方便了群众休憩，又营造了"由天而降""打井取水"的水源文化氛围。图 6-50 为 C 号地地上蓄水景观亭。

图 6-50　C 号地地上蓄水景观亭

⑤ D 号绿地狭小细长，在汇水和蓄水方式上简单实用，完全用于绿地渗灌和地下水补给。

5）效益分析

（1）增强并拓展了城市园林绿地综合功能

① 生态功能增强。雨水收集主体工程在 2007 年 6 月 15 日初步完成，由于增加了北侧居住区汇水面积，仅 6 月 23 日一次降雨（约 30mm）就将所有蓄水池集满，蓄水量共计 500m³，集水效果非常明显，也减轻了河道的排洪压力，增强了该绿地涵养水源的功能。按近年来本区域年平均降雨量达 600mm 计算，每累计 30mm 一次可收集雨水 500m³，预计该绿地年平均收集雨水近 10000m³，具体年蓄水量与其他生态功能表现有待于进一步观测。

② 社会服务功能提高。合理布置雨水收集利用设施，建设了汇水甬路、花架、座椅、科普宣传窗等，为居民提供了休息、运动、娱乐、知识普及等场所，拓展了社会服务功能。

③ 景观效果提高。结合沉砂过滤、收集雨水、遮盖井口、储存与循环处理等功能增设的水面、甬路、花架、亭、缀石、景墙等，与新配置的玉簪、千屈菜、水葱等多种植物，大大丰富了该绿地的园林景观效果，改善了地区环境面貌。

（2）降低其后期养护资源消耗和自来水投入

据以上推算，该绿地预计每年可收集雨水近 10000m³，即每公顷绿地收集雨水 5600m³。目前，若在本区域专业管理的城市园林绿地 570hm² 范围内全部推广，每年可节约水资源 300 余万 m³，同时每年可直接节约大量的自来水资金投入。

6.5　其他雨水收集利用案例

6.5.1　专用场所雨水收集利用系统

1）项目概况

YN 省博物馆位于 KM 市，总用地面积约为 91000m²，用地东侧为艺术中心建设用地，南侧为市政道路，西侧为 XBX 河，北侧为 GF 路。主体建筑为 YN 省博物馆（5 层），主体建筑博物馆建筑面积为 58000m²，地上 5 层（地下 2 层），建筑高度为 30.3m。该建筑集中反映了 YN 的悠久历史和灿烂文化，具有时代特征和鲜明的地域特色，是一座功能完善、布局合理、设备先进、绿色节能、与城市环境相融合的现代化博物馆，建成后将成为 YN 省国际化城市形象的重要标志性建筑。

YN 省博物馆项目设计中节水与水资源的利用方式充分考虑了博物馆的生活污水、屋面雨水、当地气候特征与用水特点，依据《KM 市城市节约用水管理条例》和《KM 市城市雨水收集利用的规定》对本项目用水节水进行了可行性评估，编制了 YN 省博物馆节水与水资源利用方案，采用新型水处理技术，充分利用非传统水源，以期达到节水和水资源再利用的目的。

2）设计内容

（1）屋面雨水的收集与处理

依据《KM 市城市节约用水管理条例》的要求，本项目需建设再生水利用设施，而甲方要求建筑物内部不使用再生水，故本项目再生水主要用在水景补水、广场道路浇洒、绿化用水等场所。设计中将博物馆内的全部生活污水处理后回用，同时利用虹吸技术收集屋面雨水并经化学方法处理后并入中水系统，以提高水资源的有效综合利用。

① 水量

根据建筑用水特点，确定 YN 省博物馆最高日用水量为 269.23m³/d，其中观众、工作人员与干警生活用水量为 52.75m³/d，水景补水、广场道路浇洒与绿化用水量为 182.00m³/d，空调补水与未预见水量为 34.48m³/d。

根据处理出水回用用途，确定本项目的再生水总需水量为 182m³/d。其中生活污水处理规模根据用水量确定，最高日用水量折算成平均日给水量的折减系数取 0.9，按给水量计算建筑物排水量时折减系数取 0.85，则生活污水处理量约为 40m³/d。由于污水处理规模较小，达不到再生水需水量的要求，其不足部分由收集的雨水补足，雨水收集回用水量为 142m³/d。

对本项目的水量平衡进行分析，可知博物馆再生水回用率为76%，屋面雨水在回收再利用中是主要的水源利用手段。

② 水质

本项目中再生水原水水源即博物馆全部的生活污水，雨水水源为博物馆屋面雨水。生活污水进水水质参照办公楼综合指标确定，屋面雨水引用同济大学不同类型屋面径流水质数据。本项目潜在再生水用户为水景补水、广场道路浇洒、绿化用水，按照其用水方向确定处理后的水质应达到国家标准《城市污水再生利用 城市杂用水水质》GB/T 18920—2002与国家标准《城市污水再生利用 景观环境用水水质》GB/T 18921—2002的规定。表6-15为设计进、出水水质。

设计进、出水水质   表6-15

项目		进水	出水
屋面雨水	COD（mg/L）	22~55	≤30
	SS（mg/L）	14~120	≤10

③ 处理工艺

图6-51为生活污水与屋面雨水处理工艺流程示意。

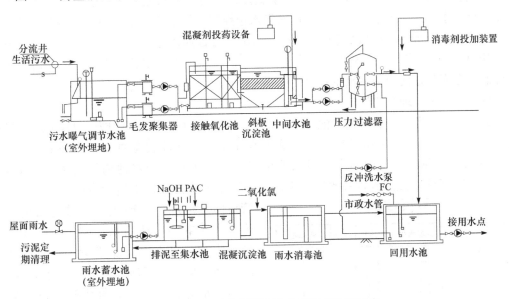

图6-51　生活污水与屋面雨水处理工艺流程示意

按照《KM市城市节约用水管理条例》的要求，新建民用建筑占地与路面硬化面积之和在1500m²以上的，建设单位应按照节水"三同时"的要求，同期配套雨水收集利用设施。本项目因屋面面积较大，适合利用虹吸排水方式收集雨水，经水量平衡分析能满足用水量需求。初期雨水采用弃流井弃流，并通过污水管道进入再生水利用设施处理回用。

3）主要设计指标

（1）屋面雨水收集与再生利用

按照《KM市城市雨水收集利用的规定》，确定雨水系统处理规模。设施处理水量可按式（6-8）计算。

$$Q_y = W_y / t \tag{6-8}$$

式中：Q_y——设施处理水量（m^3/h）；

　　　W_y——雨水供应系统的最高日用雨水量（m^3）；

　　　t——雨水处理设施的日运行时间（h）。

由于《建筑与小区雨水控制及利用工程技术规范》GB 50400 和《KM 市城市雨水收集利用的规定》中对设计降雨厚度的取值不同，《建筑与小区雨水控制及利用工程技术规范》GB 50400 中一年重现期设计降雨厚度取 80mm，《KM 市城市雨水收集利用的规定》中日设计降雨厚度取 25.5mm，导致两个雨水回用系统设计规模差别约 3 倍，根据计算所得雨水设计径流总量分别为 600m^3/d、175m^3/d，雨水可回用量取设计径流总量的 90%，则屋面雨水处理规模分别为 540m^3/d、158m^3/d。考虑到甲方对雨水回用场所的要求，实际雨水需水量仅为 142m^3/d，因此处理规模最终按实际雨水使用量来确定，取 25m^3/h。雨水收集系统超出部分则溢流排至城市雨水管道。

为更充分地利用雨水资源，将雨水调节池容积控制在 3d 左右的回用水量，为 400m^3。雨水回用系统处理设施设在中水机房内，方便了系统的管理与操作。

雨水（与中水合用）清水池容积取 115m^3，其中 pH 值调节池、混凝池、中转池、雨水消毒池容积均为 10m^3。处理后的清洁水直接进入雨水清水池，采用水池→水泵→屋面水箱联合供水方式，水泵的启停由屋面水箱水位控制，低水位启泵，高水位停泵。屋面水箱采用成品钢板水箱，有效容积为 15m^3，采用 2 台普通离心式水泵（$Q=24m^3/h$、$H=0.6$MPa），1 用 1 备，水泵从雨水清水池取水，供至屋面中水水箱，再下行供至博物馆绿化浇洒、车库与路面冲洗、水景补水。

（2）景观水处理工艺设施

YN 省博物馆有 4 个景观水池，室内两个，室外两个，总容积约为 1000m^3。景观水按 5d 循环处理一次，采用 ANCS 技术确保水体水质，处理装置每天工作 20h，处理规模为 10m^3/h。博物馆室内两个景观水池位于一层室内，两个水池内设潜水泵与 DN32 补水管，水面处淹没出流，补水管设倒流装置防止水质污染，采用 DN80 溢流管，溢流管口伸至池底，保证池底水首先溢流，溢流水排入室外埋地雨水调节池。室外两个景观水池容积较大，兼作消防水储存池，内设潜水泵，实现池水内循环与景观效果。以再生水为补水水源，补水管上设置电动阀，水位下降后自动开阀进行补水，达到设计水位则关阀。图 6-52 为景观水处理流程示意。

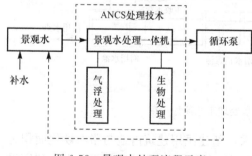

图 6-52　景观水处理流程示意

4）效益分析

再生后的中水与化学处理后的屋面雨水集中汇集到雨水回用池中，实现共同调蓄利用，降低了再利用水资源的调蓄投资成本，中水系统和雨水收集回用系统的初期建设费用约为 40 万元，生活污水处理费用约为 0.8 元/m^3，按生活污水处理量为 14600m^3/a 计，处理费用约 11680 元/a。

YN 省年均降雨量为 1011.3mm，主要集中在 5~10 月，而 11~4 月（次年）降雨相对较少，按 70% 可回收利用计算，可回收雨水量约 6000m³/a，弃流后的屋面雨水经简单处理后回用，其处理费用约为 0.5 元/m³，年处理费用为 3000 元。中水系统和雨水收集回用系统运行后可为本项目每年节约自来水量为 20600m³，按目前 KM 市公共事业单位自来水价格为 3.80 元/m³ 计，则每年节省的自来水费用为 63600 元，按静态投资计，约 7 年可收回投资成本，创造了良好的社会效益和经济效益。

博物馆景观水体处理设施初期建设费用为 20 万～30 万元，年处理费用为 2000～3000 元。处理后水质达到观赏性水景水质要求。由于景观水体总容积约为 1000m³，可同时兼作消防用水贮水池，故降低了消防水设施投资费用。

6.5.2 体育场雨水收集利用系统

1）项目概况

国家体育馆是奥运会期间多项重点赛事的比赛场馆，位于北京奥林匹克公园中心区的南部，总建筑面积为 80890m²。图 6-53 为国家体育馆外观。

图 6-53 国家体育馆外观

2）设计内容

作为 2008 年奥运会主会场的国家体育场，其雨洪利用充分考虑了其所处位置的地形特点，用地范围内可渗透回用的雨水先排入绿地，再通过土壤过滤等方式进行回收；可收集雨水的主要来源是场内雨水、屋面雨水与赛场周边地面雨水，在蓄水池附近设置专用弃流池控制初期雨水。采用容积法弃流池，具有简单易行的优点，但由于汇水面较大，需要采用多个弃流池，而且容积也较大，如果有条件采用切换式或高效率初期弃流装置将会大幅度减少弃流池的费用。处理工艺能确保回用水达到《国家体育场再生水水质标准》。图 6-54 为国家体育馆雨水利用系统流程示意。

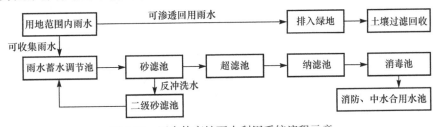

图 6-54 国家体育馆雨水利用系统流程示意

3）主要设计指标

（1）屋面雨水利用

国家体育馆屋面雨水分两部分收集，一部分经东侧雨落管进入雨水管道，收集到场馆东南侧绿地内的雨水综合池内；另一部分经西侧雨落管进入雨水管道，收集到场馆西北侧绿地内的雨水综合池内。雨水综合池内包括初期径流池、清水池、溢流堰等设施。雨水先进入初期径流池，经去除初期雨水后进入清水池。清水池是雨水综合池的主要蓄水空间。清水池内的雨水由水泵提升，主要用于灌溉绿地。

（2）下沉广场雨水利用

国家体育馆主馆四周均为下沉式广场，地面标高低于周围市政道路标高近4m。由于本项目区内地下水位较高，下沉广场的雨洪利用形式考虑为直接收集利用，多余雨水经过水泵提升排入市政管道。西部系统主要收集场馆西面下沉广场的雨水；东部系统收集场馆北部、东部广场的雨水以及坡道和部分坡向广场的绿地形成的径流。

（3）坡道和绿地雨水利用

国家体育馆周围的坡道规划采用透水地面下渗雨水。透水地面面层的透水系数大于0.5mm/s，面层下找平层和垫层的透水系数也大于0.5mm/s。

依据国家体育馆周围绿地的土壤渗透性、地形坡度等具体情况，可将绿地建成下凹式绿地或阶梯式下凹绿地。对于坡度较大的绿地，应采用阶梯式下凹绿地，每个"台阶"内绿地坡度尽量作到平缓，以利于雨水下渗，降低雨水外排速度和流量。

4）效益分析

国家体育馆实施雨洪利用设施后年均可综合利用雨水总量约2.47万 m^3，可大大减少自来水和中水的使用量，有效节约了水资源。同时，还可减少降雨外排流量，削减洪峰，延迟洪峰出现时间，提高国家体育馆及其周边地区的防洪能力，通过透水铺装的建设能够增加地下水的补给量、涵养水源，有利于缓解北京缺水局面。同时，本项目区雨洪利用的实施具有明显的宣传和展示效果，有利于增强人们惜水、爱水、节水意识，充分体现了2008年奥运会为"绿色奥运、科技奥运、人文奥运"的理念。

参 考 文 献

[1] 国务院. 国务院关于印发水污染防治行动计划的通知（国发〔2015〕17号）[S]. 2015年4月.

[2] 住房和城乡建设部, 海绵城市建设技术指南——低影响开发雨水系统构建（试行）[S]. 2014年4月.

[3] 住房城乡建设部, 国家发展改革委. 国家节水型城市考核标准 [S]. 2018年2月.

[4] 国家发展改革委, 水利部. 国家节水行动方案 [S]. 2019年4月.

[5] 福建省人民政府. 福建省人民政府关于印发水污染防治行动计划工作方案的通知 [S]. 2015年6月.

[6] 福州市水利局. 2017年福州市水资源公报 [R]. 2018年11月.

[7] 福州市城乡规划局. 福州市海绵城市建设专项规划 [R]. 2016年8月.

[8] GB 51174—2017, 城镇雨水调蓄工程技术规范 [S].

[9] GB 50400—2016, 建筑与小区雨水控制及利用工程技术规范 [S].

[10] 刘德明. 海绵城市建设概论——让城市像海绵一样呼吸 [M]. 北京：中国建筑工业出版社, 2017.

[11] 邓晓芳. 高校校园雨水资源综合利用研究 [D]. 福建：福州大学, 2014.

[12] 张燕华. 吉山甲片区排水规划的水资源利用研究 [D]. 福建：福州大学, 2015.

[13] 鄢斌. 下穿道路雨水控制与管理关键技术研究 [D]. 福建：福州大学, 2017.

[14] 黄晗. 基于海绵城市的雨水渗透技术优化研究 [D]. 福建：福州大学, 2017.

[15] 陈琳琳. 雨水调蓄在严重内涝街区海绵城市改造中的应用研究——以连江县凤城镇为例 [D]. 福建：福州大学, 2017.

[16] 丁若莹. 透水路面径流系数的测定及其影响因素研究 [D]. 福建：福州大学, 2018.

[17] 杨雪. 渗透铺装对雨水径流污染物的削减效应研究 [D]. 福建：福州大学, 2018.

[18] 钟素娟, 刘德明, 许静菊, 陈巧辉. 国外雨水综合利用先进理念和技术 [J]. 福建建设科技, 2014（02）：77-79.

[19] 鄢斌, 刘德明, 王子龙. 福建省年径流总量控制率及其设计降雨量 [J]. 市政技术, 2016, 34：117-121.

[20] 刘德明, 鄢斌, 黄功洛, 王子龙. 结合推理法即模拟法的雨水排水设计 [J]. 市政技术, 2017, 35：154-157.

[21] 刘德明, 鄢斌, 丁若莹, 黄功洛. 年最大值法推求暴雨强度公式对现行市政排水设计的影响 [J]. 工业用水与废水, 2017, 48（4）：44-50.

[22] 刘德明, 鄢斌, 丁若莹, 杨雪. 台湾海峡两岸城市排水设计之差异 [J]. 市政技术, 2017, 35：107-109.

[23] 黄晗, 刘德明, 丁若莹等. 新旧暴雨强度公式对比分析 [J]. 市政技术, 2017（03）：106-109.

[24] 游漪凡, 丁若莹, 万明磊, 鄢斌, 刘德明. 城市下沉式绿地雨水调蓄技术探讨及优化 [J]. 市政技术, 2017, 35：110-112.

[25] 同济大学, 福州城建设计研究院有限公司. 城市初期雨水调蓄系统与污染控制技术研究 [R]. 2017.

[26] 裔士刚. 绿色建筑与小区低影响开发技术示范研究 [D]. 重庆：重庆大学, 2018.

[27] 林琳. 福州城市雨水利用前景分析与研究 [J]. 水利科技, 2008, 1：65-70.

[28] 何湖滨, 陈诚, 林育青等. 城市不同材料屋面径流的污染负荷特性 [J]. 环境科学, 2019, 40（3）：1288-1293.

[29] 李纯, 胥彦玲, 李梅. 国外都市雨水管理政策措施及对京津冀区域的借鉴初探 [J]. 环境工程, 2017, 35（11）：6-9.

［30］ 王熹，王湛，杨文涛等. 中国水资源现状及其未来发展方向展望［J］. 环境工程，2014，（7）：1-5.

［31］ 钟春节，吕永鹏，杨凯等. 国内外城市雨水资源利用对上海的启示［J］. 给水排水，2009，35（增刊）：154-157.

［32］ 车伍，张伟，李俊奇. 中国城市雨洪控制利用模式研究［J］. 中国给水排水，2010，26（16）：51-57.

［33］ 王钰. 城市雨水资源化及其策略探讨——以上海市为例［J］. 给水排水，2010，36（7）：12-17.

［34］ 邹晓雯，毛战坡. 新型城镇化中的雨水利用关键问题［J］. 水利发展研究，2015，16（10）：64-68.

［35］ 张春玲，付意成，臧文斌. 浅析中国水资源短缺与贫困关系［J］. 中国农村水利水电，2013：1-4.

［36］ 汉京超. 城市雨水径流污染特征及排水系统模拟优化研究［D］. 上海：复旦大学，2013.

［37］ 李俊奇，车伍. 城市雨水问题与可持续发展对策［J］. 城市环境与城市生态，2005（4）：5-8.

［38］ 姜静. 浅谈城市雨水资源化的收集与利用［J］. 价值工程，2017，36（24）：91-92.

［39］ 朱彤，赵杨，车伍. 杭州市雨水径流污染分析及控制对策［J］. 中国给水排水，2015，31（17）：119-123.

［40］ 刘大喜，李倩倩，李铁龙. 天津市降雨径流污染状况研究［J］. 中国给水排水，2015，31（11）：116-119.

［41］ 张婕. 可持续雨洪管理在新安城规划设计中的应用研究［D］. 重庆：重庆大学，2016.

［42］ 杜晓亮，曾捷，李建琳. 2014版《绿色建筑评价标准》雨水控制利用评价指标介绍［J］. 给水排水，2014，40（12）：63-66.

［43］ 杜晓亮，曾捷，李建琳. 2014版《绿色建筑评价标准》雨水控制利用评价指标介绍［J］. 给水排水，2014，40（12）：63-66.

［44］ 李田，马丽，张伯伦. LEED雨水管理标准及其在上海世博中心设计中的应用［J］. 给水排水，2009，35（11）：92-95.

［45］ 杜欣，李波，孙钢. 节水及水资源利用技术在三星级绿色建筑设计中的应用—以都江堰大熊猫疾控中心为例［J］. 给水排水，2013，39（11）：64-68.

［46］ 李萍英，姚朝塑，罗蓉. 某二星级绿色公共建筑给排水设计案例［J］. 给水排水，2016，42（3）：81-85.

［47］ 米文静，张爱军，任文渊. 国外低影响开发雨水资源利用对中国海绵城市建设的启示［J］. 水土保持通报，2018，38（3）：345-352.

［48］ 仇保兴. 海绵城市（LID）的内涵、途径与展望［J］. 给水排水，2015，41（3）：1-7.

［49］ 靳俊伟，程巍，彭颖. 重庆国博中心海绵城市改造案例分析［J］. 中国给水排水，2016，32（24）：74-82.

［50］ 胡应均，王家卓，范锦. 关于城市水系规划的探讨［J］. 中国给水排水，2015，31（4）：42-57.

［51］ 李张卿，宋桂杰，李晓. 深圳市白花河黑臭水体综合治理技术探讨［J］. 给水排水，2018，44（7）：47-50.

［52］ 吕树文，吴英海，腾吉瑞. 天津市大港区城市生态水系规划［J］. 中国水利，2009，（2）：47-48.

［53］ 潘志辉，鲁梅，王莉芸. 深圳市雨水蓄水池容积设计计算探讨［J］. 给水排水，2012，38（10）：43-46.

［54］ 詹卫华，汪升华，李炜. 水生态文明建设"五位一体"及路径探讨［J］. 中国水利，2013，（9）：4-6.

［55］ 钟登杰，张湖川，李林澄. 城市初期雨水污染及处理措施综述［J］. 环境污染与防治，2019，41（2）：99-105.

［56］ 贺缠生，傅伯杰. 非点源污染的管理及控制［J］. 环境科学，1998，（5）：87-91.

［57］ 张蕊，何莉. 屋顶绿化对城市生态环境改善的作用［J］. 现代园艺，2016，（11）：143-144.

［58］ 何晓宇. 关于城市屋顶园林绿化设计的分析［J］. 门窗，2014（11）：208.

[59] 曹莹. 建筑雨水排水设计中的十个问题 [J]. 建筑施工，2002 (02)：136-138.

[60] 赵世明，秦君. 87 型雨水斗排水系统的水力特性研究 [J]. 给水排水，2014，50 (09)：150-156.

[61] 李胜利，于玲. 虹吸式屋面雨水排放系统 [J]. 中国新技术新产品，2009 (17)：183-184.

[62] 莫晓亮. 浅谈城市建设路面雨水口设计 [J]. 城市建设理论研究（电子版），2012 (16).

[63] 王俊，宋晓娟，刘刚朝. 浅谈市政道路雨水口设计 [J]. 城镇供水，2016 (05)：53-55.

[64] 杜晓丽，韩强，于振亚，等. 海绵城市建设中生物滞留设施应用的若干问题分析 [J]. 给水排水，2017，53 (01)：54-58.

[65] 朱文丽. 透水铺装材料在现代城市景观中的应用 [J]. 新型建筑材料，2017，44 (09)：100-102.

[66] 李相府. 海绵城市理念下的市政道路低影响开发设计——以佛山市为例 [J]. 建设科技，2017 (13)：62-63.

[67] 方俐. 下凹式绿地的应用及影响 [J]. 能源与环境，2015 (05)：84-85.

[68] 向璐璐，李俊奇，邝诺，等. 雨水花园设计方法探析 [J]. 给水排水，2008 (06)：47-51.

[69] 万崇相. 低影响开发模式在城市建设中的应用 [J]. 住宅与房地产，2016 (33)：243-244.

[70] 方俐. 下凹式绿地的应用及影响 [J]. 能源与环境，2015 (05)：84-85.

[71] 杜昱涵. 屋面雨水收集及净化系统工艺概述 [J]. 科技风，2018 (34)：3.

[72] 叶吉. 住宅小区种植屋面的雨水管理系统 [J]. 中国建筑防水，2016 (23)：9-13.

[73] 黄一洲. 城市道路雨水口设计研究 [J]. 科技创新与应用，2016 (07)：169.

[74] 李亮，康威，谭松明，等. 我国建筑小区雨水弃流技术与装置发展现状 [J]. 中国给水排水，2016，32 (04)：1-6.

[75] 曹伟勇. 城市雨水排除问题及解决方法 [J]. 城市道桥与防洪，2011 (07)：136-137.

[76] 邹旭华. 节能省地型住宅小区屋面雨水收集利用技术应用探讨 [J]. 中国建材科技，2009，18 (03)：138-139.

[77] 王立端，尹永恒，严娇. 覆水亦可收——硬化路面的雨水收集利用 [J]. 生态经济，2006 (02)：130-133.

[78] 徐海顺. 城市新区生态雨水基础设施规划理论、方法与应用研究 [D]. 华东师范大学，2014.

[79] 钱经纬，王益平. 高速公路雨水处理站设计 [J]. 市政技术，2014，32 (01)：112-114.

[80] 苗展堂. 微循环理念下的城市雨水生态系统规划方法研究 [D]. 天津大学，2013.

[81] 钱经纬. 高速公路穿越水源保护区雨水处理站设计 [J]. 中国给水排水，2012，28 (18)：48-50.

[82] 廖日红，顾斌杰，丁跃元，等. 城市雨水处理工艺与技术 [J]. 北京水务，2006 (04)：46-48.

[83] 蔡泽浩. 城市雨水收集利用系统研究 [D]. 河北农业大学建筑与土木工程，2016.

[84] 马令令. 杭州市典型小区雨水利用与可行性研究 [D]. 浙江大学建筑与土木工程，2018.

[85] 中国建筑标准设计研究院组织. 国家建筑标准设计图集-雨水综合利用 [M]. 北京：中国计划出版社，2011：54 页.

[86] 许学峰，尤朝阳，汤云春等. 基于海绵城市建设的雨水花园技术综述 [J]. 上海环境科学，2016，35 (04)：139-142.

[87] 芦静雯. 雨水花园养护技术要点分析 [J]. 绿色环保建材，2018 (12)：238-239.

[88] 李海燕，刘亮，梁叶锦等. 雨水口截污技术研究进展 [J]. 安全与环境学报，2014，14 (04)：242-246.

[89] 刘超，李俊奇，王淇等. 国内外截污雨水口专利技术发展及其展望 [J]. 中国给水排水，2014，30 (04)：1-6.

[90] 廖日红，顾斌杰，丁跃元等. 城市雨水处理工艺与技术 [J]. 北京水务，2006 (04)：46-48.

[91] 董春君，黄阳阳，赵怡超等. 城市雨水处理与净化技术分析探讨 [J]. 中国资源综合利用，2017，35 (11)：54-55.

［92］ 栾博，殷瑞雪，徐鹏，翟生强，王鑫，唐孝炎. 基于绿色基础设施的城市非点源污染控制研究 ［J］. 中国环境科学，2019，39（04）：1705-1714.

［93］ 王文菊，付伟. 跨水源地桥梁排水及水处理池的设计探讨［J］. 公路，2019，64（03）：61-65.

［94］ 孙雪，李静，陈实，程勇翔，韩忠玲. 西北干旱区小区屋面降水利用系统生态工程设计［J］. 黑龙江生态工程职业学院学报，2018，31（03）：31-36.

［95］ 费宇婷，郭霄宇，解明媛. 高架桥下雨水收集利用案例［J］. 中国给水排水，2016，32（14）：103-106.

［96］ 肖敦宇，姜文超，建娜. 城市屋面径流水质特征及屋面材料对水质的影响［J］. 环境影响评价，2014（03）：60-64.

［97］ 陈水平，付国楷，喻晓琴，徐官安，雷莉. 城市雨水径流水质特征及应对方法［J］. 三峡环境与生态，2013，35（04）：48-51.

［98］ 李春林，胡远满，刘淼，徐岩岩，孙凤云. 城市非点源污染研究进展［J］. 生态学杂志，2013，32（02）：492-500.

［99］ 杨栅. 城市绿地对降雨径流及其污染物削减研究［D］. 天津大学，2012.

［100］ 吕志成，汪妍，郑雨. 中关村生命科学园东路雨水利用工程研究与示范［J］. 给水排水，2012，48（S2）：90-93.

［101］ 李金丽. 我国城市停车场雨水径流污染及控制研究［D］. 北京建筑工程学院，2012.

［102］ 马英，马邕文，万金泉，王艳，黄明智. 东莞不同下垫面降雨径流污染输移规律研究［J］. 中国环境科学，2011，31（12）：1983-1990.

［103］ 朱平，王维平，曹彬，何茂强. 城市屋面雨水收集利用工程设计分析［J］. 地下水，2011，33（06）：218-219.

［104］ 涂振顺. 城市绿地降雨径流污染特征及监测数据的不确定性研究［D］. 厦门大学，2009.

［105］ 侯培强，王效科，郑飞翔，周小平，任玉芬，佟磊. 我国城市面源污染特征的研究现状［J］. 给水排水，2009，45（S1）：188-193.

［106］ 申丽勤，车伍，李海燕，何卫华，李世奇. 我国城市道路雨水径流污染状况及控制措施［J］. 中国给水排水，2009，25（04）：23-28.

［107］ 刘世虹，刘建军，崔香娥，王玉国，苏理生. 邯郸市城区雨水径流水质及其主要影响因素研究［J］. 安徽农业科学，2008，36（36）：16107-16109.

［108］ 李贺，张雪，高海鹰，傅大放. 高速公路路面雨水径流污染特征分析［J］. 中国环境科学，2008（11）：1037-1041.

［109］ 李强. 以怡馨花园绿地雨水收集再利用工程的研究论城市节约型园林绿地建设［J］. 中国园林，2008（09）：83-88.

［110］ 张书函，赵飞，陈健刚. 国家体育馆城市雨水利用技术［J］. 建设科技，2008（13）：60-61.

［111］ 李贺，李田，李彩艳. 上海市文教区屋面径流水质特性研究［J］. 环境科学，2008（01）：47-51.

［112］ 李海燕，车伍，李俊奇，黄延. 大型场馆雨水利用系统的优化设计［J］. 中国给水排水，2006（10）：50-53.

［113］ 车伍，欧岚，汪慧贞，李俊奇. 北京城区雨水径流水质及其主要影响因素［J］. 环境污染治理技术与设备，2002（01）：33-37.

［114］ Urban Drainage Design Manual ［S］. Federal Highway Administration. HEC-22 Publication No. FHWANHI-10-009，2009.

［115］ Kim K U，Park S W，Shin S H，et al. Constructionofareal-time urban inundationan alysis system based on UIS using swmm ［C］. Fifth International Conferenceon software Engineering Re-search，Managementand Applications，2007.